INDUSTRIAL
DESIGN DATA BOOK

工业设计资料集 7
文教·办公·娱乐用品

分册主编　于　帆　刘　星
总 主 编　　刘观庆

中国建筑工业出版社

《工业设计资料集》总编辑委员会

顾　　问　朱　焘　王珮云（以下按姓氏笔画顺序）
　　　　　王明旨　尹定邦　许喜华　何人可　吴静芳　林衍堂　柳冠中
主　　任　刘观庆　江南大学设计学院教授
　　　　　　　　　苏州大学应用技术学院教授、艺术系主任
　　　　　张惠珍　中国建筑工业出版社编审、副总编辑
副 主 任　（按姓氏笔画顺序）
　　　　　于　帆　江南大学设计学院副教授、工业设计系副主任
　　　　　叶　苹　复旦大学上海视觉艺术学院教授、教务长
　　　　　江建民　江南大学设计学院教授
　　　　　李东禧　中国建筑工业出版社第四图书中心主任
　　　　　何晓佑　南京艺术学院教授、副院长兼工业设计学院院长
　　　　　吴　翔　东华大学服装·艺术设计学院教授、工业设计系主任
　　　　　汤重熹　广州大学教授、中国工业设计协会副会长
　　　　　张　同　复旦大学上海视觉艺术学院教授、院长助理兼设计学院院长
　　　　　张　锡　南京理工大学机械工程学院教授、设计艺术系主任
　　　　　杨向东　广东工业大学教授、华南工业设计院院长
　　　　　周晓江　中国计量学院艺术与传播学院副教授、工业设计系主任
　　　　　彭　韧　浙江大学计算机学院副教授、数字媒体系副主任
　　　　　雷　达　中国美术学院教授
委　　员　（按姓氏笔画顺序）
　　　　　于　帆　王文明　王自强　卢艺舟　叶　苹　朱　曦　刘观庆　刘　星
　　　　　江建民　严增新　李东禧　李亮之　李　娟　肖金花　何晓佑　沈　杰
　　　　　吴　翔　吴作光　汤重熹　张　同　张　锡　张立群　张　煜　杨向东
　　　　　陈丹青　陈杭悦　陈海燕　陈　嬿　周晓江　周美玉　周　波　俞　英
　　　　　夏颖翀　高　筠　曹瑞忻　彭　韧　蒋　雯　雷　达　潘　荣　戴时超
总 主 编　刘观庆

《工业设计资料集》7
文教·办公·娱乐用品
编辑委员会

主　　编　　于　帆　　刘　星

副 主 编　　周晓江　　陈丹青　　肖金花　　黄　昊

编　　委（按姓氏笔画顺序）

　　　　　　　于　帆　　刘　星　　肖金花　　况明泉　　陈　嬿　　陈丹青

　　　　　　　周晓江　　俞书伟　　黄　昊

参编人员　　项伟飞　　徐丹纬　　张佳梨　　贯　腾　　刘颖颖　　吕泽川

　　　　　　　秦　怡　　彭　婧　　倪　鹏　　吕静哲　　董　磊　　徐力思

　　　　　　　龚志高　　邓皓文　　黄波龙　　黄泰山　　杨　硕　　李嵇扬

　　　　　　　滕晓萌　　靳婷婷　　范涵伟　　黄乐清　　赵伟博　　杜　超

　　　　　　　聂　磊　　裴　雪　　任　通　　徐康泉　　杨婉莹　　赵　斌

　　　　　　　王　艳　　杨箫琼　　张　帆

总　序

造物，是人类得以形成与发展的一项最基本的活动。自从200万年前早期猿人敲打出第一块砍砸器作为工具开始，创造性的造物活动就没有停止过。从旧石器到新石器，从陶瓷器到漆器，从青铜器到铁器……材料不断更新，技艺不断长进，形形色色的工具、器具、用具、家具、舟楫、车辆以及服装、房屋等等产生出来了。在将自然物改变成人造物的过程中，也促使人类自身逐渐脱离了动物界。而且，东西方不同的民族以各自的智慧在不同的地域创造了丰富多彩的人造物形态，形成特有的衣食住行的生活方式。而后通过丝绸之路相互交流、逐渐交融，使世界的物质文化和精神文化显得如此绚丽多姿、光辉灿烂。

进入工业社会以后，人类的造物活动进入了全新的阶段。科学技术迅猛发展，钢铁、玻璃、塑料和种种人工材料相继登场，机器生产取代了手工业，批量大，质量好，品种多，更新快，新产品以几何级数递增，人造物包围了我们的世界。一门新的学科诞生了，这就是工业设计。产品设计自古有之，手工艺时代，设计者与制造者大体上并不分离；机器生产时代，产品批量化生产，设计者游离出来，专门提供产品的原型，工业设计就是这样一种提供工业产品原型设计的创造性活动。这种活动涉及产品的功能、人机界面及其提供的服务问题，产品的性能、结构、机构、材料和加工工艺等技术问题，产品的造型、色彩、表面装饰等形式和包装问题，产品的成本、价格、流通、销售等市场问题，以及诸如生活方式、流行、生态环境、社会伦理等宏观背景问题。进入信息时代、体验经济时代以来，技术发生了根本性的变革，人们的观念改变、感性需求上升，不同文化交流、碰撞和交融，旧产品不断变异或淘汰，新产品不断产生和更新，信息化、系统化、虚拟化、交互化……随着人造物世界的扩展，其形态也呈现出前所未有的变化。

人造物世界是人类赖以生存的物质基础，是人类精神借以寄托的载体，是人类文化世界的重要组成部分。虽然说不上人造物都是完美的，虽然人造物也有许多是是非非，但她毕竟是人类的杰出成果。将这些人类的创造物汇集起来，展现出来，无疑是一件十分有意义的事情。

中国建筑工业出版社从20世纪60年代开始就组织出版了《建筑设计资料集》，并多次修订再版，继而有《室内设计资料集》、《城市规划资料集》、《园林设计资料集》……相继问世。三年前又力主组织出版《工业设计资料集》。这些资料集包含的其实都是各种不同类型的人造物，其中《工业设计资料集》包含的是人造物的重要组成部分，即工业化生产的产品。这些资料集的出版原意虽然是提供设计工具书，但作为各种各样人造物及其相关知识的汇总与展现，是对人类文化成果的阶段性总结，其意义更为深远。

《工业设计资料集》的编辑出版是工业设计事业和设计教育发展的需要。我国的工业设计经过长期酝酿，终于在20世纪七八十年代开始走进学校、走上社会，在世纪之交得到政府和企业的普遍关注。工业设计已经有了初步成果，可以略作盘点；工业设计正在迅速发展，需要资料借鉴。工业设计的基本理念是创新，创新要以前人的成果为基础。中国建筑工业出版社关于编辑出版《工业设计资料集》的设想得到很多高校教师的赞同。于是由具有40多年工业设计专业办学历史的江南大学牵头，上海交通大学、东华大学、浙江大学、中国美术学院、浙江工业大学、中国计量学院、南京理工大学、南京艺术学院、广东工业大学、广州大学、复旦大学上海视觉艺术学院、苏州大学应用技术学院等十余所高校的教师共同参加，组成总编辑委员会，启动了这一艰巨的大型设计资料集的编写工作。

中国建筑工业出版社委托笔者担任《工业设计资料集》总主编,提出总体构想和编写的内容体例,经总编委会讨论修改通过。《工业设计资料集》的定位是一部系统的关于工业化生产的各类产品及其设计知识的大型资料集。工业设计的对象几乎涉及人们生活、工作、学习、娱乐中使用的全部产品,还包括部分生产工具和机器设备。对这些产品进行分类是非常困难的事情,考虑到编写的方便和有利于供产品设计时作参考,尝试以产品用途为主兼顾行业性质进行粗分,设定分集,再由各分集对产品具体细分。由于工业产品和过去历史上的产品有一定的延续性,也收集了部分中外古代代表性的产品实例供参照。

资料集由 10 个分册构成,前两分册为通用性综述部分,后八分册为各类型的产品部分。每分册 300 页左右。第 1 分册是总论;第 2 分册是机电能基础知识·材料及加工工艺;第 3 分册是厨房用品·日常用品;第 4 分册是家用电器;第 5 分册是交通工具;第 6 分册是信息·通信产品;第 7 分册是文教·办公·娱乐用品;第 8 分册是家具·灯具·卫浴产品;第 9 分册是医疗·健身·环境设施;第 10 分册是工具·机器设备。

资料集各分册的每类产品范围大小不尽相同,但编写内容都包括该类产品设计的相关知识和产品实例两个方面。知识性内容包含产品的基本功能、基本结构、品种规格等,产品实例的选择在全面性的基础上注意代表性和特色性。

资料集编写体例以图、表为主,配以少量的文字说明。产品图主要是用计算机绘制或手绘的黑白单线图,少量是经过处理的照片或有灰色过渡面的图片。每页页首有书眉,其中大黑体字为项目名称,括号内的数字为项目编号,小黑体字为该页内容。图、表的顺序一般按页分别编排,必要时跨页编排。图内的长度单位,除特殊注明者外均采用毫米(mm)。

《工业设计资料集》经过三年多时间、十余所高校、数百位编写者的日夜苦干终于面世了。这一成果填补了国内和国际上工业设计学科领域系统资料集的出版空白,体现了规模性和系统性结合、科学性和艺术性结合、理论性和形象性结合,基本上能够满足目前我国工业设计学科和制造业迅速发展对产品资料的迫切需求,有利于业界参考,有利于国际交流。当然,由于编写时间和条件的限制,资料集并不完善,有些产品收集的资料不够全面、不够典型,内容也难免有疏漏或不当之处。祈望专家、读者不吝指正,以便再版时修正、补充。

值此资料集出版之际,谨向支持本资料集编写工作的所有院校、付出辛勤劳动的各位专家、学者和学生们表示最崇高的敬意!谨向自始至终关心、帮助、督促编写工作的中国建筑工业出版社领导尤其是第四图书中心的编辑们致以诚挚的谢意!

愿这部资料集能为推动我国工业设计事业的发展,为帮助设计师创造出更新更美的产品,为建设创新型社会作出贡献!

2007 年 5 月

前　言

《工业设计资料集》由10个分册组成，前面两分册为通用性综述部分，后八分册为各类型的产品部分，《文教·办公·娱乐用品》是第七分册，主要内容由文教用品、办公用品和娱乐用品三个部分构成。

文教、办公用品部分主要从文具、文教设备、办公设备三个方面进行分类编写。这里既包含了传统意义上的各分类产品，也涵盖了大量现代化办公环境要求下的新产品。现代社会向信息化社会、网络化社会的转变，对文教、办公领域也产生了深远的影响，新的文教办公理念、办公方式应运而生，文教、办公环境、设备也随之发生着巨大的改变。在资料收集整理过程中，编者深深体会到产品类别、形式的极大丰富和繁多，但由于篇幅所限，常常难以取舍。编者希望通过对文教、办公用品的整理、绘编，能相对全面、清晰、形象地展现现代无纸化、网络化、信息化技术大背景下，文教、办公产品发展态势的一个缩影。但是，技术的发展和影响是突飞猛进的，产品在不断更新换代，所以本书所编著的内容只能是过去产品的累叠，这不能不是个遗憾，但正因为此，才真正体现了产品创意设计的无限创造性和可能性。在本章节中有些内容因为考虑和其他分册内容有所重合，所以作了适当筛减。

娱乐用品是为人类的娱乐活动服务的，有许多娱乐活动、娱乐方式需要借助于具体的、有形的媒介、道具和设施才能实现，这些媒介、道具和设施是工业设计所关注的产品范畴，是具有设计意义和特征的部分，也是本册娱乐用品部分的主要内容。从传统到现代娱乐活动与娱乐用品都是人类社会生活的重要组成部分，并且经过长期的演变发展形成了多种风格与流派。随着世界文化与经济的全球化，现代娱乐用品与其他产品一样表现出高度的技术性和全球化特征，成为世界范围时尚文化的重要组成部分，并且表现出越来越显著的产业化和经济特征，娱乐因素已经成为产品与服务的重要增值活动及市场细分的关键，娱乐经济已成为21世纪新的世界通货。现代娱乐活动与娱乐用品不仅打破了固有的传统模式，而且从内容到形式都得到充分的延伸和拓展，现代娱乐用品的设计也更注重对传统设计理念、设计技艺的传承与创新。展望未来娱乐用品的设计将是设计师充分展示个性创造力、不断实现创新和超越的重要领域。

目前市场上有关文教、办公和娱乐用品的出版物，大多从某一个层面切入，围绕某一个主题进行介绍或论述，本分册的编写则从宏观处着眼、微观处着手，力求整体的系统性与局部的典型性的兼顾。但由于篇幅和时间等局限，在产品类型方面难以面面俱到，由于采用统一的线描形式表现，突出了其资料集的性质与特点，但对产品所具有声、光、色、质感等特点的描述与表达受到局限，造成此方面的缺憾。因相关资料和信息的来源与途径非常琐碎、复杂，同时也由于编写人员知识、经验与编写时间的局限，难免会存在疏漏、错误和不当之处，恳请各位专家批评、指正。

于帆、刘星

2010年6月

目 录

1	**1 文具**
1	文具的种类和范围
1	文具的发展趋势
1	文具盒
8	笔
18	尺子
19	圆规
20	刀具
27	订书机
34	胶带座
36	组合文具
38	中国画工具
57	油画工具
58	**2 文教设备**
58	黑板
60	黑板配套小产品
61	讲台
66	课桌、椅子
74	书架（柜）
77	书踏
78	幻灯机、投影仪
83	**3 办公设备**
83	电话机
92	传真机
98	打印机
111	复印机
117	扫描仪
121	点（验）钞机
127	考勤机
136	碎纸机
140	保险柜（箱）
146	台历
148	文件柜（架）
151	文件夹、文件袋

154	**4 娱乐用品概述**
154	娱乐用品的概念与范畴
154	娱乐用品的历史沿革
155	娱乐用品的分类
157	娱乐用品的设计
160	**5 玩具**
160	非机动偶形玩具
182	机动偶形玩具
192	器物玩具
222	手工制作玩具
237	认知活动玩具
241	儿童认知玩具
245	游戏竞技玩具
261	**6 娱乐设施**
261	垂直轴类娱乐设施
265	水平轴类娱乐设施
270	倾斜轴类娱乐设施
272	轨道类娱乐设施
277	儿童娱乐设施
281	戏水类娱乐设施
283	**7 中国乐器**
283	弦鸣乐器
289	体鸣乐器
297	膜鸣乐器
301	气鸣乐器
308	**8 外国乐器**
308	木管乐器
309	铜管乐器
310	弦乐器
311	键盘乐器
312	打击乐器
314	**参考文献**
315	**后 记**

文具的种类和范围

文具的分类方式不一,以下较为全面地概括了文具的种类。

1. 桌面文具系列:电动系列、订书机、起钉器、印章号码机、印台、打孔机、摇笔器、修正带、修正笔、胶带座、强力胶+标价纸、桌垫纸卡、胶带、胶水、计算器、美工刀、剪刀、切纸刀。

2. 办公用品系列:订书钉、架子+别针、死网状文具、文件夹、工作证、板夹、磁石、粉笔+板擦、放大镜+地球仪。

3. 纸品系列:告示贴、本子、纸制品、礼品袋。

4. 学校用品系列:彩铅、蜡笔、橡皮泥、水彩笔、粉饼、颜料、画笔、调色盘、橡皮、削皮器、尺子、圆规、组合笔筒、小套装、文具包、大组合套装、书包。

5. 笔系列:铅笔、圆珠笔、钢笔、签字笔、记号笔等。

文具的发展趋势

趋势一:市场潜力大,购买力增加。我国现有超过3亿的庞大的文化用品消费群体,随着国家在教育、健身方面投资的增加,文化用品市场的潜力也将不断增加。

趋势二:消费结构呈多元化、多层次,产品日益高档化。电子技术和网络的发展使办公用品和文具已经快速地从传统迈向现代化,从单一品种向多款式、多层次发展。在学生用品市场上,各种小巧、新颖的电子产品,已开始成为学生书包中的新内容。

趋势三:电脑网络技术带来新的市场机遇。

文具盒

文具盒是一种古老、传统的学生必备的学具,它的主要用途是放置各种学习文具,例如:铅笔、钢笔、橡皮、尺子、卷笔刀等。

文具盒的种类很多,大致可分以下几种。

1. 纸文具盒:用印刷精美、质地厚实的卡纸制作而成,为上、下盖形式,印有精美图案。

2. 塑料文具盒:①全注塑型。采用注塑工艺成型,造型设计的空间很大,产品的造型、结构千变万化,有的还在文具盒中增加了一些附加功能。②半注塑型。在注塑盒体上增加PVC塑料薄膜的封面,印有精美生动的图案,色彩鲜艳。③PP片型。采用PP(聚丙烯)片材为材料,超声波热合成型,局部印有图案,产品结构简单、轻巧,有上、下盖和插入盖款式。

3. 金属文具盒:采用马口铁印刷、冲制成型,它的历史比较长。近年来,由于加工工艺的改进,印刷质量不断提高,图案生动活泼。产品有单层、多层数种,各种精美的卡通造型非常吸引学生。

4. 木质文具盒:采用原木制作的较多。

5. 皮质文具盒。

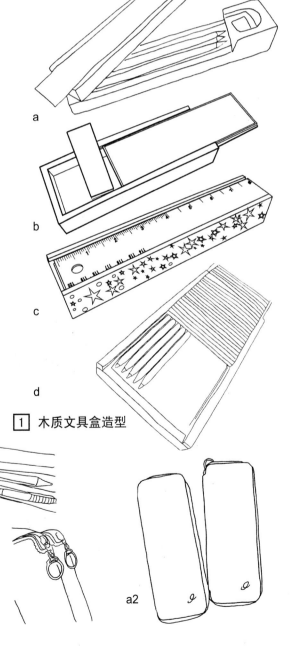

[1] 木质文具盒造型

[2] 皮质文具盒造型

注:细节图

文具 [1] 文具盒

不同材质文具盒比较

　　铁质文具盒上面没有过于花哨的图案，相对于木制和塑料的文具盒来说，铁质的不容易变形、损坏。另外，它是非常实用的，很适合小学生使用。塑料的文具盒色彩亮丽、图案丰富，但没有铁质的文具盒抗摔、抗变形，它在大众市场上很受中小学生的青睐，木制的文具盒现在非常少见，它上面刻着各种各样的图形，但中、小学生往往不会去用它，原因是色彩过于单调，所以现在的木质文具盒逐渐稀少。

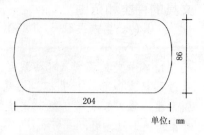

单位：mm

1 文具盒尺寸

a

b

c

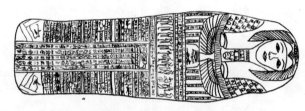

d

注：长宽高尺寸为 215mm×68mm×30mm

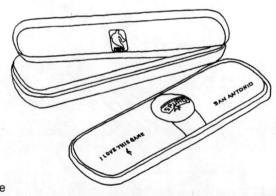

e

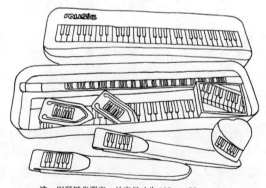

f

注：钢琴键盘图案，长宽尺寸为 195mm×55mm

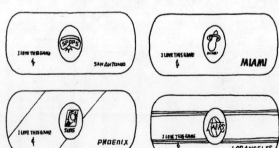

g

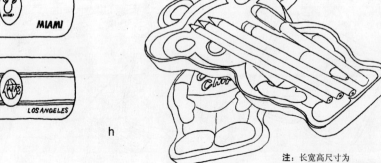

h

注：长宽高尺寸为 220mm×138mm×34mm

2 单层金属文具盒

文具盒 [1] 文具

a　注：长宽高尺寸为 204mm×86mm×27mm
b
c　注：长宽高尺寸为 210mm×80mm×20mm
d　注：长宽尺寸为 210mm×130mm
e
f

[1] 双层金属文具盒

a　注：长宽高尺寸为 204mm×86mm×27mm
b　注：米奇汽车外观造型文具盒，多角度效果
c　注：长宽高尺寸为 220mm×90mm×35mm

[2] 三层金属文具盒

文具 [1] 文具盒

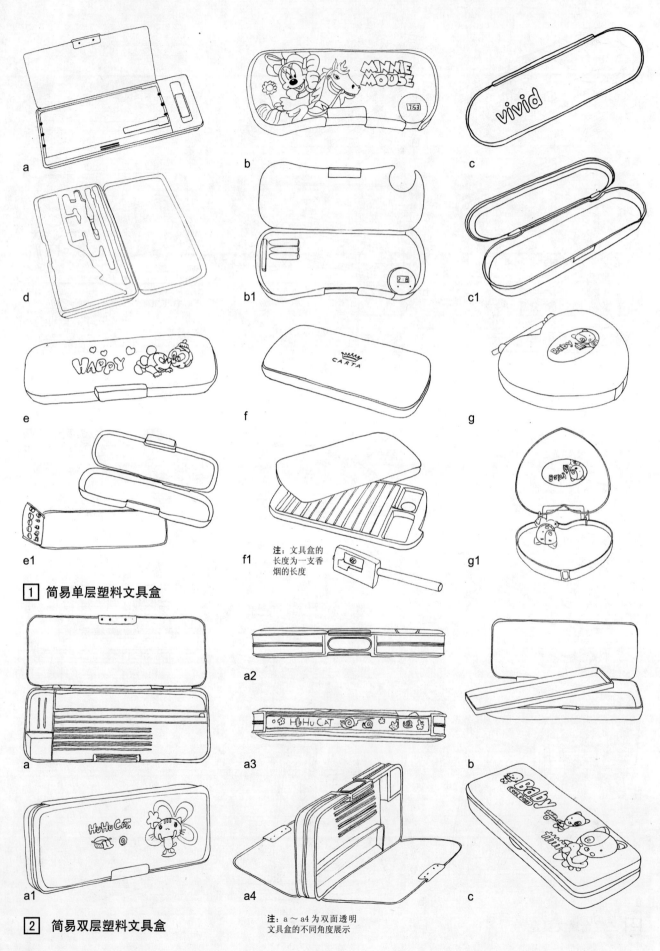

注：文具盒的长度为一支香烟的长度

1 简易单层塑料文具盒

2 简易双层塑料文具盒

注：a～a4 为双面透明文具盒的不同角度展示

文具盒 [1] 文具

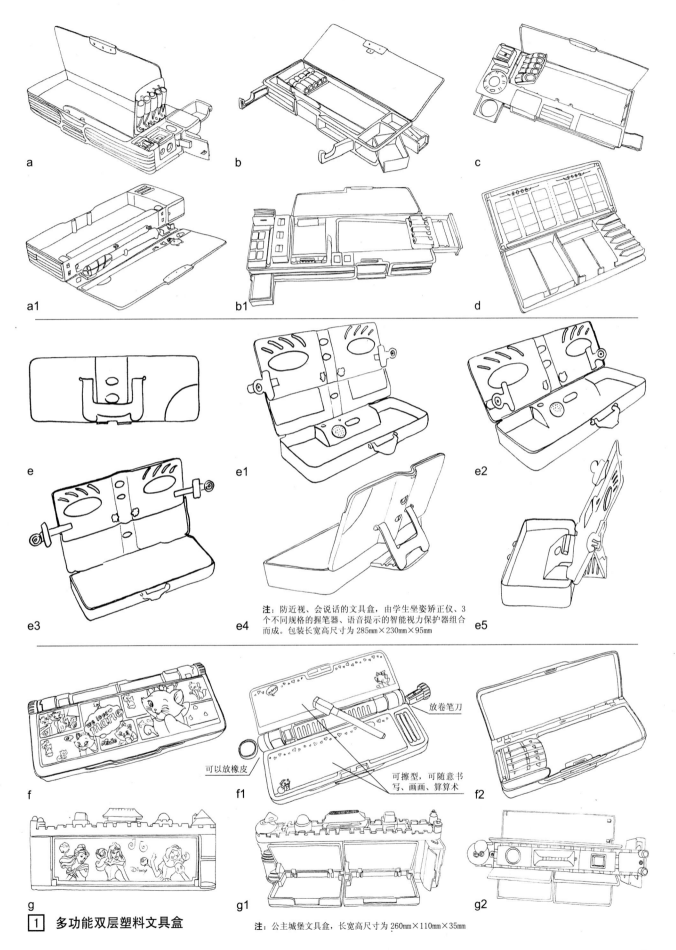

注：防近视、会说话的文具盒，由学生坐姿矫正仪、3个不同规格的握笔器、语音提示的智能视力保护器组合而成。包装长宽高尺寸为 285mm×230mm×95mm

放卷笔刀

可以放橡皮

可擦型，可随意书写、画画、算算术

1　多功能双层塑料文具盒

注：公主城堡文具盒，长宽高尺寸为 260mm×110mm×35mm

文具 [1] 文具盒

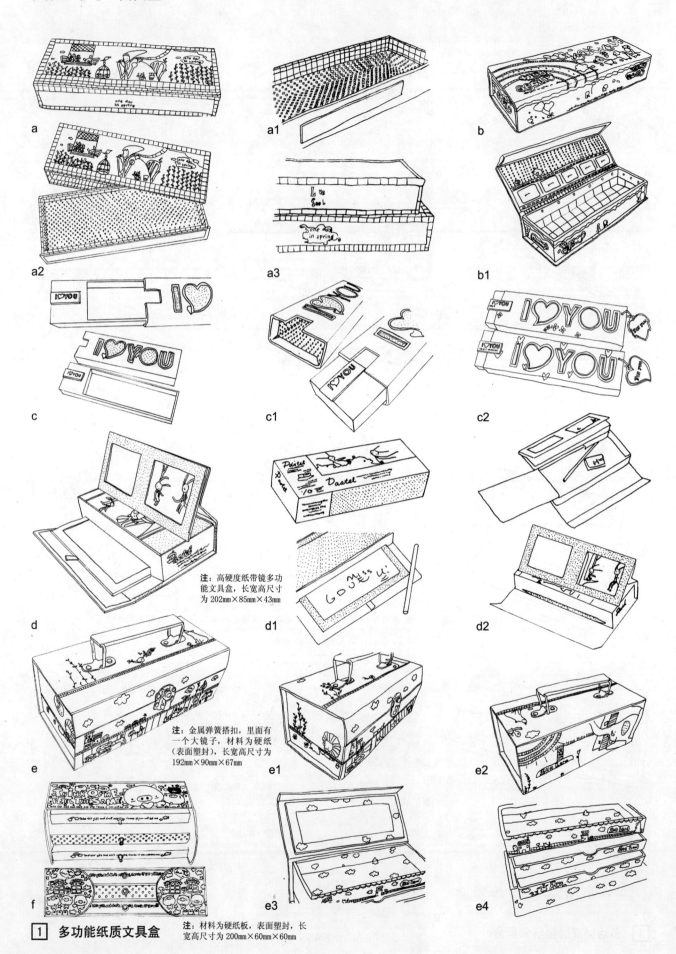

注：高硬度纸带镜多功能文具盒，长宽高尺寸为 202mm×85mm×43mm

注：金属弹簧搭扣，里面有一个大镜子，材料为硬纸（表面塑封），长宽高尺寸为 192mm×90mm×67mm

[1] 多功能纸质文具盒

注：材料为硬纸板，表面塑封，长宽高尺寸为 200mm×60mm×60mm

文具盒 [1] 文具

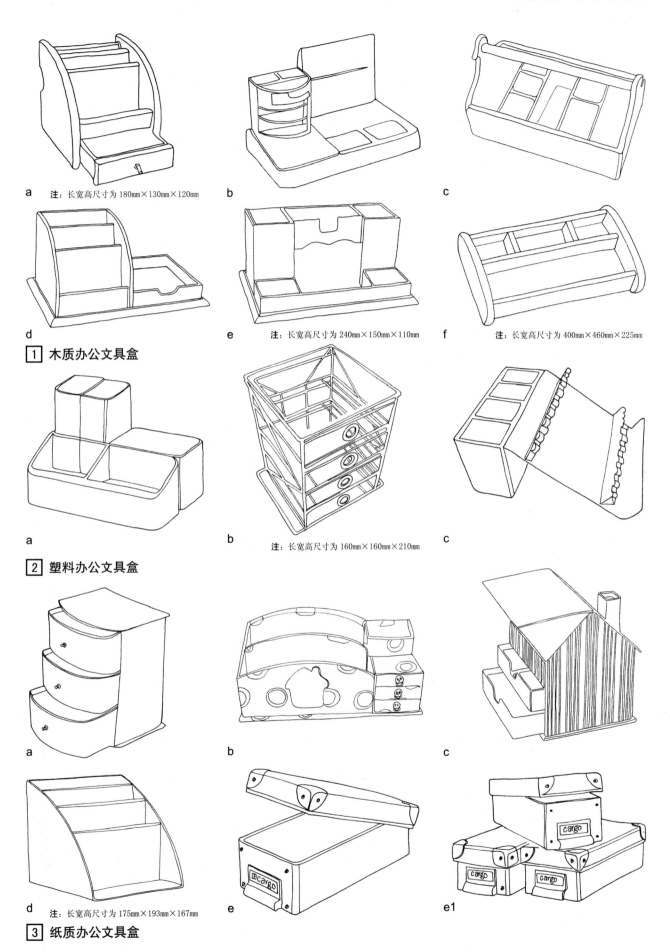

a　注：长宽高尺寸为180mm×130mm×120mm
b
c

d
e　注：长宽高尺寸为240mm×150mm×110mm
f　注：长宽高尺寸为400mm×460mm×225mm

[1] 木质办公文具盒

a
b　注：长宽高尺寸为160mm×160mm×210mm
c

[2] 塑料办公文具盒

a
b
c

d　注：长宽高尺寸为175mm×193mm×167mm
e
e1

[3] 纸质办公文具盒

文具 [1] 笔

笔

笔的定义及分类

笔指具有供墨系统，可在书写表面形成线迹的书写工具，有可换芯和不可换芯（一次性）等形式。笔共分自来水笔、圆珠笔、铅笔、活动铅笔、记号笔等五个类别。

自来水笔

英文名为 fountain pen，自来水笔分为钢笔和美工笔两种。钢笔指具有蓄贮书写墨水装置和点有铱粒的金属笔尖，应用毛细原理书写的笔，其中又分为金笔、铂金笔、暗尖型自来水笔、明尖型自来水笔、半明尖型自来水笔、弯尖型自来水笔等种类。美工笔指笔尖尖端折弯成一定角度的自来水笔，英文名为 art fountain pen。

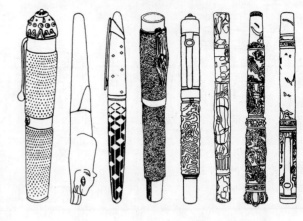

a

注：a1 镶嵌 1259 颗钻石

注：a5 为德国公爵金銮玉 18k 金笔

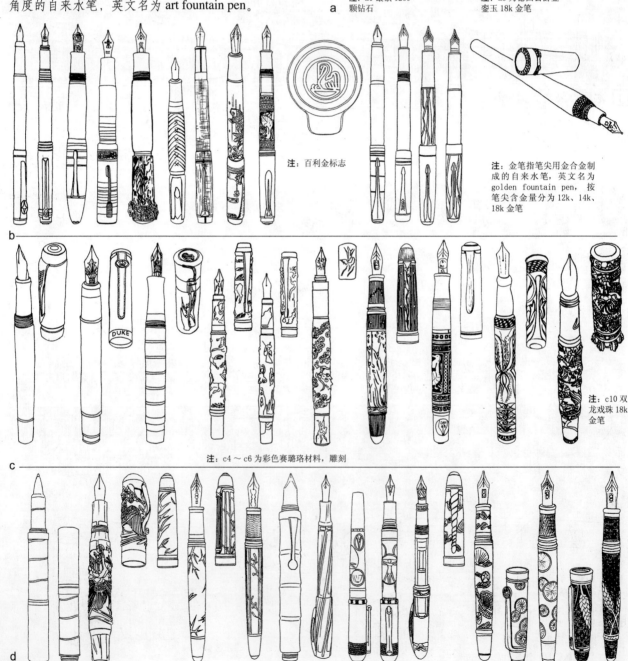

注：百利金标志

注：金笔指笔尖用金合金制成的自来水笔，英文名为 golden fountain pen，按笔尖含金量分为 12k、14k、18k 金笔

注：c4～c6 为彩色赛璐珞材料，雕刻

注：c10 双龙戏珠 18k 金笔

d

[1] 金笔

铱金笔

指笔尖用耐酸不锈钢制成的自来水笔，英文名为 iridium point fountain pen。分高级铱金笔（具有经过表面装饰性处理的金属笔套或笔杆）、普通铱金笔（塑料笔套、笔杆，结构简单或一次性使用）两种类型。

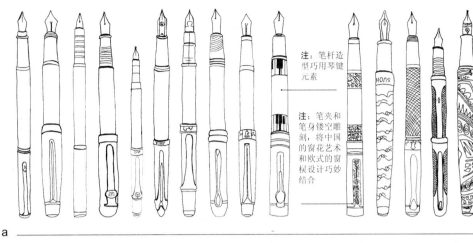

注：笔杆造型巧用琴键元素

注：笔夹和笔身镂空雕刻，将中国的窗花艺术和欧式的窗棂设计巧妙结合

a

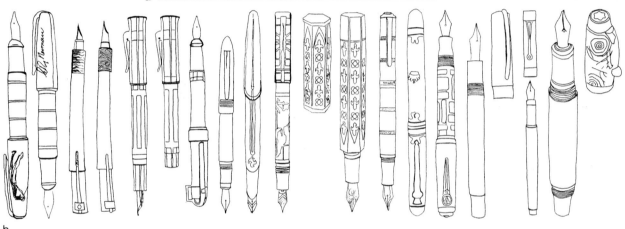

b

[1] 铱金笔

圆珠笔

近年来圆珠笔类产品发展迅速，根据《圆珠笔名称术语》行业标准，凡是利用球珠滚动带出书写介质形成字迹的书写工具统称为圆珠笔，英文名为 ball pen。根据圆珠笔书写介质的不同可分为油性笔、水性笔、中性笔、可擦圆珠笔、中油笔等；根据圆珠笔零部件所用的材料和结构不同可分为高级、中级、和普通圆珠笔，具有金属笔芯的金属杆套或圆珠笔的外表零配件经装饰性工艺处理的为高级品；塑料笔芯和塑料杆、套并结构简单的为普级品；介于两者之间的为中级品。

圆珠笔芯的规格按其长度、球珠直径、笔芯头部直径分别命名为 39、67、83、96、97、101、101—1、106、115、140A、140B 型。

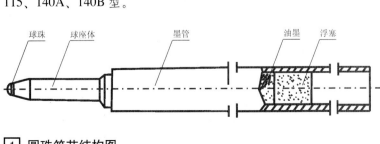

[1] 圆珠笔芯结构图

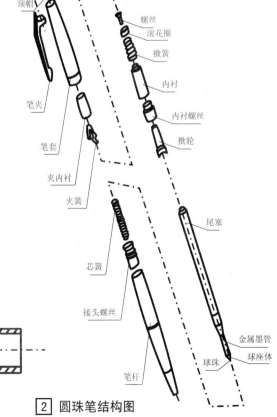

[2] 圆珠笔结构图

文具 [1] 笔

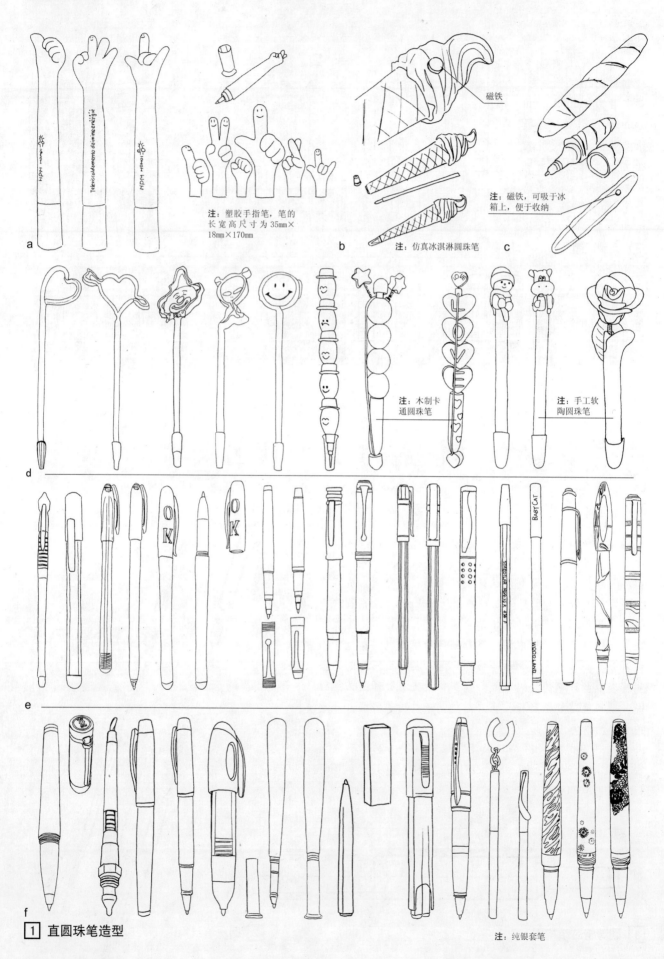

注:塑胶手指笔,笔的长宽高尺寸为 35mm×18mm×170mm

注:仿真冰淇淋圆珠笔

注:磁铁,可吸于冰箱上,便于收纳

注:木制卡通圆珠笔

注:手工软陶圆珠笔

注:纯银套笔

① 直圆珠笔造型

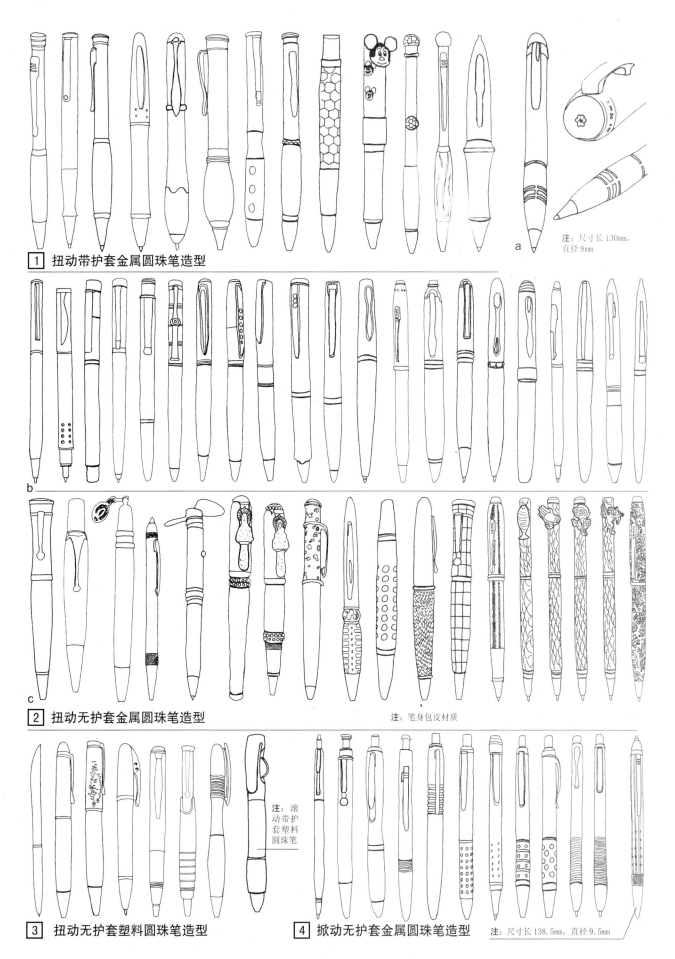

注：尺寸长130mm，直径8mm

1 扭动带护套金属圆珠笔造型

2 扭动无护套金属圆珠笔造型　　注：笔身包皮材质

3 扭动无护套塑料圆珠笔造型　　注：滚动带护套塑料圆珠笔

4 掀动无护套金属圆珠笔造型　　注：尺寸长138.5mm，直径9.5mm

文具 [1] 笔

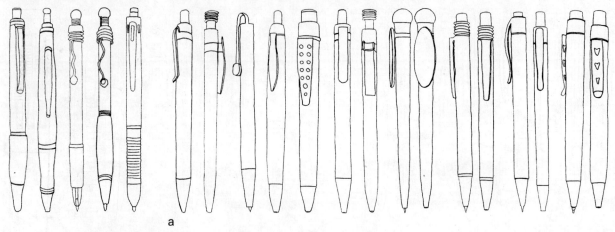

a

① 掀动带护套金属圆珠笔造型

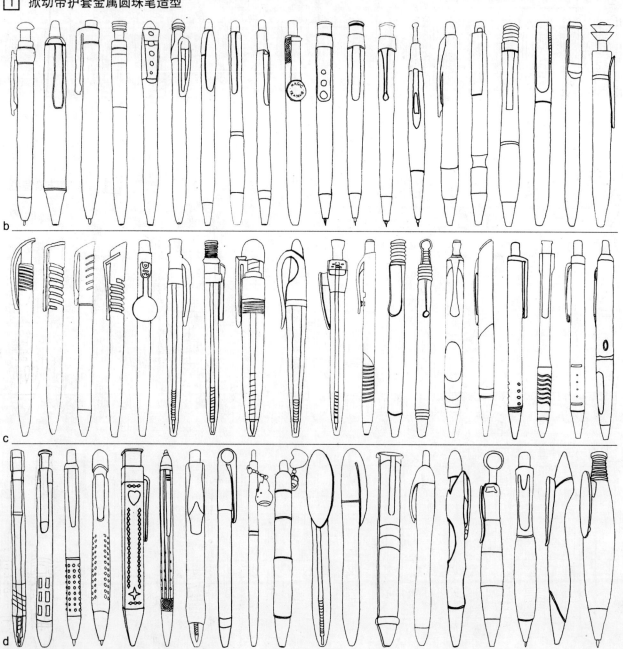

② 掀动无护套塑料圆珠笔造型

笔 [1] 文具

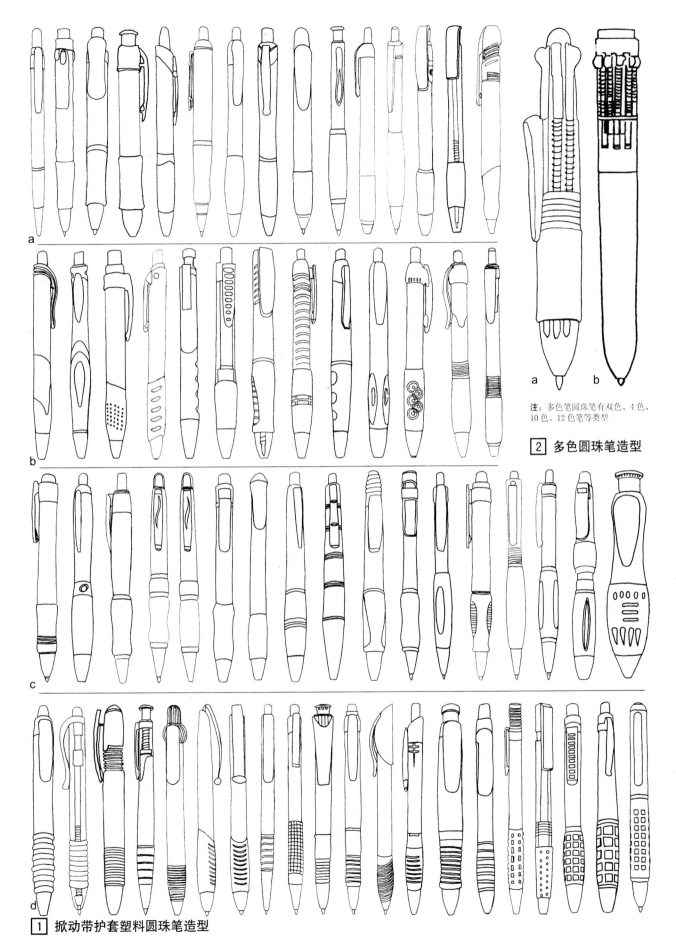

注：多色笔圆珠笔有双色、4色、10色、12色笔等类型

[2] 多色圆珠笔造型

[1] 掀动带护套塑料圆珠笔造型

文具 [1] 笔

太空笔笔芯

太空笔笔芯笔尖材质为超硬碳化钨笔珠不锈钢，笔芯结构为气压式、全密封，油墨是超黏触变性档案油墨。该笔芯可以在任意角度下书写，甚至倒着写，在失重的真空条件下、极寒冷的环境下、沸腾的温度下（143℃甚至更高）及湿的表面或在水下均可书写，几乎可以在任何表面上书写而不会对笔造成损坏，如沾了油的纸、胶片、玻璃、金属、木块、石头等；广泛适用于航天、航空、户外活动、探险旅游、极地考察和军警、医院、建筑装修等各行各业。

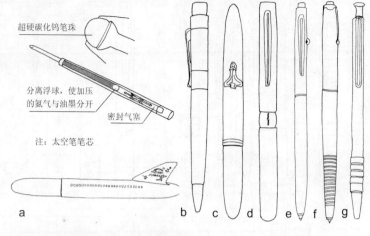

1 特殊圆珠笔——太空笔笔芯原理图   2 特殊圆珠笔——太空笔造型

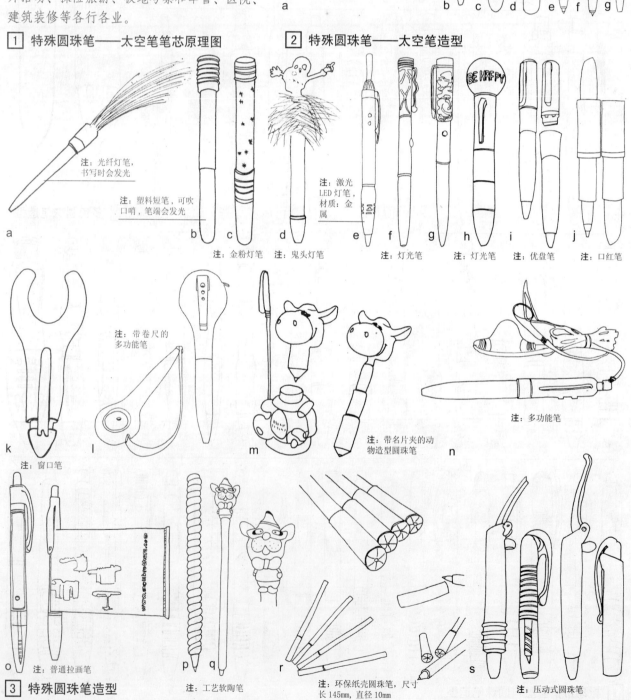

3 特殊圆珠笔造型

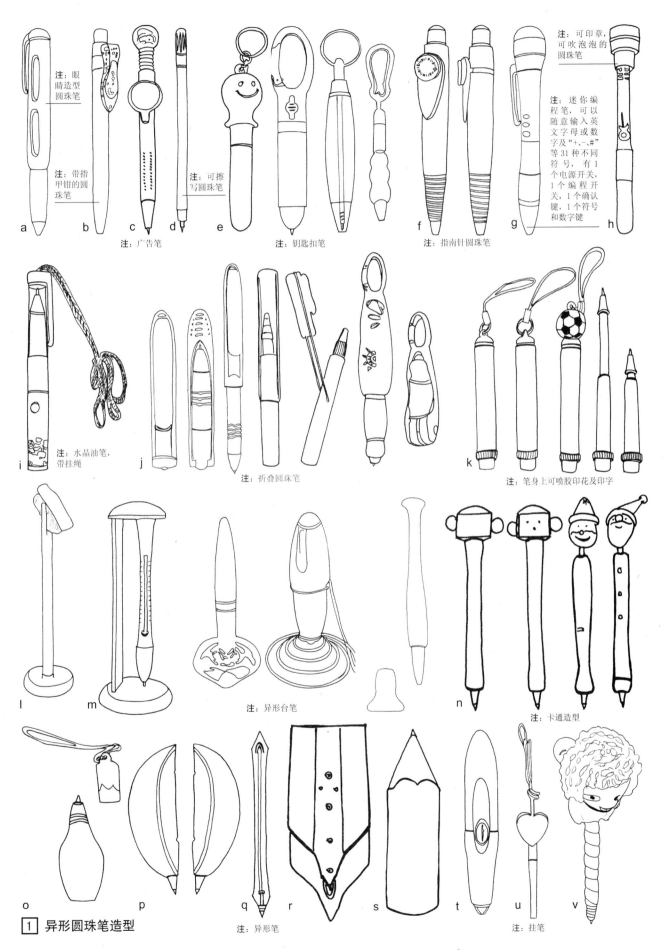

笔 [1] 文具

1 异形圆珠笔造型

文具 [1] 笔

铅笔

铅笔指用木材、纸或塑料等软质材料制成的笔杆中固定铅芯的手持书写工具，它能承受书写中的力，在不至于发生误解和混淆的情况下，木杆铅笔 (wood-cased pencil) 可简称为铅笔。

铅笔零件有笔杆、铅芯、橡皮箍、橡皮。铅笔分为石墨铅笔 (graphtie pencil)，即用石墨和黏土等材料制成铅芯的铅笔；彩色铅笔 (coloured pencil)，即铅芯具有不同颜色的铅笔；红蓝铅笔 (red-blue pencil)，即一端装有红色铅芯、另一端装有蓝色铅芯的铅笔。

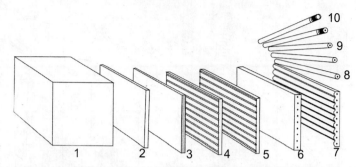

注：铅笔的制作过程。①将松木切成铅笔块；②将铅笔块切成铅笔板；③将铅笔板上蜡和着色；④将铅笔板切出用于安放铅芯的槽；⑤将用石墨和黏土制成的铅芯放入槽中；⑥将第二块铅笔板与安放了铅芯的第一块铅笔板粘合在一起，做成"三明治"；⑦将"三明治"制成铅笔形状；⑧将"三明治"做成单个的铅笔，平整地排列；⑨给每个铅笔上漆，在铅笔的一端安装金属箍；⑩在每个铅笔装上橡皮并压紧。

1 铅笔的定义和分类

2 铅笔的制作过程

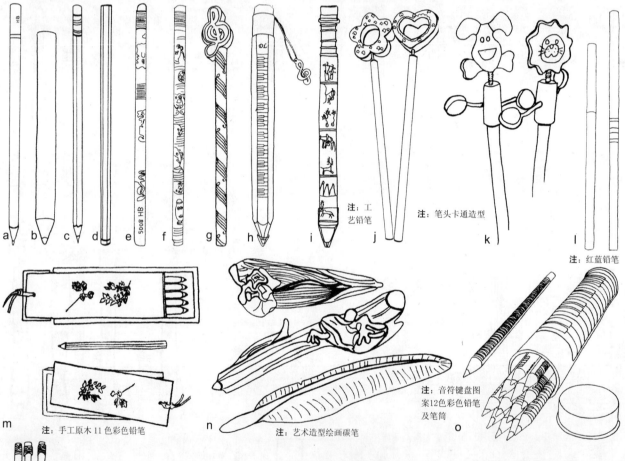

注：工艺铅笔
注：笔头卡通造型
注：红蓝铅笔
注：手工原木11色彩色铅笔
注：艺术造型绘画碳笔
注：音符键盘图案12色彩色铅笔及笔筒

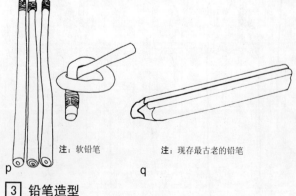

注：软铅笔
注：现存最古老的铅笔

3 铅笔造型

铅笔的符号

铅笔上标有的H、B、HB是代表铅笔的软硬程度。"H"即英文"Hard"（硬）的开头字母，代表黏土，用以表示铅笔芯的硬度。"H"前面的数字越大（如6H），铅笔芯就越硬，也即笔芯中与石墨混合的黏土比例越大，写出的字越不明显，常用来复写。"B"是英文"Black"（黑）的开头字母，代表石墨，用以表示铅笔芯质软的情况和写字的明显程度。以"6B"为最软，字迹最黑，常用以绘画。

笔　[1] 文具

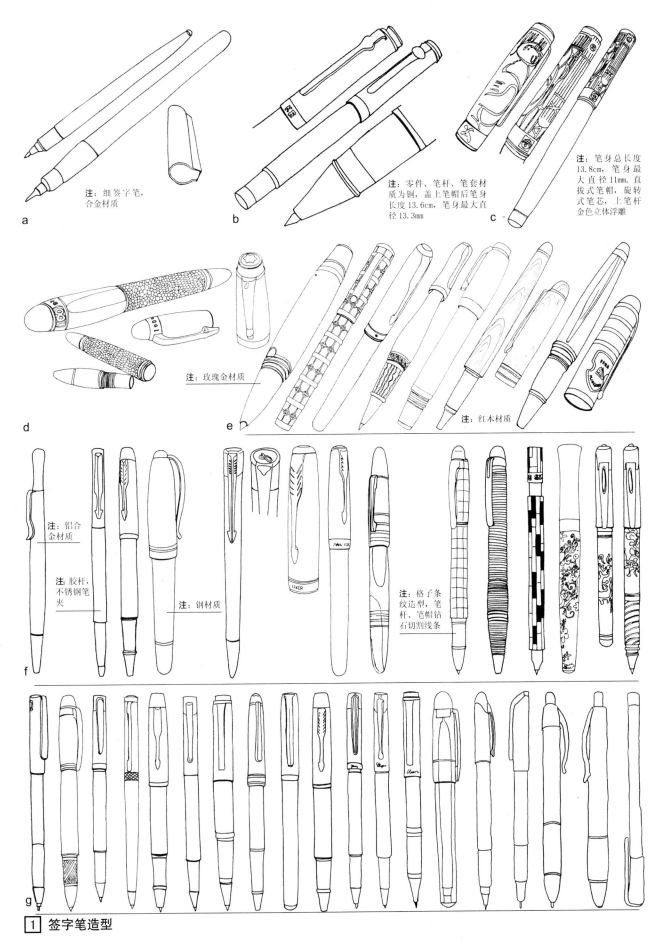

注：细签字笔，合金材质

注：零件、笔杆、笔套材质为铜，盖上笔帽后笔身长度13.6cm，笔身最大直径13.3mm

注：笔身总长度13.8cm，笔身最大直径11mm，直拔式笔帽，旋转式笔芯，上笔杆金色立体浮雕

注：玫瑰金材质

注：红木材质

注：铝合金材质

注：胶杆，不锈钢笔夹

注：钢材质

注：格子条纹造型，笔杆、笔帽钻石切割线条

[1] 签字笔造型

文具 [1] 尺子

尺子

尺子又称尺、间尺，是用来画线段（尤其是直线段）、量度长度的工具。尺上通常有刻度以量度长度。有些尺更在中间留有特殊形状如字母或圆形的洞，方便使用者画图。尺通常以塑胶或铁制造，也有以硬纸、木、竹制成的。

尺子的种类

按不同材料分钢卷尺、布卷尺、钢板尺、塑料尺等类型。钢卷尺精度高，常用的钢卷尺有1英尺（30cm）、2英尺（60cm）、3英尺（90cm）等规格，主要作测量薄板的尺寸之用；布卷尺俗称皮尺，是用帆布裁成条，经过印刷组装制成的卷尺。

按不同的用途分为三角尺、三角尺软尺、卷尺、画线针、曲线尺、线（号）规、计算尺、拉尺等。其中卷尺常用的尺寸有3m、5m等规格，画线针是在金属板上面画线用，曲线尺又分为适合划较小曲线的曲线板和划较大曲线的曲线规，线（号）规是用来量取金属板材的厚度及金属线材的直径。

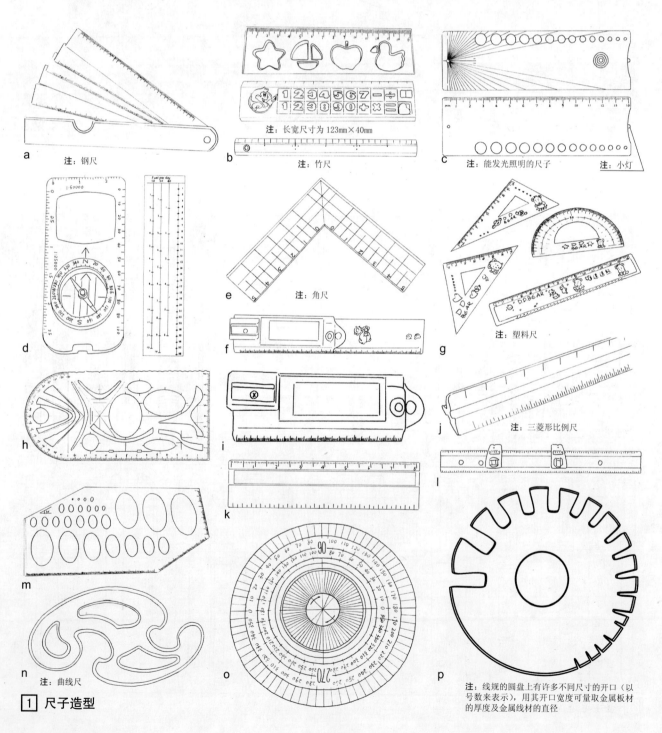

a 注：钢尺
b 注：长宽尺寸为123mm×40mm 注：竹尺
c 注：能发光照明的尺子 注：小灯
e 注：角尺
g 注：塑料尺
j 注：三菱形比例尺
n 注：曲线尺
p 注：线规的圆盘上有许多不同尺寸的开口（以号数来表示），用其开口宽度可量取金属板材的厚度及金属线材的直径

1 尺子造型

尺子·圆规 [1] 文具

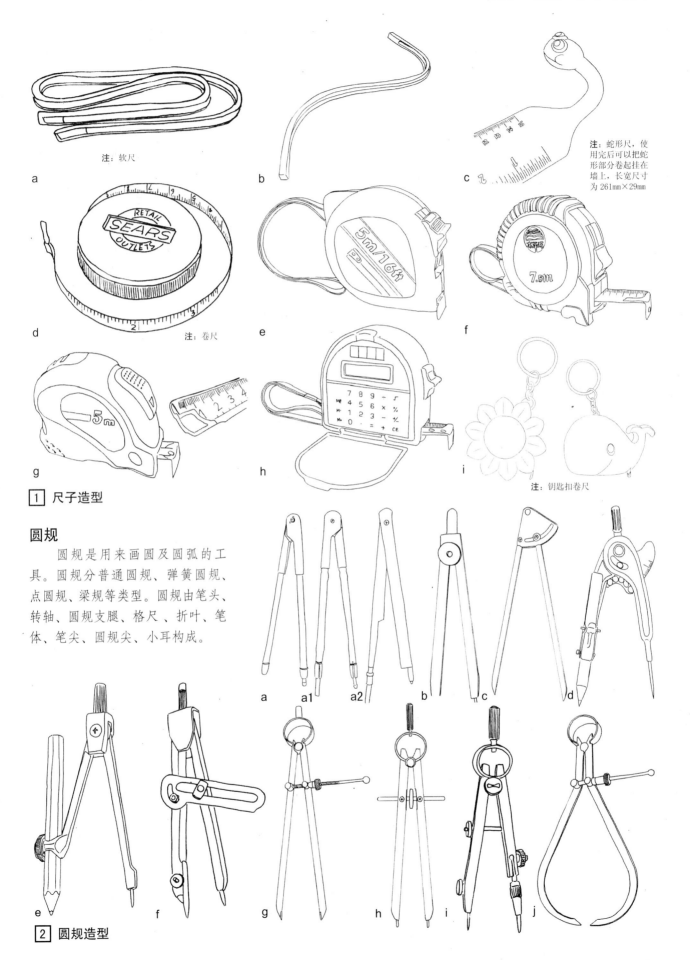

注：软尺
a
b
c 注：蛇形尺，使用完后可以把蛇形部分卷起挂在墙上，长宽尺寸为 261mm×29mm

d 注：卷尺
e
f

g
h
i 注：钥匙扣卷尺

1 尺子造型

圆规

圆规是用来画圆及圆弧的工具。圆规分普通圆规、弹簧圆规、点圆规、梁规等类型。圆规由笔头、转轴、圆规支腿、格尺、折叶、笔体、笔尖、圆规尖、小耳构成。

a　a1　a2　b　c　d

e　f　g　h　i　j

2 圆规造型

文具 [1] 刀具

刀具

削笔器

削笔器有手动、自动之分。手动削笔器是通过杠杆原理工作的；自动削笔器是由微型电动机、齿轮传动装置、削笔刀装置等组成的。其工作原理为：由电池供电的微型电机旋转，通过齿轮传动装置的传动来带动削笔刀装置转动，从而对插入削笔器进笔孔的铅笔进行自动切削，达到削笔的目的。

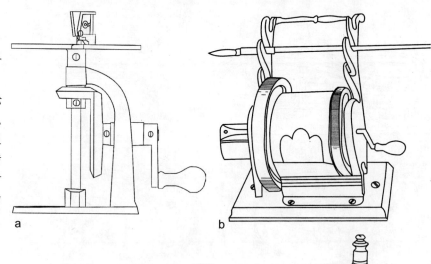

a　　　　　　　　　　b

1 削笔器分类

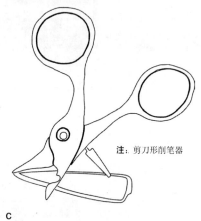

注：剪刀形削笔器

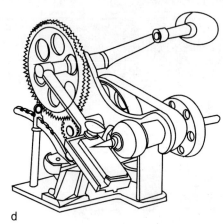 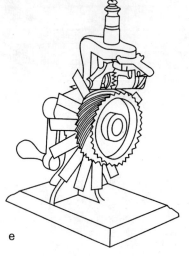

c　　　　　　　　d　　　　　　　　e

2 削笔器工作原理图

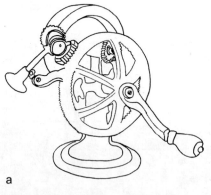  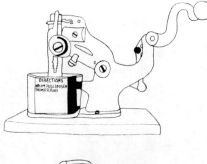

a　　　　　　　　b　　　　　　　　c

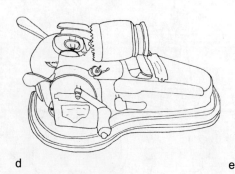 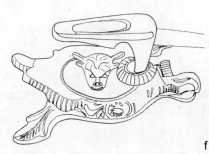 

d　　　　　　　　e　　　　　　　　f

3 老式削笔器造型

刀具 [1] 文具

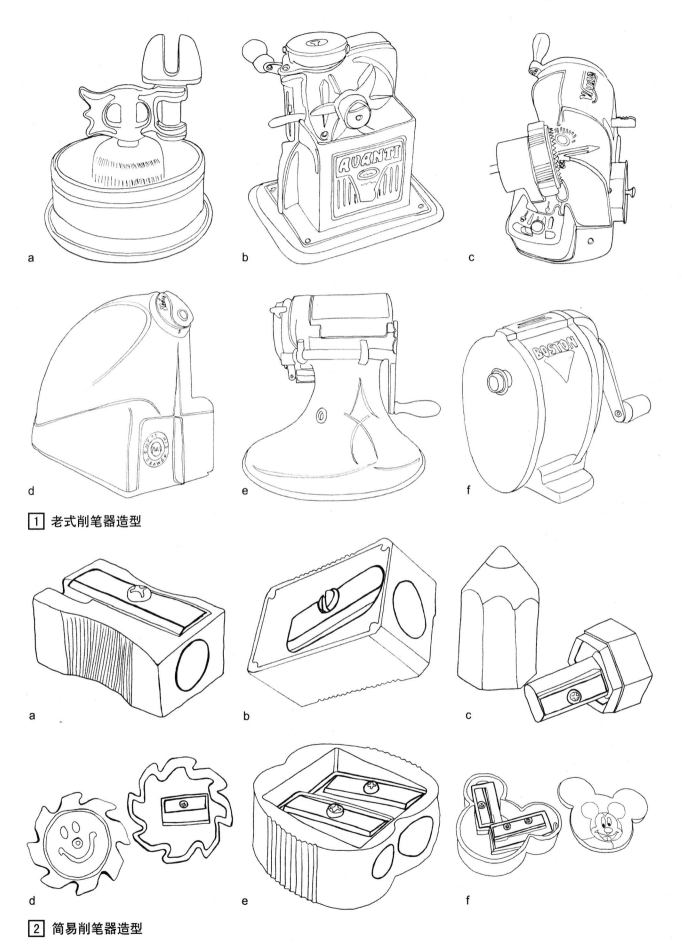

1 老式削笔器造型

2 简易削笔器造型

文具 [1] 刀具

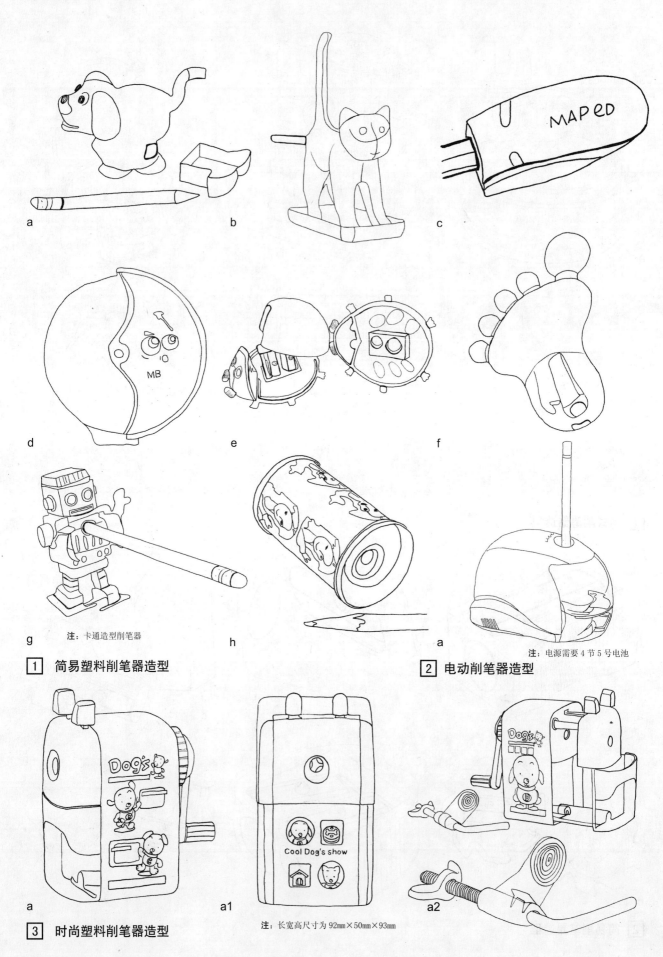

注：卡通造型削笔器

1 简易塑料削笔器造型

注：电源需要 4 节 5 号电池

2 电动削笔器造型

3 时尚塑料削笔器造型

注：长宽高尺寸为 92mm×50mm×93mm

刀具 [1] 文具

注：长宽高尺寸为 75mm×75mm×55mm

注：长宽高尺寸为 100mm×100mm×80mm　　注：长宽高尺寸为 150mm×100mm×80mm

[1] 时尚塑料削笔器造型

文具 [1] 刀具

美工刀

美工刀俗称刻刀，是一种美术和做手工艺品用的刀，多为塑刀柄和刀片两部分组成，为抽拉式结构。也有少数为金属刀柄，刀片多为斜口，如用钝可顺片身的划线折断，出现新的刀锋，方便使用。美工刀有大小多种型号。美工刀的生产加工材料可选用硬质合金、合金钢、锋钢等。

口语中称美工刀为"介刀"或"界刀"，此种刀具是20世纪80年代从日本传入中国港台地区后销入大陆的，因其日本原名称为中文假名"界刀"，故称"界刀"。另外，粤语中把薄的东西（如布、纸、薄板等）割开叫介开，美工刀最初是从中国香港传入，因而也称为"介刀"。

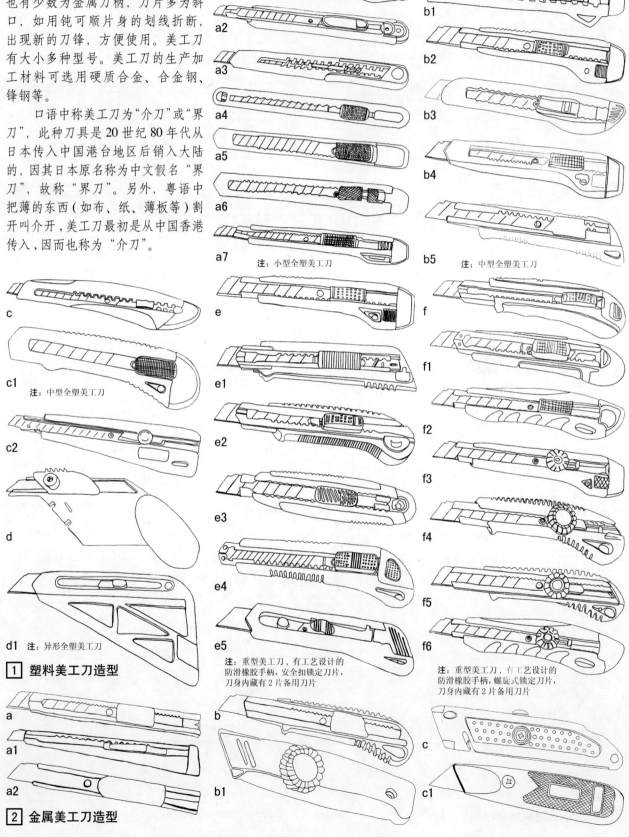

a7 注：小型全塑美工刀
b5 注：中型全塑美工刀
c1 注：中型全塑美工刀
d1 注：异形全塑美工刀
e5 注：重型美工刀，有工艺设计的防滑橡胶手柄，安全扣锁定刀片，刀身内藏有2片备用刀片
f6 注：重型美工刀，有工艺设计的防滑橡胶手柄，螺旋式锁定刀片，刀身内藏有2片备用刀片

1 塑料美工刀造型

2 金属美工刀造型

刀具　[1] 文具

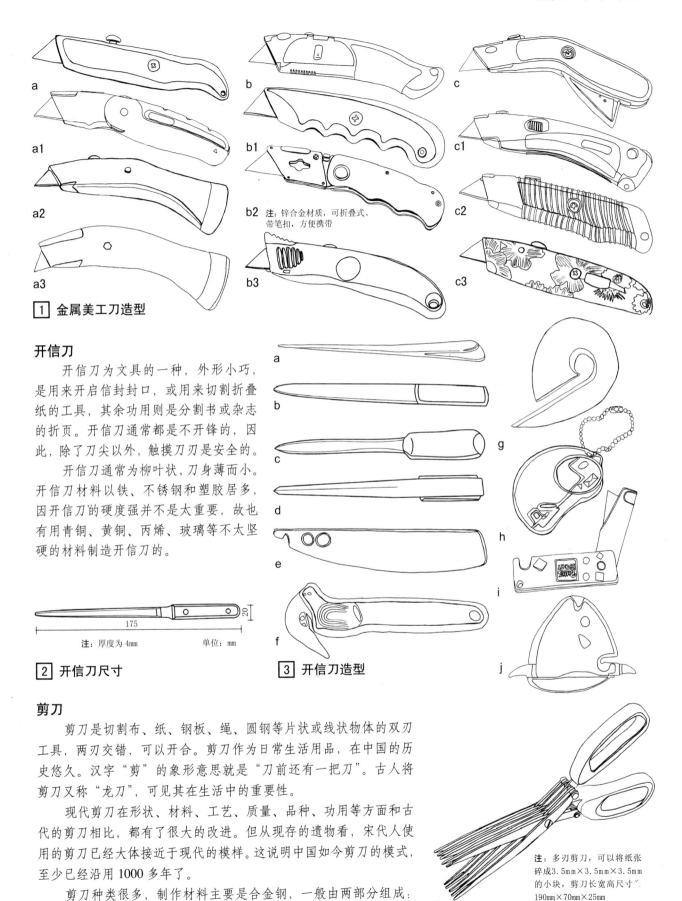

1 金属美工刀造型

b2 注：锌合金材质，可折叠式、带笔扣，方便携带

开信刀

开信刀为文具的一种，外形小巧，是用来开启信封封口，或用来切割折叠纸的工具，其余功用则是分割书或杂志的折页。开信刀通常都是不开锋的，因此，除了刀尖以外，触摸刀刃是安全的。

开信刀通常为柳叶状，刀身薄而小。开信刀材料以铁、不锈钢和塑胶居多，因开信刀的硬度强并不是太重要，故也有用青铜、黄铜、丙烯、玻璃等不太坚硬的材料制造开信刀的。

注：厚度为4mm　　单位：mm

2 开信刀尺寸

3 开信刀造型

剪刀

剪刀是切割布、纸、钢板、绳、圆钢等片状或线状物体的双刃工具，两刃交错，可以开合。剪刀作为日常生活用品，在中国的历史悠久。汉字"剪"的象形意思就是"刀前还有一把刀"。古人将剪刀又称"龙刀"，可见其在生活中的重要性。

现代剪刀在形状、材料、工艺、质量、品种、功用等方面和古代的剪刀相比，都有了很大的改进。但从现存的遗物看，宋代人使用的剪刀已经大体接近于现代的模样。这说明中国如今剪刀的模式，至少已经沿用1000多年了。

剪刀种类很多，制作材料主要是合金钢，一般由两部分组成：大拇指控制的活动刀锋，无名指控制的静止刀锋，两部分有一颗螺钉固定。

注：多刃剪刀，可以将纸张碎成3.5mm×3.5mm×3.5mm的小块，剪刀长宽高尺寸190mm×70mm×25mm

4 剪刀造型

文具 [1] 刀具

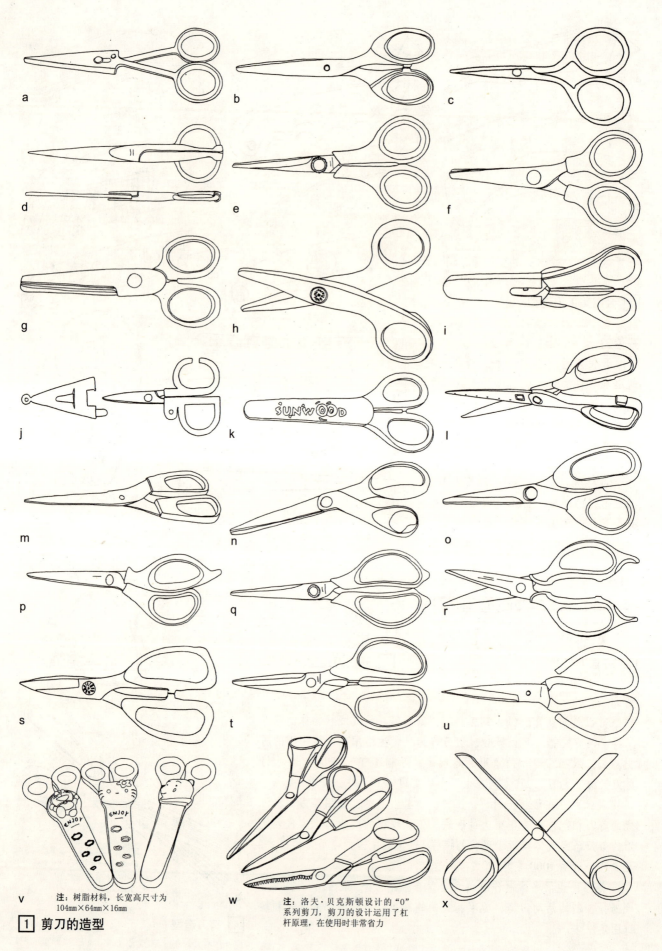

1 剪刀的造型

订书机 [1] 文具

订书机

订书机（又作钉书机）是一种文书工具，它利用细小的金属（即订书针）把多张纸张或其他物件结合在一起，订书针的两只针脚穿过物件，并在物件的背面折曲，造成固定位置的效果。订书机经常被用在办公室或其他地方，用以整理大量松散的纸张文件。

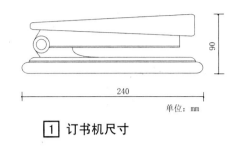

1 订书机尺寸

历史

历史上首部类似订书机工具的出现可追溯至18世纪，即法国国王路易十五在位期间，当时的订书机皆为手造，并刻上皇室的徽章作为记认。

现代的纸张扎牢工具出现在1841年9月30日，发明者是Samuel Slocum，这个原始工具主要利用别针贯穿及扎牢纸张。Patent Novelty制造公司随后于1866年8月7日替Novelty纸张扎牢器注册专利，这工具容许每次拉出一只订书针，除可牢固纸张及书本外，也可用于地毯、家私或盒子上。订书针是由P.N.制造公司生产的，并有以下尺寸选择：3/16英寸、1/4英寸、3/8英寸和1/2英寸。

George W. McGill在1866年7月24日成功为他发明的细小并可屈曲的铜制纸张扎牢器注册专利（美国专利编号56567），这工具已具现代订书机雏形，随后在1867年8月13日获压入器的专利（美国专利编号67665），并把他的发明在1867年在费城举行的博览会上展出。McGill在1879年2月18日再度为可单次打钉的订书机申请专利（美国专利编号212316），这个仪器重约2磅半，可把一只半英寸的订书针打入数片纸张。

设计

一般来说，现代的订书机多种多样，设计的形式也随着功能的不同而不同。总的来说，在设计的过程中主要从产品的分类出发，了解设计概念，根据相对应的概念来表达设计的理念。其中还有一部分要注意产品的结构，尝试在概念上进行创新。

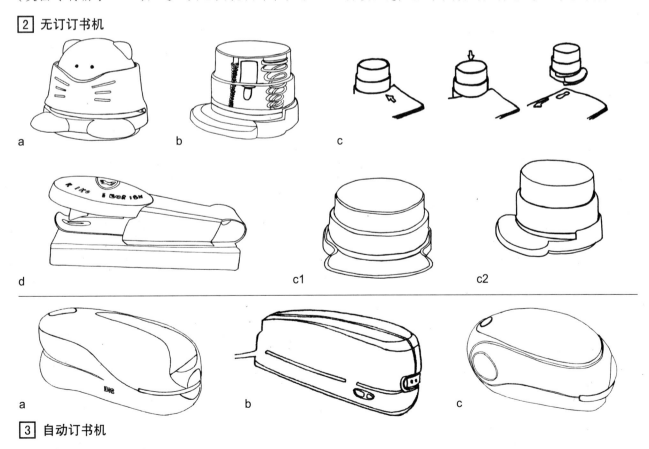

2 无订订书机

3 自动订书机

文具 [1] 订书机

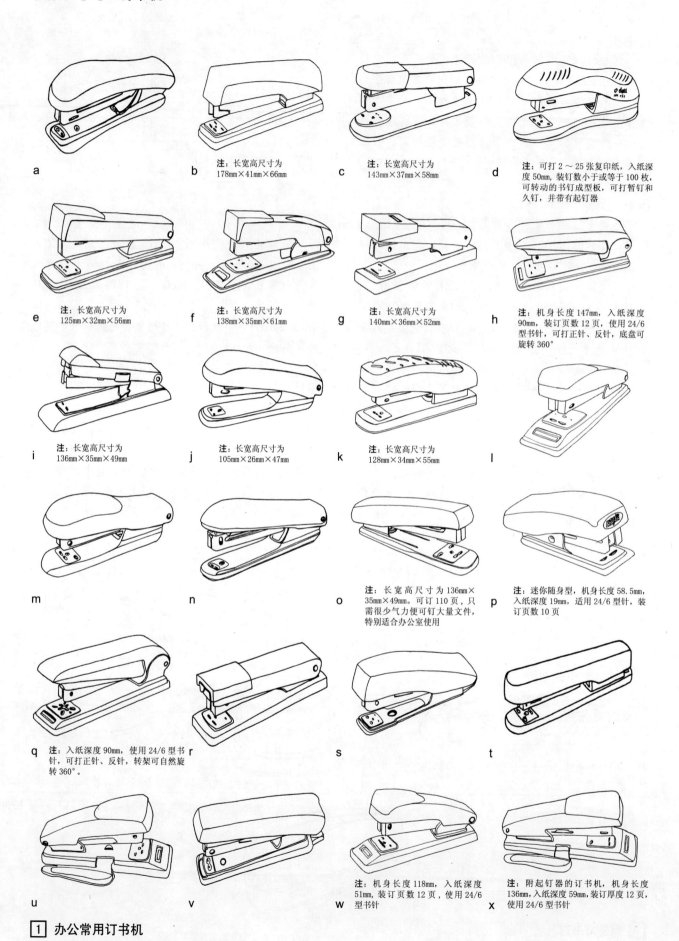

a

b 注：长宽高尺寸为 178mm×41mm×66mm

c 注：长宽高尺寸为 143mm×37mm×58mm

d 注：可打 2～25 张复印纸，入纸深度 50mm，装钉数小于或等于 100 枚，可转动的书钉成型板，可打暂钉和久钉，并带有起钉器

e 注：长宽高尺寸为 125mm×32mm×56mm

f 注：长宽高尺寸为 138mm×35mm×61mm

g 注：长宽高尺寸为 140mm×36mm×52mm

h 注：机身长度 147mm，入纸深度 90mm，装订页数 12 页，使用 24/6 型书针，可打正针、反针，底盘可旋转 360°

i 注：长宽高尺寸为 136mm×35mm×49mm

j 注：长宽高尺寸为 105mm×26mm×47mm

k 注：长宽高尺寸为 128mm×34mm×55mm

l

m

n

o 注：长宽高尺寸为 136mm×35mm×49mm。可订 110 页，只需很少气力便可钉大量文件，特别适合办公室使用

p 注：迷你随身型，机身长度 58.5mm，入纸深度 19mm，适用 24/6 型书针，装订页数 10 页

q 注：入纸深度 90mm，使用 24/6 型书针，可打正针、反针，转架可自然旋转 360°。

r

s

t

u

v

w 注：机身长度 118mm，入纸深度 51mm，装订页数 12 页，使用 24/6 型书针

x 注：附起钉器的订书机，机身长度 136mm，入纸深度 59mm，装订厚度 12 页，使用 24/6 型书针

1 办公常用订书机

订书机 [1] 文具

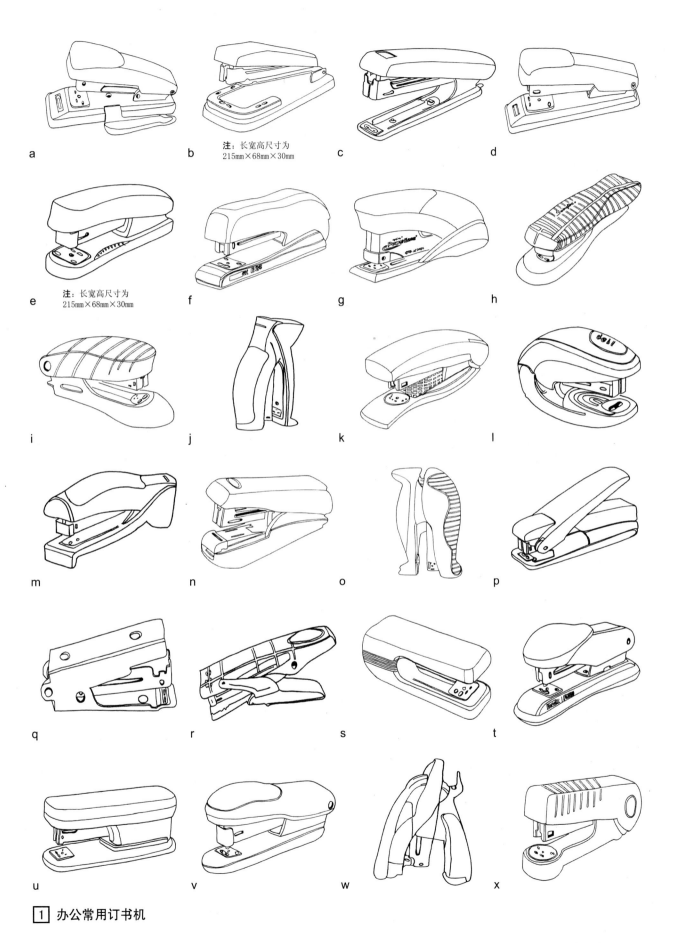

注：长宽高尺寸为 215mm×68mm×30mm

1 办公常用订书机

文具 [1] 订书机

1 办公常用订书机

2 趣味订书机

订书机 [1] 文具

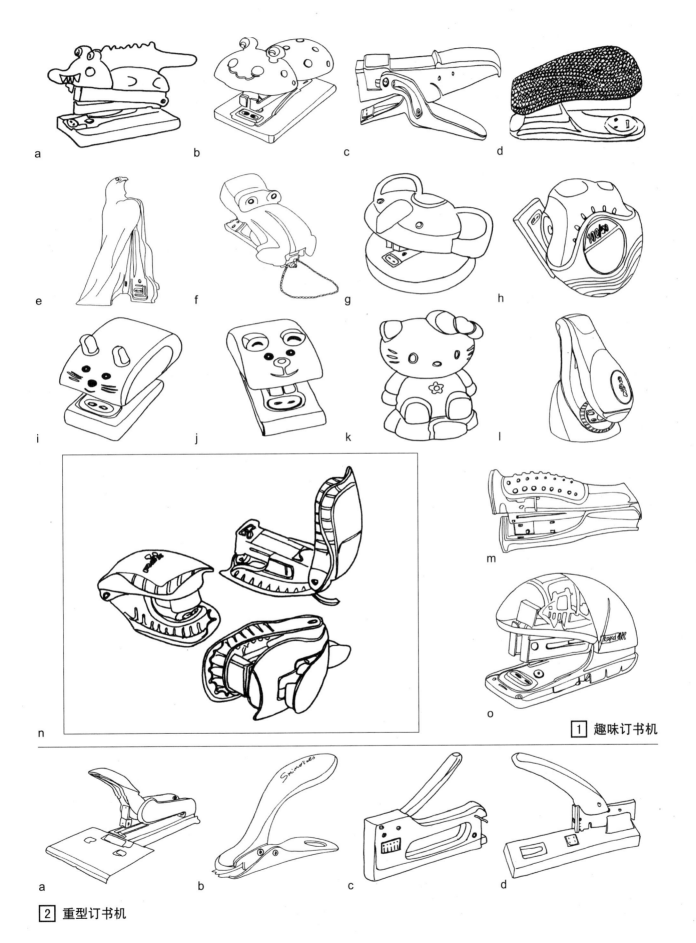

1 趣味订书机

2 重型订书机

文具 [1] 订书机

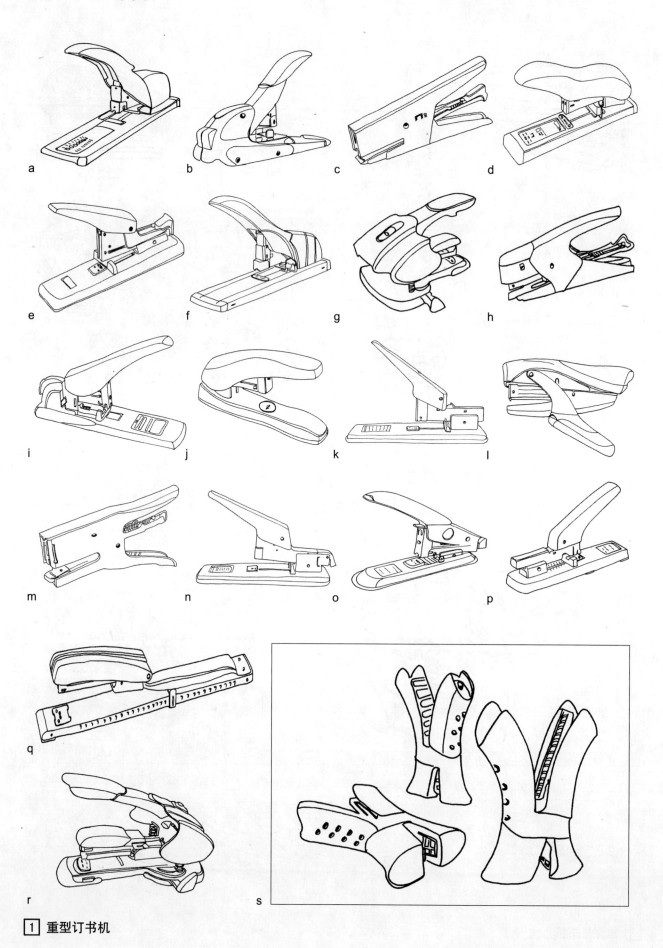

a b c d e f g h i j k l m n o p q r s

1 重型订书机

订书机 [1] 文具

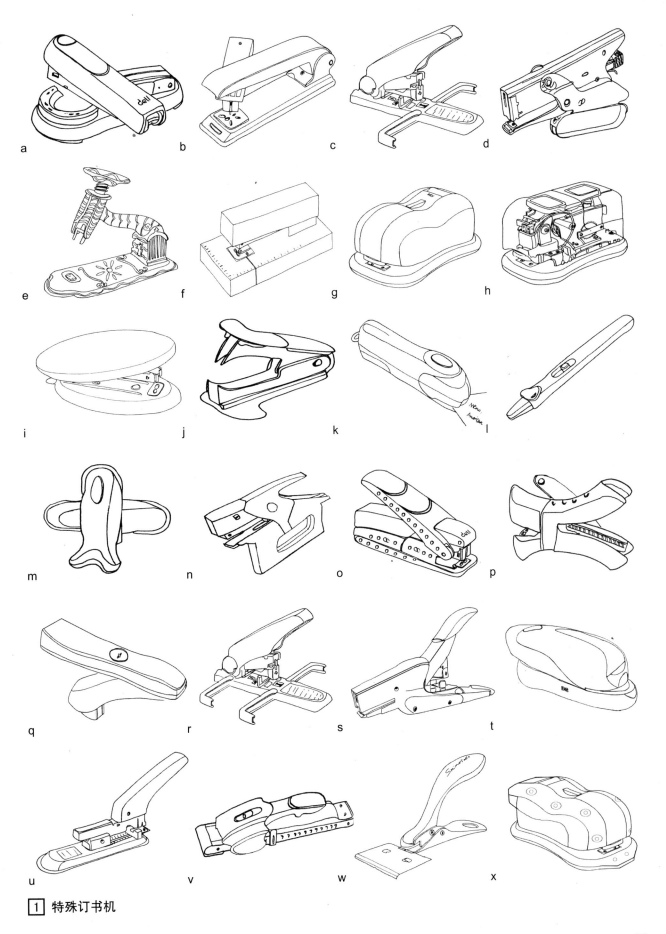

[1] 特殊订书机

文具 [1] 胶带座

胶带座

胶带座包括座体与转轴，其特征是：转轴是两个隔有一定距离的小转轴，以两个小转轴为圆台形，可以切割出内径直径为 25～75mm，宽度为 12～24mm 的胶带。有时在胶带座的底部固定有新型粘胶，使胶带座可反复粘在桌面上。

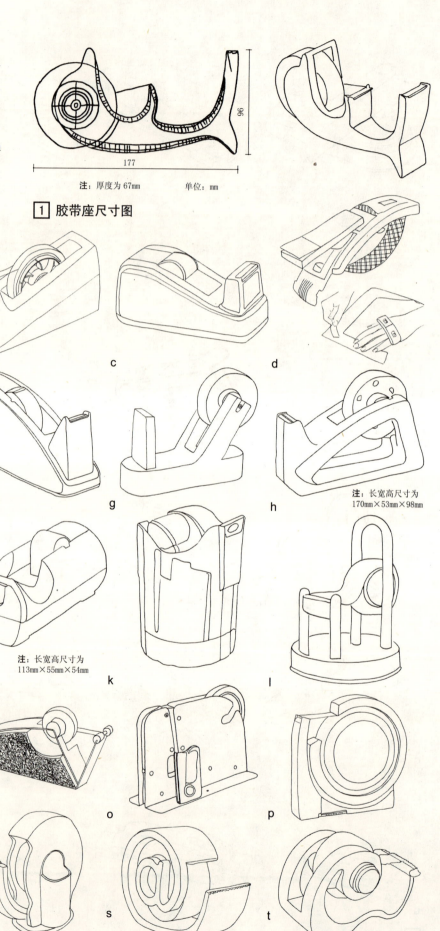

1 胶带座尺寸图
注：厚度为 67mm　　单位：mm

注：长宽高尺寸为 170mm×53mm×98mm

注：长宽高尺寸为 233mm×141mm×70mm

注：长宽高尺寸为 113mm×55mm×54mm

金属　石材

2 胶带座造型

胶带座 [1] 文具

注：Mr.P 胶带座

注：长宽高尺寸为 123mm×47mm×91mm

注：长宽高尺寸为 118mm×74mm×68mm

1 胶带座造型

文具 [1]　组合文具

组合文具

组合文具是2个及以上的单体文具进行组合，它们可以是同一系列文具组合在一起，也可以是不同系列的文具组合在一起，如桌面文具系列和笔系列组合。组合文具在设计时可以通过对文具色彩搭配、材质选择、整体造型及局部细节处理等达到组合产品视觉统一效果。

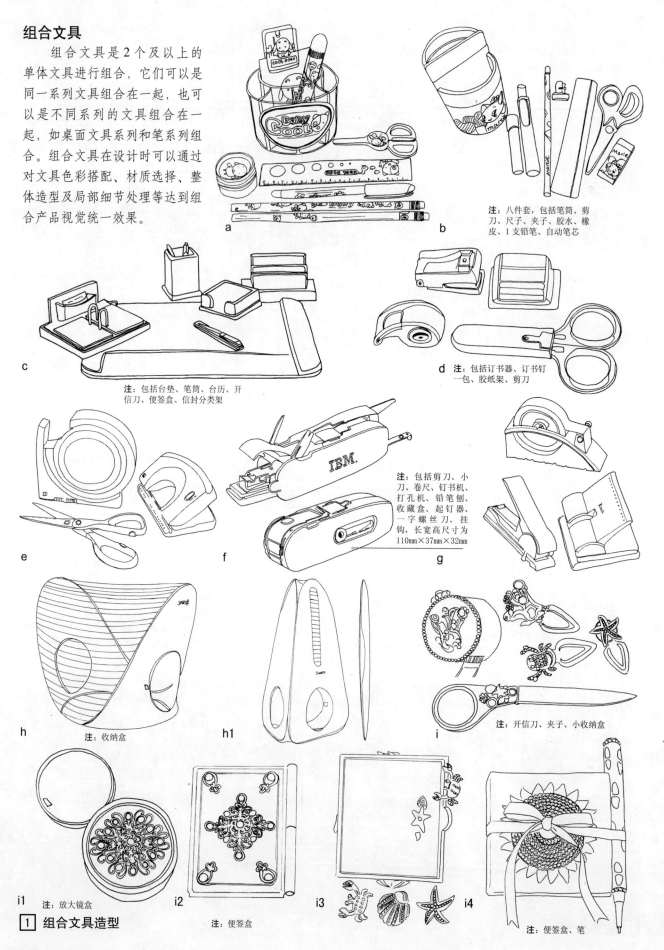

a

b　注：八件套，包括笔筒、剪刀、尺子、夹子、胶水、橡皮、1支铅笔、自动笔芯

c　注：包括台垫、笔筒、台历、开信刀、便签盒、信封分类架

d　注：包括订书器、订书钉一包、胶纸架、剪刀

e　　f　　g　注：包括剪刀、小刀、卷尺、钉书机、打孔机、铅笔刨、收藏盒、起钉器、一字螺丝刀、挂钩，长宽高尺寸为110mm×37mm×32mm

h　注：收纳盒　　h1　　i　注：开信刀、夹子、小收纳盒

i1　注：放大镜盒　　i2　注：便签盒　　i3　　i4　注：便签盒、笔

[1] 组合文具造型

组合文具 [1] 文具

注：镶嵌珠宝等材质

注：PHILIP STRACK 设计

注：美国 KIKKERLAND 螺旋桨飞机文具组合，包括圆珠笔、书签和直尺三种文具

1 组合文具造型

文具 [1] 中国画工具

中国画工具

中国画的工具和材料主要是由笔、墨、纸、砚构成的，人们通常称为"文房四宝"。此外，中国画工具还包括笔格、笔舔、笔筒、笔洗、墨床、水滴、印泥盒、镇纸等。

毛笔发展简史

毛笔是中国独有的笔类制品，毛笔的制造历史非常久远，早在战国时，毛笔的使用已相当发达。我国的毛笔发展有两个重要时期：第一个时期就是"宣笔"时期。据正史书籍记载，宣笔发明于汉代，魏晋时书法艺术的发展，促进了毛笔工艺的不断提高，东晋时，宣州陈氏之笔深受王羲之等人的推崇。到了唐代，宣州成为全国制笔的中心。现在宣笔的品种已多达300多种，选料严格，工艺考究，精益求精。

从元代开始，我国的毛笔又进入第二个时期——"湖笔"。被称为"毛颖之技甲天下"的湖笔，发源于浙江省湖州市善琏镇。古时，善琏隶属湖州府，故这里出产的毛笔称为湖笔，善琏也被誉为"笔都"。

毛笔种类

古笔的品种较多，从笔毫的原料上来分，就曾有兔毛、白羊毛、青羊毛、黄羊毛、羊须、马毛、鹿毛、麝毛、獾毛、狸毛、貂鼠毛、鼠须、鼠尾、虎毛、狼尾、狐毛、獭毛、猩猩毛、鹅毛、鸭毛、鸡毛、雉毛、猪毛、胎发、人须、茅草等；从性能上分，则有硬毫、软毫、兼毫；从笔管的质地来分，有水竹、鸡毛竹、斑竹、棕竹、紫檀木、鸡翅木、檀香木、楠木、花梨木、沉香木、雕漆、绿沉漆、螺细、象牙、犀角、牛角、麟角、玳瑁、玉、水晶、琉璃、金、银、瓷等，不少属珍贵的材料。笔的大小形式也很多，最大的为揸笔（又称抓笔），其次为"斗笔"，再次是提笔，还有联笔、屏笔等。根据习字大小可分为大楷笔、中楷笔、小楷笔等。再小的则有圭笔。从笔的用途来分，有山水笔、花卉笔、叶筋笔、人物笔、衣纹笔、设骨笔、彩色笔等。现在供作画用的毛笔大致可分为硬毫、软毫及介于两者之间的兼毫三大类。硬毫笔主要用狼毫（黄鼠狼的尾尖毛制成），也有用貂、鼠、马、鹿、兔或猪鬃毛制成的。硬毫的笔性刚健，适合画线条，常见的有兰竹、小精工、小红毛、叶筋笔、衣纹笔、书画笔、蟹爪笔、金印章笔以及大的"狼毫提笔"等。软毛笔主要用羊毫制成，也有用鸟类羽毛制造的，性质柔软，含水性强，适合作大面的渲染用。兼毫笔是用羊毫与狼毫（或兔毫）相配制成的，性质在刚柔之间，写大草、狂草则用鸡毫；写屏条则用长毫屏笔；题写匾额则用猪鬃做成的提笔；书写特大号字的称为"斗笔"。

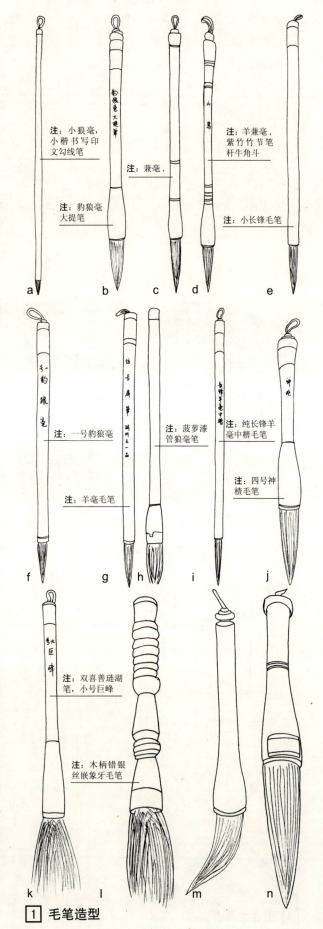

[1] 毛笔造型

中国画工具 [1] 文具

墨床

亦称墨架、墨台，研磨墨时稍事停歇，因墨锭磨墨处湿润，乱放容易玷污他物，故为供临时搁墨锭用的用具，多为玉、瓷所制，通常不会太大，宽不过二指，长不过三寸。造型一般为几案式或床式，或曲折，或简练。目前所见最早的为明代器物，明代由于制墨业的繁荣，墨床也随之流行，它的外形常与墨形相吻合，又因明代尚朴素浑厚之风，因此明代的墨床大都线条劲挺，棱角分明，表面纹饰极浅，呈平面化，有的干脆制成光面通体不加任何雕饰。清代是文房雅玩的鼎盛时期，墨床的制作材质也从古铜、玉器，发展到紫檀、陶瓷、漆器、琥珀、玛瑙、翡翠、景泰蓝。它从单纯的承墨用具，发展到既实用又可赏玩的艺术品。

a 注：清，青玉卷书卷式墨床，长宽高尺寸为 7.2cm×3.3cm×4.6cm，书卷式造型，两边足一外卷，一内收，其边沿折角亦一方一圆，皆便于湿墨倚靠。床面镂雕4蝠，中央饰勾莲花纹。配紫檀木座

b 注：玉墨床

c 注：黄玉墨床 长宽高尺寸为9.9cm×4.3cm×2.7cm

d 注：老玉墨床长宽高尺寸为 8.5cm×2.4cm×1.4cm，厚0.4cm

e 注：碧玉镶白玉墨床

f 注：嵌玉雕墨床，长宽高尺寸为9.9cm×4.3cm×2.7cm

g 注：象牙墨床

h 注：紫檀墨床

i 注：清，剔红墨床，床面剔刻重菱纹、床边饰回纹，长宽高尺寸为8.9cm×6.3cm×2.4cm

j 注：木雕墨床，长7.1cm

k 注：清乾隆，仿斑竹五彩花鸟纹墨床，长宽高尺寸为8.6cm×4.3cm×2.5cm

l 注：蒂字纹墨床，黑檀材质，长宽高尺寸为10cm×3.5cm×2.2cm

m 注：清乾隆，木纹釉粉彩牡丹纹书式墨床，长宽高尺寸为8.8cm×4.2cm×4.8cm

n 注：清乾隆，仿斑竹五彩花鸟纹墨床

o 注：清晚期，墨床，长宽尺寸为12.5cm×4.5cm，最高处3.5cm

p 注：清乾隆，金星玻璃书卷式墨床

q 注：清嘉庆，青花粉彩墨床

r 注：清晚期，粉彩人物瓷墨床

[1] 墨床造型

文具 [1]　中国画工具

a 注：粉彩瓷墨床

b 注：民国时期，李明亮款的墨床

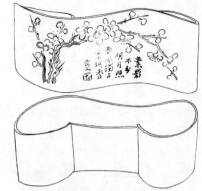
c 注：民国时期，白铜梅花书卷式墨床

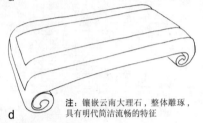
d 注：镶嵌云南大理石，整体雕琢，具有明代简洁流畅的特征

e 注：铜刻山水墨床

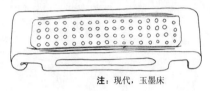
f 注：现代，玉墨床

1 墨床造型

砚

砚是磨墨用的，要求细腻滋润，容易发墨，并且墨汁细匀无渣。砚有石砚、陶砚、砖砚、玉砚等种类之分。中国的砚台经秦汉、越魏晋，到了唐宋，出现了一个辉煌的时期，开始了用广东端州的端石、安徽徽州的歙石、甘肃临洮的洮河石制砚台的历史，生产了著名的端砚、歙砚、洮河砚。

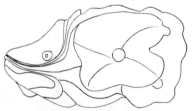
a 注：北宋，鱼形莲荷绿端砚

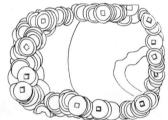
b 注：宋，坑端砚

c 注：建安十五年，荷叶端砚，长宽高尺寸为41.4cm×37.8cm×5.5cm

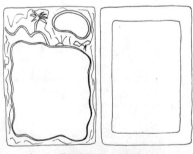
d 注：明，紫绿端砚，长宽高尺寸为15.7cm×10.8cm×2.7cm

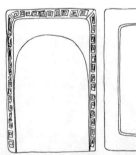
e 注：明，绿端回纹双池砚，长宽高尺寸为19cm×12.2cm×2.9cm

f 注：明，龙戏珠端砚，圆柱形四腿带兽头，直径20cm，高10cm

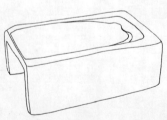
g 注：明，云池端砚
h 注：明，长方抄手端砚

注：端砚位于四大名砚之首，产于广东肇庆市东郊的端溪。端砚除了石质特别幼嫩、纯净、细腻、滋润、坚实、严密，制成的端砚具有呵气可研墨、发墨不损毫、冬天不结冰的特色外，还与其开采、制作的艰辛有关。一方端砚的问世，要经过从探测、开凿、运输、选料、整璞、设计、雕刻、打磨、洗涤、配装等十多种艰辛而精细的工序

i 注：清乾隆，端砚，长宽高尺寸为25cm×15.8cm×4cm

1 石砚——端砚造型

中国画工具 [1] 文具

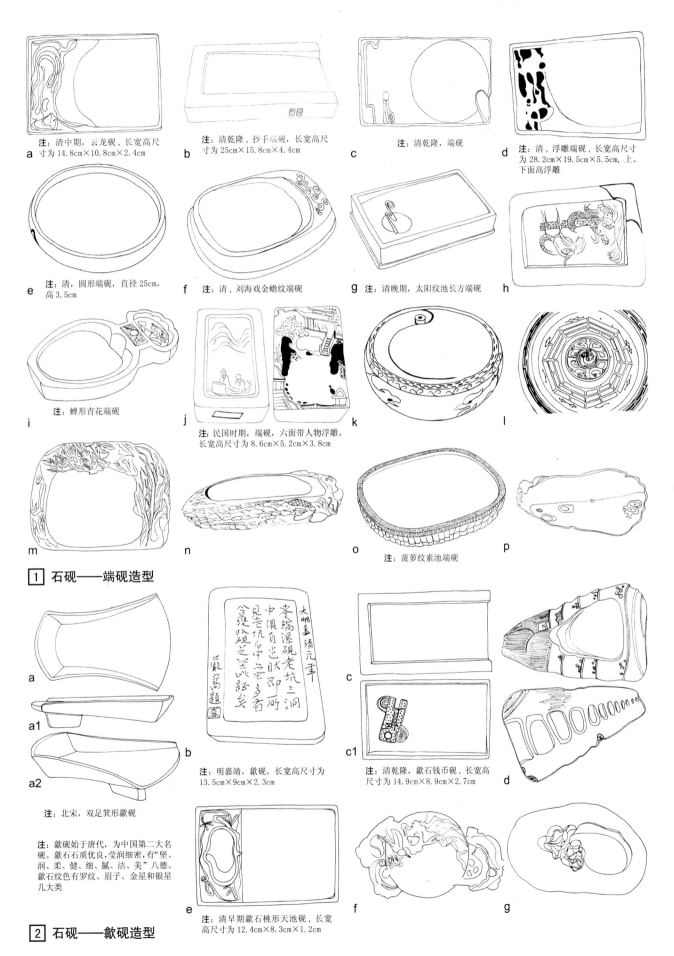

a 注：清中期，云龙砚，长宽高尺寸为 14.8cm×10.8cm×2.4cm
b 注：清乾隆，抄手端砚，长宽高尺寸为 25cm×15.8cm×4.4cm
c 注：清乾隆，端砚
d 注：清，浮雕端砚，长宽高尺寸为 28.2cm×19.5cm×5.5cm，上、下面高浮雕
e 注：清，圆形端砚，直径 25cm，高 3.5cm
f 注：清，刘海戏金蟾纹端砚
g 注：清晚期，太阳纹池长方端砚
i 注：蝉形青花端砚
j 注：民国时期，端砚，六面带人物浮雕，长宽高尺寸为 8.6cm×5.2cm×3.8cm
o 注：菠萝纹素池端砚

[1] 石砚——端砚造型

注：北宋，双足箕形歙砚

注：歙砚始于唐代，为中国第二大名砚。歙石石质优良，莹润细密，有"坚、润、柔、健、细、腻、洁、美"八德。歙石纹色有罗纹、眉子、金星和银星几大类

b 注：明嘉靖，歙砚，长宽高尺寸 13.5cm×9cm×2.3cm
c1 注：清乾隆，歙石钱币砚，长宽高尺寸 14.9cm×8.9cm×2.7cm
e 注：清早期歙石桃形天池砚，长宽高尺寸为 12.4cm×8.3cm×1.2cm

[2] 石砚——歙砚造型

41

文具 [1] 中国画工具

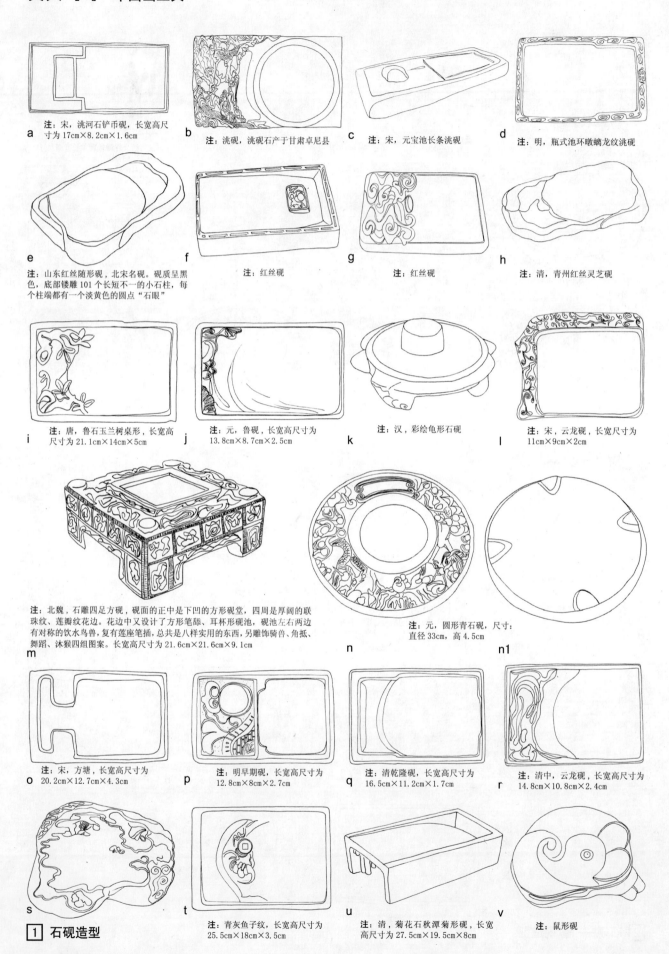

a 注：宋，洮河石铲币砚，长宽高尺寸为 17cm×8.2cm×1.6cm

b 注：洮砚，洮砚石产于甘肃卓尼县

c 注：宋，元宝池长条洮砚

d 注：明，瓶式池环敞螭龙纹洮砚

e 注：山东红丝随形砚，北宋名砚。砚质呈黑色，底部镂雕101个长短不一的小石柱，每个柱端都有一个淡黄色的圆点"石眼"

f 注：红丝砚

g 注：红丝砚

h 注：清，青州红丝灵芝砚

i 注：唐，鲁石玉兰树桌形，长宽高尺寸为 21.1cm×14cm×5cm

j 注：元，鲁砚，长宽高尺寸为 13.8cm×8.7cm×2.5cm

k 注：汉，彩绘龟形石砚

l 注：宋，云龙砚，长宽尺寸为 11cm×9cm×2cm

m 注：北魏，石雕四足方砚，砚面的正中是下凹的方形砚堂，四周是厚阔的联珠纹、莲瓣纹花边。花边中又设计了方形笔舔、耳杯形砚池，砚池左右两边有对称的饮水鸟兽，复有莲座笔插，总共是八样实用的东西，另雕饰骑兽、角抵、舞蹈、沐猴四组图案。长宽高尺寸为 21.6cm×21.6cm×9.1cm

n 注：元，圆形青石砚，尺寸：直径33cm，高4.5cm

n1

o 注：宋，方塘，长宽高尺寸为 20.2cm×12.7cm×4.3cm

p 注：明早期砚，长宽高尺寸为 12.8cm×8cm×2.7cm

q 注：清乾隆砚，长宽高尺寸为 16.5cm×11.2cm×1.7cm

r 注：清中，云龙砚，长宽高尺寸为 14.8cm×10.8cm×2.4cm

s

t 注：青灰鱼子纹，长宽高尺寸为 25.5cm×18cm×3.5cm

u 注：清，菊花石秋潭菊形砚，长宽高尺寸为 27.5cm×19.5cm×8cm

v 注：鼠形砚

[1] 石砚造型

中国画工具 [1] 文具

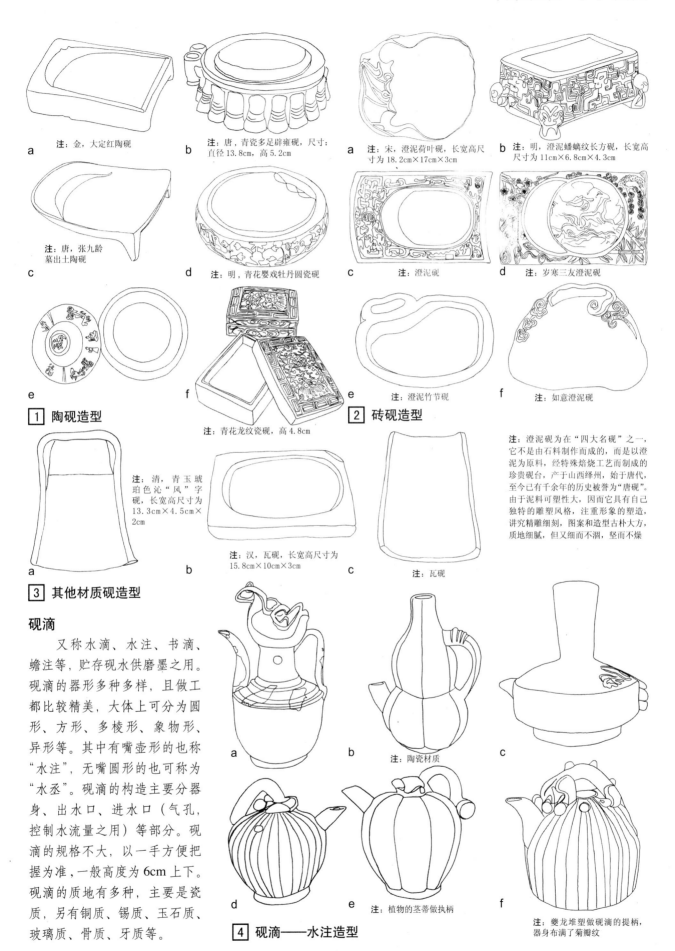

a 注：金，大定红陶砚
b 注：唐，青瓷多足辟雍砚，尺寸：直径13.8cm，高5.2cm
c 注：唐，张九龄墓出土陶砚
d 注：明，青花婴戏牡丹圆瓷砚
e
f 注：青花龙纹瓷砚，高4.8cm

1 陶砚造型

a 注：宋，澄泥荷叶砚，长宽高尺寸为18.2cm×17cm×3cm
b 注：明，澄泥蟠螭纹长方砚，长宽高尺寸为11cm×6.8cm×4.3cm
c 注：澄泥砚
d 注：岁寒三友澄泥砚
e 注：澄泥竹节砚
f 注：如意澄泥砚

2 砖砚造型

注：澄泥砚为在"四大名砚"之一，它不是由石料制作而成的，而是以澄泥为原料，经特殊焙烧工艺而制成的珍贵砚台，产于山西绛州，始于唐代，至今已有千余年的历史被誉为"唐砚"。由于泥料可塑性大，因而它具有自己独特的雕塑风格，注重形象的塑造，讲究精雕细刻，图案和造型古朴大方，质地细腻，但又细而不涸，坚而不燥

a 注：清，青玉琥珀色沁"风"字砚，长宽高尺寸为13.3cm×4.5cm×2cm
b 注：汉，瓦砚，长宽高尺寸为15.8cm×10cm×3cm
c 注：瓦砚

3 其他材质砚造型

砚滴

又称水滴、水注、书滴、蟾注等，贮存砚水供磨墨之用。砚滴的器形多种多样，且做工都比较精美，大体上可分为圆形、方形、多棱形、象物形、异形等。其中有嘴壶形的也称"水注"，无嘴圆形的也可称为"水丞"。砚滴的构造主要分器身、出水口、进水口（气孔，控制水流量之用）等部分。砚滴的规格不大，以一手方便把握为准，一般高度为6cm上下。砚滴的质地有多种，主要是瓷质，另有铜质、锡质、玉石质、玻璃质、骨质、牙质等。

a
b 注：陶瓷材质
c
d
e 注：植物的茎蒂做执柄
f 注：夔龙堆塑做砚滴的提柄，器身布满了菊瓣纹

4 砚滴——水注造型

文具 [1] 中国画工具

砚滴发展历史

　　早期的砚滴（汉——南北朝）主要以使用功能为主，题材以蟾、龟等古代灵兽较常见，材质除青铜外，瓷质砚滴较普及。唐宋时期砚滴已经作为文房的主要品种之一，这时期砚滴题材主要有人物、兽、瓜果，其间出现了吸管式砚滴。元明时期开始出现青花砚滴，主要产于景德镇窑。到了清代，砚滴题材更为广泛，随着各种色釉瓷的发展，工艺手段也更为丰富多彩，除青花外，有祭蓝、酱釉、绿釉、粉彩等品种出现，风格也多样化，题材走向民俗化。民国时期彩绘瓷砚滴发展很好。

a　　b　　a1　　b1
c　　d　　e　　f
g　　h　　i　　j
注：宋、元龙头水滴，高6cm
k　　l　　m　　n
o　　p　　q　　r
注：莲形瓷水滴，高5.0cm，足高8.0cm，上径6.5cm
注：桃形砚滴
s　　t　　u　　v
注：北宋，官窑磨形双腔砚滴
注：清，白铜砚滴，长宽高尺寸为5cm×4cm×2.5cm，呈八棱坡肩长方扁壶形

1 砚滴——水注造型

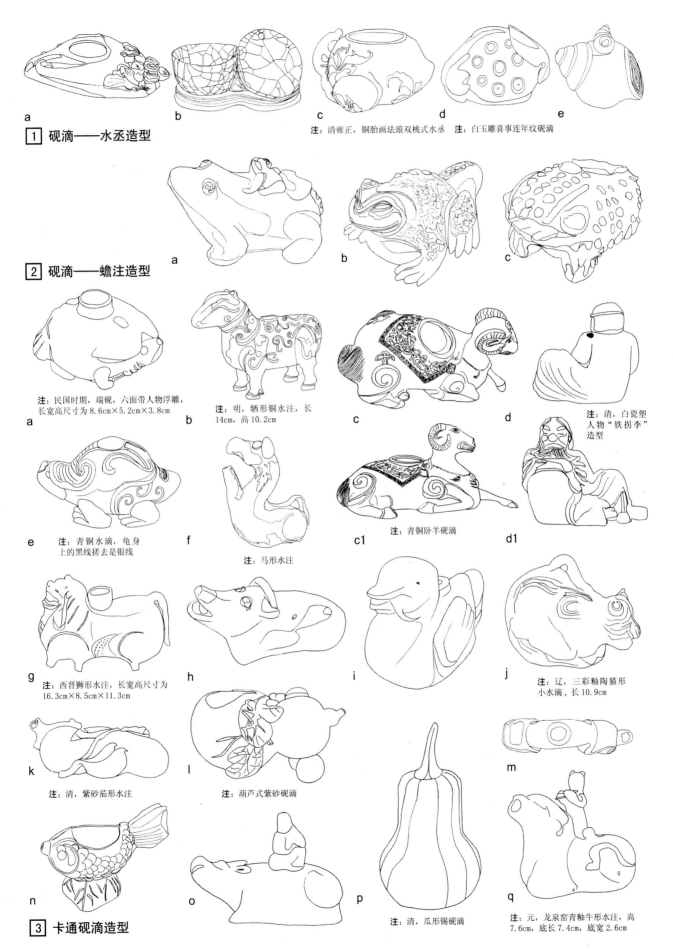

文具 [1] 中国画工具

水盂

水盂为供磨墨的盛水器,最早出现在秦汉,一般配有铜或玉质的小水匙。与砚滴的最大区别是有注水口而无出水口。其形状多为圆口、鼓腹,但以随形、象形居多,也有圆形的、扁圆的或立圆的。从材质来说,它的用料非常丰富,以玉、瓷、紫砂等常见,还有陶土、铜质、水晶、玳瑁、绿松石、玛瑙、玻璃、漆器、竹木、景泰蓝等500余种。其图案更是五彩缤纷,宝蓝、钧红、翠绿、乌金、莲青、鹅黄、人物、山水、花鸟、虫草,应有尽有。

a
注:西晋,青瓷狮形水盂

b
注:晋,青瓷蛙形水盂,高5cm,口径4.6cm,底4.9cm

c
注:唐,口径16cm,高9.7cm

d
注:元,龙泉贴塑水盂

e
注:清康熙,"象牙白"釉水盂,口径16.5cm,高13.6cm

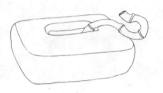
f
注:清雍正,仿哥窑水盂,高4.2cm,形体憨厚,配有赤金竹节水池

g
注:清乾隆,兰釉青花水盂

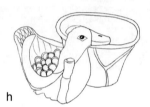
h
注:清乾隆,粉彩鸳鸯莲藕瓷塑水盂

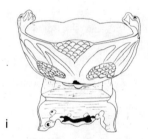
i
注:清嘉庆,珊瑚红描金水盂

j
注:清,葫芦水盂

k
注:清,文竹贴花水盂

l
注:蓝套绿玻璃螭纹水丞,收口,鼓腹,圈足,高3.9cm,口径3.3cm,足径2.9cm

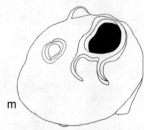
m
注:钧瓷水丞,长约16cm,宽约15cm,高约13cm

n
注:民国时期,粉彩水盂

o
注:民国时期,粉彩仕女纹水盂,口径1.8cm,底径6cm,高7.2cm,器型沉稳,色彩淡雅

p

q
注:飞鱼形水盂

r
注:越窑水盂

s

t
注:釉里红水盂,敛口,口以下渐广,口沿下凹,圆腹,丰底,形似苹果,高7.7cm,口径8.5cm,底径12.8cm

注:晋,水盂盛行,多为青瓷,或大口,或小口,或鼓腹似罐,或为动物;南北朝时瓷制象生形水盂仍很流行,但已经不满足刻画,而较多使用浮雕技法,使器物具有立体感;唐代水盂以信手捏塑、形态多变而享有盛誉,或如雄狮,或为鸣鸡,虽只塑大意不拘细节,但生动传神;宋元水盂多为小口、扁圆腹,假圈足,平底,制作较为精致;明代水盂以瓷制品较为常见,多为盂口、扁圆腹、平底,也有方形水盂。清代水盂品种丰富,有玉、石、瓷、料、紫砂等

1 瓷水盂造型

中国画工具 [1] 文具

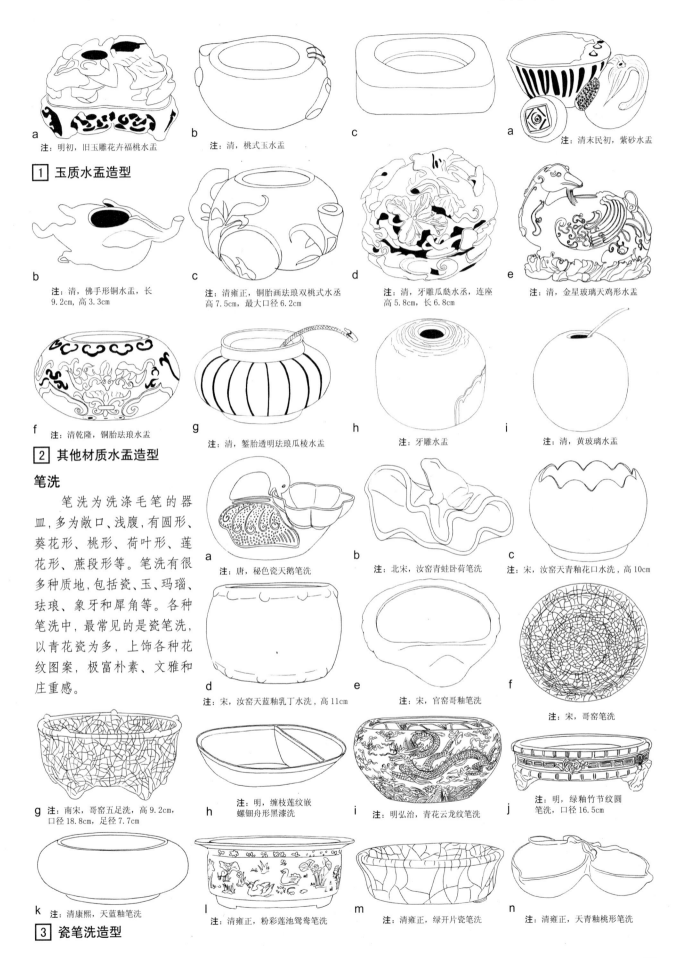

a 注：明初，旧玉雕花卉福桃水盂
b 注：清，桃式玉水盂
c
a 注：清末民初，紫砂水盂

[1] 玉质水盂造型

b 注：清，佛手形铜水盂，长9.2cm，高3.3cm
c 注：清雍正，铜胎画珐琅双桃式水丞 高7.5cm，最大口径6.2cm
d 注：清，牙雕瓜瓞水丞，连座 高5.8cm，长6.8cm
e 注：清，金星玻璃天鸡形水盂

f 注：清乾隆，铜胎珐琅水盂
g 注：清，錾胎透明珐琅瓜棱水盂
h 注：牙雕水盂
i 注：清，黄玻璃水盂

[2] 其他材质水盂造型

笔洗

笔洗为洗涤毛笔的器皿，多为敞口、浅腹，有圆形、葵花形、桃形、荷叶形、莲花形、蔗段形等。笔洗有很多种质地，包括瓷、玉、玛瑙、珐琅、象牙和犀角等。各种笔洗中，最常见的是瓷笔洗，以青花瓷为多，上饰各种花纹图案，极富朴素、文雅和庄重感。

a 注：唐，秘色瓷天鹅笔洗
b 注：北宋，汝窑青蛙卧荷笔洗
c 注：宋，汝窑天青釉花口水洗，高10cm

d 注：宋，汝窑天蓝釉乳丁水洗，高11cm
e 注：宋，官窑哥釉笔洗
f 注：宋，哥窑笔洗

g 注：南宋，哥窑五足洗，高9.2cm，口径18.8cm，足径7.7cm
h 注：明，缠枝莲纹嵌螺钿舟形黑漆洗
i 注：明弘治，青花云龙纹笔洗
j 注：明，绿釉竹节纹圆笔洗，口径16.5cm

k 注：清康熙，天蓝釉笔洗
l 注：清雍正，粉彩莲池鸳鸯笔洗
m 注：清雍正，绿开片瓷笔洗
n 注：清雍正，天青釉桃形笔洗

[3] 瓷笔洗造型

文具 [1] 中国画工具

a 注：清乾隆，茶叶末釉笔洗
b 注：清乾隆，仿汝窑笔洗
c 注：清，白釉莲地鸳鸯雕瓷笔洗
d
e 注：清同治，四方形瓜棱洗，上口宽10.5cm，高5cm
f 注：清，青花双龙戏珠笔洗
g 注：清，乌金釉梅花三系笔洗
d1 注：清道光，素三彩云龙纹秋叶形笔洗
h 注：清，雕瓷山水笔洗，它用浮雕的手法将中国的山水画雕刻在瓷器表面
i 注：清晚，刻瓷花鸟笔洗
j 注：清晚，郎红笔洗
k
l 注：青花笔洗
m 注：青花笔洗
n
o
p 注：白瓷鱼纹阳刻
q
r
s
t
u
v 注：青瓷磁三足笔洗
w 注：鸭子笔洗
x 注：金枝玉叶
y 注：莲叶笔洗
z 注：紫砂笔洗
aa
bb 注：汝瓷天青釉洗，高4.6cm，口径15cm，底径12cm
cc
dd
ee

注：以瓷制作笔洗始于唐宋，陶洗最早见于唐代的三彩印花纹洗。宋代瓷洗则风行一时，哥窑、汝窑、龙泉窑、官窑、钧窑等均有传世品。其形制有圆洗、方洗、六棱花口洗、三足洗、鼓钉洗、板沿洗、蔗段洗、匝式洗等。明代首创了十棱洗，造型新颖别致，多注重其实用价值，虽然洗身饰有华丽的纹饰，烧造颇为精致，但丝毫也不会降低它的使用功能。清代瓷笔洗在明代的基础上又前进了一步，造型更加丰富，除承袭前朝外，新创烧了竹节洗、八棱洗、腰圆洗、扇式洗等

1 瓷笔洗造型

中国画工具 [1] 文具

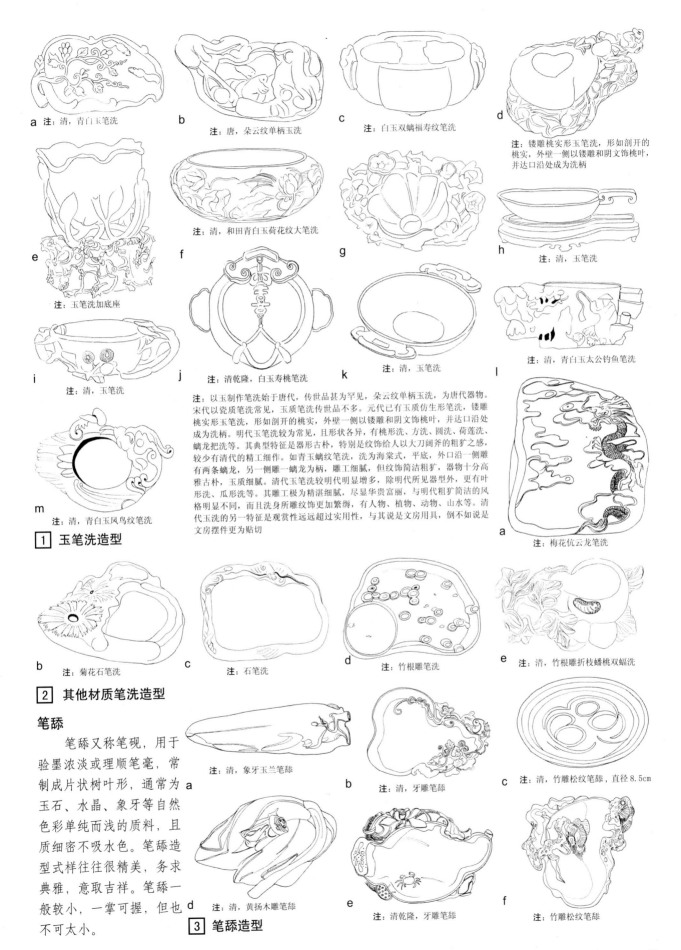

a 注：清，青白玉笔洗
b 注：唐，朵云纹单柄玉洗
c 注：白玉双螭福寿纹笔洗
d 注：镂雕桃实形玉笔洗，形如剖开的桃实，外壁一侧以镂雕和阴文饰桃叶，并达口沿处成为洗柄
e 注：玉笔洗加底座
f 注：清，和田青白玉荷花纹大笔洗
g
h 注：清，玉笔洗
i 注：清，玉笔洗
j 注：清乾隆，白玉寿桃笔洗
k 注：清，玉笔洗
l 注：清，青白玉太公钓鱼笔洗
m 注：清，青白玉凤鸟纹笔洗

注：以玉制作笔洗始于唐代，传世品甚为罕见，朵云纹单柄玉洗，为唐代器物。宋代以瓷质笔洗常见，玉质笔洗传世品不多。元代已有玉质仿生形笔洗，镂雕桃实形玉笔洗，形如剖开的桃实，外壁一侧以镂雕和阴文饰桃叶，并达口沿处成为洗柄。明代玉笔洗较为常见，且形状各异，有桃形洗、方洗、圆洗、荷莲洗、螭龙把洗等。其典型特征是器形古朴，特别是纹饰给人以大刀阔斧的粗犷之感，较少有清代的精工细作。如青玉螭纹笔洗，洗为海棠式，平底，外口沿一侧雕有两条螭龙，另一侧雕一螭龙为柄，雕工细腻，但纹饰简洁粗犷，器物十分高雅古朴，玉质细腻。清代玉笔洗较明代明显增多，除明代所见器型外，更有叶形洗、瓜形洗等。其雕工极为精湛细腻，尽显华贵富丽，与明代粗犷简洁的风格明显不同，而且洗身所雕纹饰更加繁缛，有人物、植物、动物、山水等。清代玉洗的另一特征是观赏性远远超过实用性，与其说是文房用具，倒不如说是文房摆件更为贴切

a 注：梅花坑云龙笔洗

1 玉笔洗造型

b 注：菊花石笔洗
c 注：石笔洗
d 注：竹根雕笔洗
e 注：清，竹根雕折枝蟠桃双蝠洗

2 其他材质笔洗造型

笔舔

笔舔又称笔砚，用于验墨浓淡或理顺笔毫，常制成片状树叶形，通常为玉石、水晶、象牙等自然色彩单纯而浅的质料，且质细密不吸水色。笔舔造型式样往往很精美，务求典雅，意取吉祥。笔舔一般较小，一掌可握，但也不可太小。

a 注：清，象牙玉兰笔舔
b 注：清，牙雕笔舔
c 注：清，竹雕松纹笔舔，直径8.5cm
d 注：清，黄扬木雕笔舔
e 注：清乾隆，牙雕笔舔
f 注：竹雕松纹笔舔

3 笔舔造型

文具 [1] 中国画工具

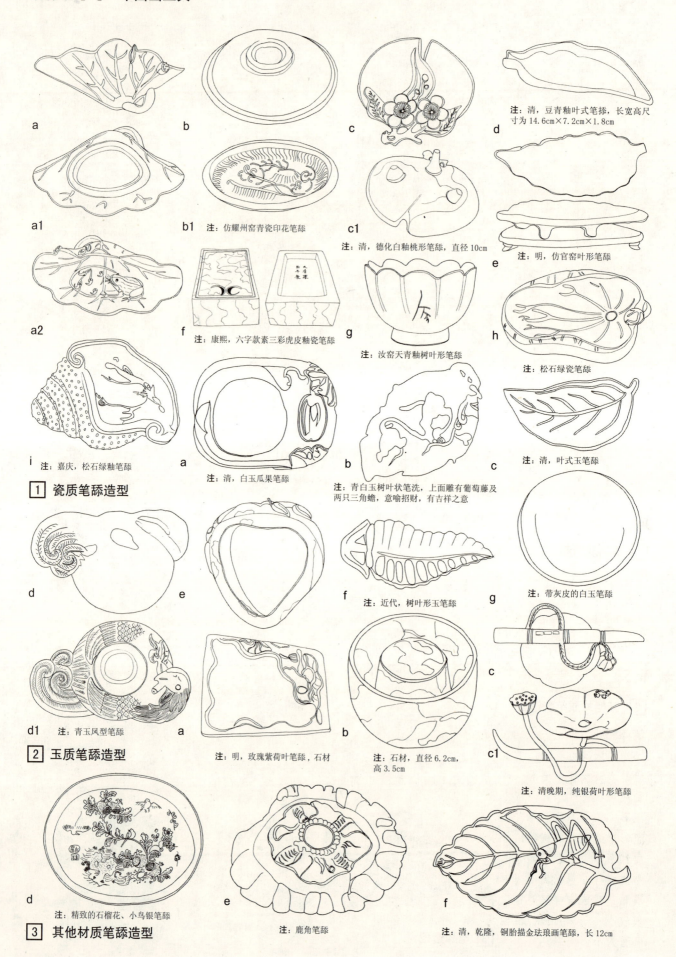

1 瓷质笔舔造型
2 玉质笔舔造型
3 其他材质笔舔造型

中国画工具 [1] 文具

笔格

笔格亦称笔架、笔搁，即架笔的用具，为文房常用器具之一。书画时在构思或暂息间用以置笔，以免毛笔圆转污损他物，为古人书案上最不可缺少的文具。笔格材质有玉石、陶瓷、象牙、金铜、瓷、木质等，式样繁多。玉笔架有山形、卧仙形、旧玉子母猫、十二峰头的笔格，也有单螭起伏的笔格；瓷则有哥窑三山五山形状、白定卧花娃形状；木质则有老树根枝蟠屈万状；石材有峰峦起伏的形状。

注：南宋，青玉笔格
b 注：清，白玉人物笔架
d 注：清，白玉透雕梅花笔格，笔格盘曲、起伏，表现了老梅枝干的沧桑，在枝干上点缀了几朵梅花，由此产生的高低凹凸与空洞正可用来置放毛笔
e 注：和田玉朱雀避邪笔架
f 注：清，青白玉镂空雕笔架
i 注：青玉三鹅笔架
j 注：青白玉五子笔架

1 玉质笔格造型

2 瓷质笔格造型

注：元，景德镇窑青花笔格水注，高8.9cm，笔格水注是笔格与水注的复合用具，元代以前的笔格往往做成一物二用，除了与水注共体，还见有搁笔、搁墨两用

a 注：黑漆描金莲蝠纹宝座式笔架，清，高21.6cm，宽26.5cm，通体髹黑漆，作描金装饰，宝座栏板镂雕缠枝莲叶纹，靠背中央顶端饰一蝠纹，其下作长方形委角开光，开光内正面光素，背面绘山水楼阁图，座面有圆孔5个，下方托泥上对应做5个凹槽，以固定所插之笔

b 注：明，铜鎏金卧羊笔架
c 注：铜錾云龙纹笔架
d 注：清，龙形铜笔格，长宽高尺寸为7.1cm×1.4cm×3.1cm
e 注：清，铜胎掐丝珐琅缠枝花纹笔架

3 金铜笔格造型

文具 [1] 中国画工具

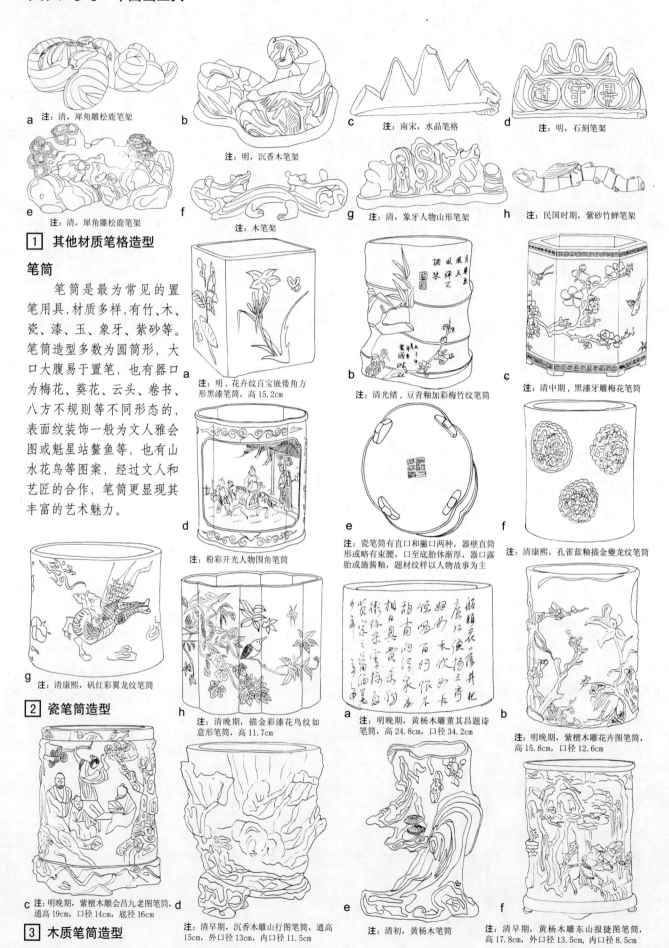

a 注：清，犀角雕松鹿笔架
b 注：明，沉香木笔架
c 注：南宋，水晶笔格
d 注：明，石刻笔架
e 注：清，犀角雕松鹿笔架
f 注：木笔架
g 注：清，象牙人物山形笔架
h 注：民国时期，紫砂竹蝉笔架

1 其他材质笔格造型

笔筒

笔筒是最为常见的置笔用具，材质多样，有竹、木、瓷、漆、玉、象牙、紫砂等。笔筒造型多数为圆筒形，大口大腹易于置笔，也有器口为梅花、葵花、云头、卷书、八方不规则等不同形态的，表面纹装饰一般为文人雅会图或魁星站鳌鱼等，也有山水花鸟等图案，经过文人和艺匠的合作，笔筒更显现其丰富的艺术魅力。

a 注：明，花卉纹百宝嵌倭角方形黑漆笔筒，高15.2cm
b 注：清光绪，豆青釉加彩梅竹纹笔筒
c 注：清中期，黑漆牙雕花纹笔筒
d 注：粉彩开光人物围角笔筒
e 注：瓷笔筒有直口和撇口两种，器壁直筒形或略有束腰，口至底胎体渐厚，器口露胎或施酱釉，题材纹样以人物故事为主
f 注：清康熙，孔雀蓝釉描金夔龙纹笔筒
g 注：清康熙，矾红彩翼龙纹笔筒

2 瓷笔筒造型

h 注：清晚期，描金彩漆花鸟纹如意形笔筒，高11.7cm
a 注：明晚期，黄杨木雕董其昌题诗笔筒，高24.8cm，口径34.2cm
b 注：明晚期，紫檀木雕花卉图笔筒，高15.8cm，口径12.6cm
c 注：明晚期，紫檀木雕会昌九老图笔筒，通高19cm，口径14cm，底径16cm
d 注：清早期，沉香木雕山行图笔筒，通高15cm，外口径13cm，内口径11.5cm
e 注：清初，黄杨木笔筒
f 注：清早期，黄杨木雕东山报捷图笔筒，高17.8cm，外口径13.5cm，内口径8.5cm

3 木质笔筒造型

中国画工具　[1] 文具

a 注：清早期，紫檀虬龙夔凤纹笔筒，高17.8cm，口径13.1cm，足径13.8cm

b 注：清早期，紫檀木雕树干形笔筒，高17.9cm，口径19cm，足径17cm

c 注：清中期，紫檀百宝嵌花卉纹笔筒，高13.6cm，口径6.8cm

d 注：清中期，紫檀百宝嵌花卉草虫图笔筒，高16.3cm，口径12.9cm

e 注：清中期，紫檀百宝嵌爱鹅图笔筒，高13.9cm，口径12.2cm

注：明，木笔筒，有筒身浮雕蟠螭、花卉、云龙等。较多见的是浮雕花卉笔筒，构图或简练有致，或丰满厚重而不杂乱，刀法圆熟、流畅而古雅

a 注：明晚期，竹雕春菜图笔筒，高13.7cm，口径10.8cm，足径10.5cm

b 注：明晚期，竹雕仕女图笔筒，高14.6cm，口径7.8cm，足径7.7cm

c 注：清早期，竹雕林泉隐士图笔筒，高17.2cm，口径13.6cm

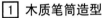

1 木质笔筒造型

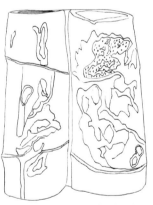

d 注：清早期，竹雕布袋僧笔筒，高17.3cm，口径9.4cm，足径9.2cm

e 注：清早期，竹雕松溪浴马图笔筒，高16cm，口径14.8cm，足径14.9cm

f 注：清早期，竹根雕卷心式刘海戏蟾图笔筒，高13.8cm，最大径11.9cm

g 注：清早期，竹雕溪山行旅图笔筒，高11cm，口径5.2cm

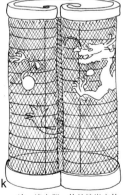

h 注：清中期，竹雕牧牛图笔筒，高14cm，外内口径9.9/7.6cm，外内足径12.1/9.3cm

i 注：清中期，竹雕留青携琴访友图笔筒，高13.5cm，外内口径9/6.8cm，外内足径8.5/6.5cm

j 注：清中期，竹雕留青九狮同居图笔筒，高13cm，口径8.7cm

k 注：清中期，竹丝编嵌文竹龙戏珠纹笔筒，高13.3cm，外内口径9/6.1cm

竹笔筒：截取一段适宜的竹子，并且留节，就是一件初创的笔筒，迄今所见最早的一件竹笔筒是南京博物院藏的朱松邻制松鹤纹竹笔筒。朱松邻为正德嘉靖年间嘉定派竹刻的开山始祖。松邻其子名缨，号小松；孙稚征，号三松，三世相传，嘉定三朱，声名远扬

2 竹笔筒造型

文具 [1]　中国画工具

a

b
注：清，贴黄仿攒竹方笔筒，长12cm，高15cm

a
注：清早期，象牙雕四季花卉图方笔筒，高12.1cm，口径9.3cm

b
注：清早期，象牙雕松荫高士图笔筒，高13.7cm，口径10.4cm

① 竹笔筒造型

c
注：清早期，象牙雕黑漆地花卉纹笔筒，高14cm，外内口径11.5/10.2cm

d
注：清中期，牙雕开光进宝图转芯式笔筒，高12.7cm，口径8.5cm

e
注：清中期，象牙雕渔家乐图笔筒，高12cm，口径9.7cm

f
注：清中期，象牙雕山水人物图方笔筒，高10.2cm，口径6.3cm，足6.8cm

② 象牙笔筒造型

a
注：明末，碧玉雕云龙纹笔筒

b
注：清乾隆，白玉笔筒

c
注：清乾隆，太平盛世图四方笔筒，高14.3cm

③ 玉笔筒造型

印章

根据历代人民的习惯印章有"印章"、"印信"、"记"、"朱记"、"合同"、"关防"、"图章"、"符"、"契"、"押"、"戳子"等各种称呼，古代多用铜、银、金、玉、琉璃等为印材，后有牙、角、木、水晶等，元代以后盛行石章。

印章的形状有方形、圆形、扁形、腰圆、半圆、椭圆、葫芦形、肖形、自然形等。

印章种类繁多，基本上可分为官印和私印两类。官印：官方用的印章。历代官印，各有制度，不仅名称不同，形状、大小、印文、纽式也有差异。印章由皇家颁发，代表权力，以区别官阶和显示爵秩。官印一般比私印大，谨严稳重，多四方形，有鼻纽。私印：官印以外印章的统称。私印体制复杂，可以从字意、文字安排、制作方法、治印材料，以及构成形式上分成各种类别。

印章的种类　　　　表1

分类方式	印章类型
从字义上分	姓名字号印：印纹刻人姓名、表字或号
	斋馆印：古人常为自己的居室、书斋命名，并常以之制成印章
	书简印：印文在姓名后加"启事"、"白事"、"言事"的印章
	收藏鉴赏印：此种印多用于钤盖书画文物之用
	吉语印：印文刻吉祥的语言
	成语印：属于闲章之类
	肖形印：也称"象形印"、"图案印"，刻有图案印章的统称
	署押印：也称"花押印"，系雕刻花写姓名之所签之押，使人不易摹仿，因作为取信的凭记
从文字安排上分	白文印、朱文印、朱白相间印、回文印
从制作方法上分	铸印、凿印、琢印、喷印
从治印材料上分	金印、玉印、银印、铜印、铁印、象牙印、犀角印、水晶印、石印等，今人尚有木质印、塑料印、有机玻璃印等
从构成形式上分	一面印、二面印、六面印、子母印、套印

中国画工具 [1] 文具

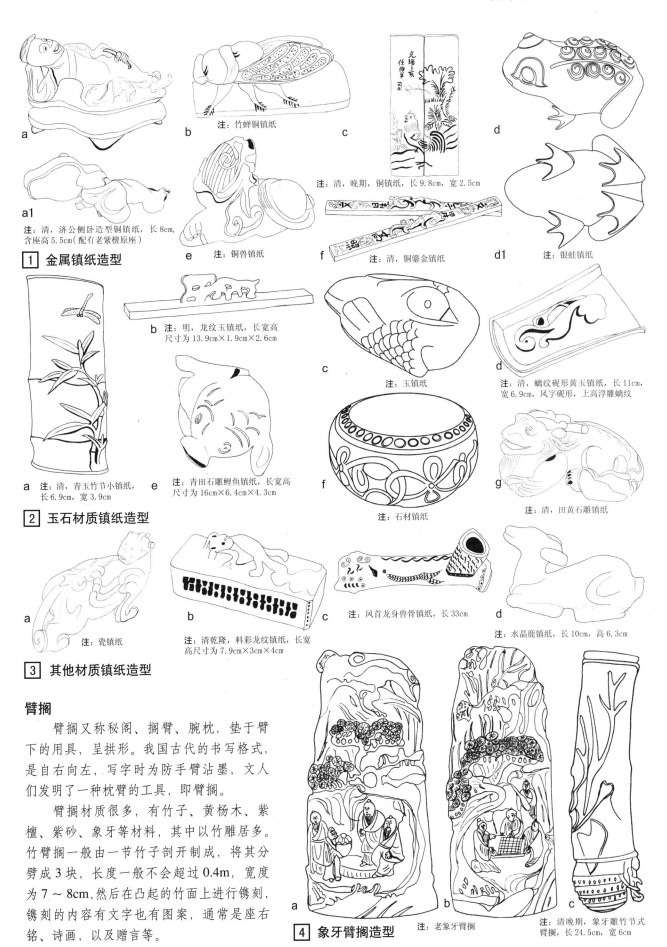

1 金属镇纸造型

2 玉石材质镇纸造型

3 其他材质镇纸造型

臂搁

臂搁又称秘阁、搁臂、腕枕，垫于臂下的用具，呈拱形。我国古代的书写格式，是自右向左，写字时为防手臂沾墨，文人们发明了一种枕臂的工具，即臂搁。

臂搁材质很多，有竹子、黄杨木、紫檀、紫砂、象牙等材料，其中以竹雕居多。竹臂搁一般由一节竹子剖开制成，将其分劈成3块，长度一般不会超过0.4m，宽度为7～8cm，然后在凸起的竹面上进行镌刻，镌刻的内容有文字也有图案，通常是座右铭、诗画，以及赠言等。

4 象牙臂搁造型

文具 [1] 中国画工具

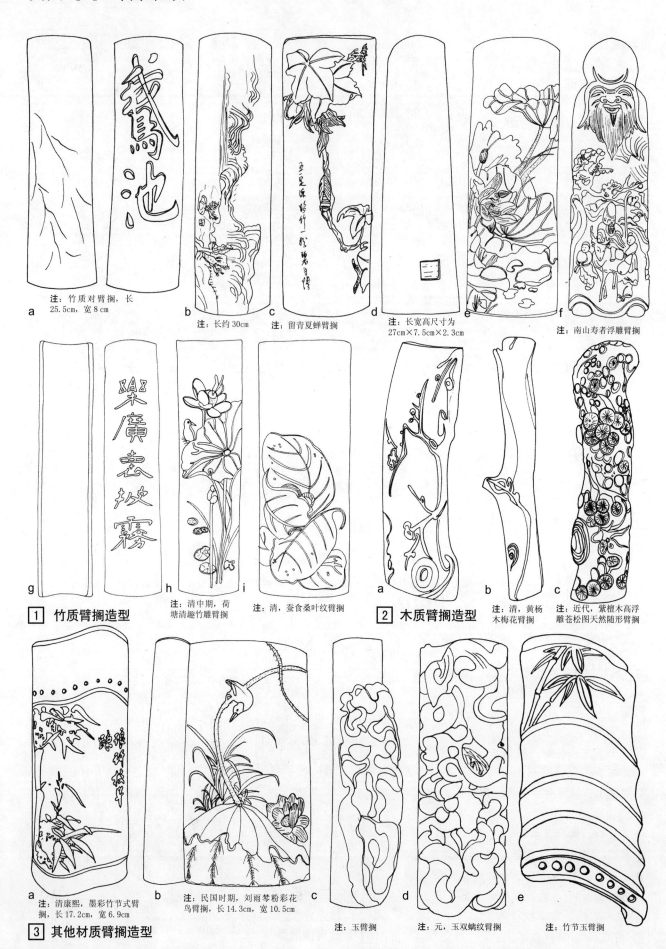

a 注：竹质对臂搁，长25.5cm，宽8cm
b 注：长约30cm
c 注：留青夏蝉臂搁
d 注：长宽高尺寸为27cm×7.5cm×2.3cm
e
f 注：南山寿者浮雕臂搁

[1] 竹质臂搁造型

h 注：清中期，荷塘清趣竹雕臂搁
i 注：清，蚕食桑叶纹臂搁

a 注：清，黄杨木梅花臂搁
b
c 注：近代，紫檀木高浮雕苍松图天然随形臂搁

[2] 木质臂搁造型

a 注：清康熙，墨彩竹节式臂搁，长17.2cm，宽6.9cm
b 注：民国时期，刘雨岑粉彩花鸟臂搁，长14.3cm，宽10.5cm
c 注：玉臂搁
d 注：元，玉双螭纹臂搁
e 注：竹节玉臂搁

[3] 其他材质臂搁造型

油画工具　[1] 文具

油画工具

油画的主要材料和工具有颜料、画笔、画刀、画布、上光油、外框等。

画笔是用弹性适中的动物毛制成，有尖锋圆形、平锋扁平形、短锋扁平形及扇形等种类。

油画刀

油画刀有多种不同的造型，刀片的形状或圆、或方、或尖，有的有锯齿形边缘。根据其功能分三种类型：调色刀、画刀和刮刀。

调色刀：用于在调色板或平板上调和油画颜料。一般刀身较长，头圆，柄直，硬度与弹性适中。画刀：绘画用刀，刀片轻薄、精巧、极富弹性。刀面与柄之间有弯曲的金属杆连接，这种特殊设计避免画时手指触及画面颜色，同时又使画刀在控制上更为灵活、自由。刀刃形状多样，有圆形、方形、三角形、钝角形等，长短大小亦有区别。刮刀：主要用来清理调色板上的废旧颜料。刀片较硬，形状类似工人用的铲刀。

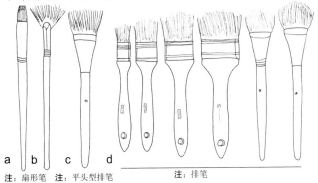

注：扇形笔　注：平头型排笔　注：排笔

① 油画笔造型

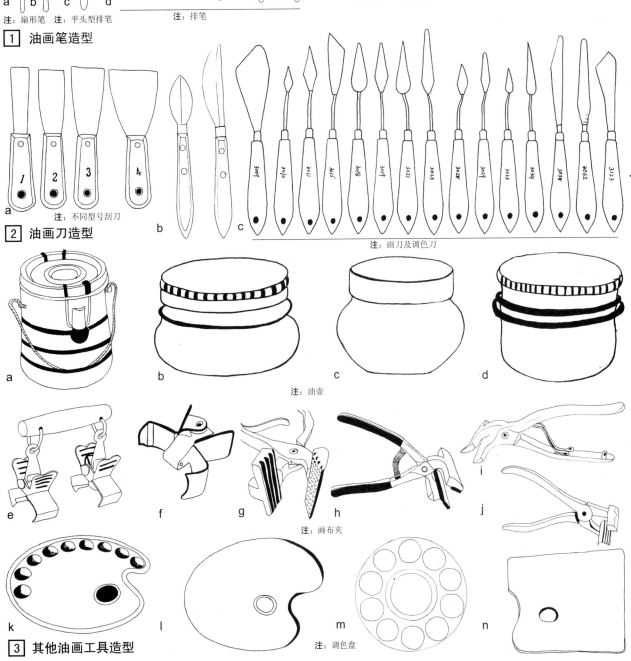

注：不同型号刮刀　　注：画刀及调色刀

② 油画刀造型

注：油壶

注：画布夹

③ 其他油画工具造型

注：调色盘

文教设备 [2] 黑板

黑板

在传统教学环境中,黑板是教学过程中的中心媒介,知识的传播与探讨都是通过黑板进行的。根据《中小学校建筑设计规范 GBJ99—86（二）》的规定,黑板设计应符合下要求:

1. 黑板尺寸。高度不应小于 1000mm,宽度为小学不宜小于 3600mm,中学不宜小于 4000mm。

2. 黑板下沿与讲台面的垂直距离。小学宜为 800～900mm;中学宜为 1000～1100mm。

3. 黑板表面应采用耐磨和无光泽的材料。

黑板的发展经历了由黑板到白板、电子白板、交互式电子板等的发展过程,尽管多媒体的教学对传统的黑板产生了很大的冲击,但是,无论是教师还是学生依然视黑板为教学必不可少的重要设施。

黑板的主要部件包括:板面、夹层、背板、边框、托板、支架等。与黑板配套使用的延伸产品包括:黑板擦（清洁器）、磁条、磁性图钉、专用书写笔等。

黑板的分类方式有很多种方式,目前市场上的"黑板"大致有以下种类:黑板、绿板、白板、隐格黑板、教学黑板、写字黑板、玻璃黑板、曲面黑板、平板、双升降黑板、单升降黑板、平推黑板、推拉黑板、弧形黑板、多维黑板、翻转黑板、折叠黑板、架子黑板、告示黑板、软木板、平面黑板、手提黑板、记事黑板、搪瓷黑板、暗格黑板、音乐黑板、印字黑板、多层黑板、万向黑板、粉笔黑板、儿童黑板等。

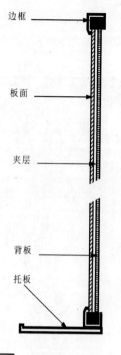

注：目前黑板的颜色大多为墨绿色,边框材料一般用铝合金型材、塑钢型材或复合材料型材;板面的材料包括喷砂玻璃、仿瓷板面、软木板、金属板等;夹层材料主要有塑料蜂窝板、软木木屑板等;背板材料主要有镀锌板、普通木夹板等。有些活动的白板采用双面面板结构,可以双面使用

1 普通黑板结构及材料说明

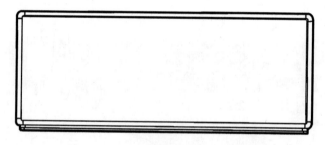

a

注：普通教室的黑板,一般为单面固定在教室前面的墙上

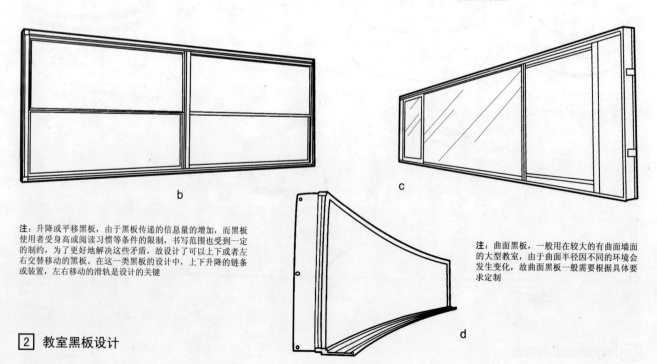

b

注：升降或平移黑板,由于黑板传递的信息量的增加,而黑板使用者受身高或阅读习惯等条件的限制,书写范围也受到一定的制约,为了更好地解决这些矛盾,故设计了可以上下或者左右交替移动的黑板。在这一类黑板的设计中,上下升降的链条或装置,左右移动的滑轨是设计的关键

c

d

注：曲面黑板,一般用在较大的有曲面墙面的大型教室,由于曲面半径因不同的环境会发生变化,故曲面黑板一般需要根据具体要求定制

2 教室黑板设计

黑板 [2] 文教设备

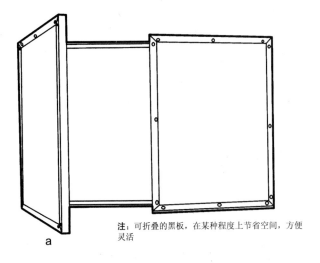

a 注：可折叠的黑板，在某种程度上节省空间，方便灵活

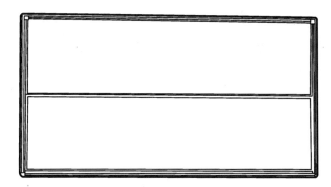

b 注：上下交替升降的黑板，这种黑板多用于较大型的教室，在大学教室中比较常见

c 注：中间带投影幕布的黑板，在使用黑板时可以移动活动的板块，当需要使用投影时，可以移开中间的黑板

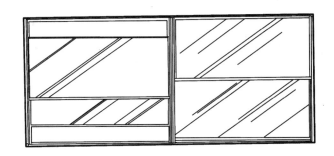

d 注：大型双轨上下交替升降黑板

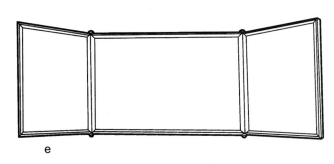

e

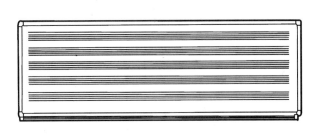

f 注：音乐教室专用黑板，黑板上画有适合些乐谱的五线，线条可以是固定的，也可以根据需要进行调节。除音乐教室专用黑板外，还有小学低年级识字专用黑板，上面也有可隐形的方格

[1] 教室黑板设计

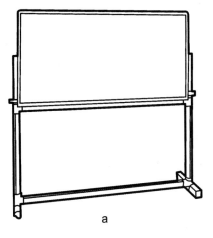

a

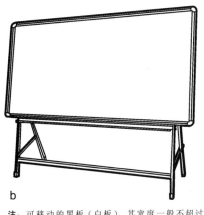

b 注：可移动的黑板（白板），其宽度一般不超过200cm，设计中应更好地考虑到其移动和折叠的方便

c

[2] 可移动黑板（白板）设计

文教设备 [2] 黑板·黑板配套小产品

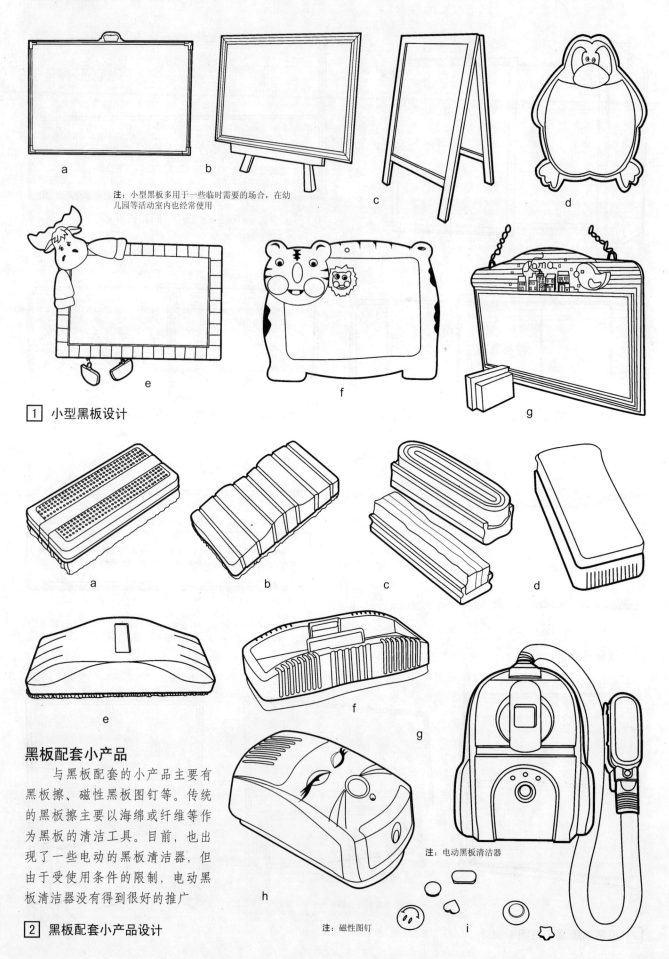

注：小型黑板多用于一些临时需要的场合，在幼儿园等活动室内也经常使用

1 小型黑板设计

黑板配套小产品

与黑板配套的小产品主要有黑板擦、磁性黑板图钉等。传统的黑板擦主要以海绵或纤维等作为黑板的清洁工具。目前，也出现了一些电动的黑板清洁器，但由于受使用条件的限制，电动黑板清洁器没有得到很好的推广

注：电动黑板清洁器

注：磁性图钉

2 黑板配套小产品设计

讲台 [2] 文教设备

讲台

讲台是教室或演讲场所为教师或主讲者而设置的设施，原始的讲台就是一张普通的桌子，后因为使用要求不断地进行了改进设计。随着材料的变化、工艺的改进、技术与功能的复加，现代讲台已经成为一个区域的控制和演示中心。文教场所的讲台在设计风格上应充分考虑到与环境的协调性，形态应庄重、大方。根据使用功能，讲台可以分为：普通教室讲台、演讲讲台、多媒体讲台等。目前制作讲台的材料主要有：木材、金属板材、塑料型材、金属型材、玻璃、复合材料等

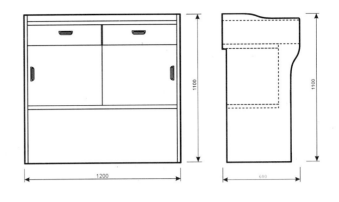

[1] 普通教室讲台基本尺寸

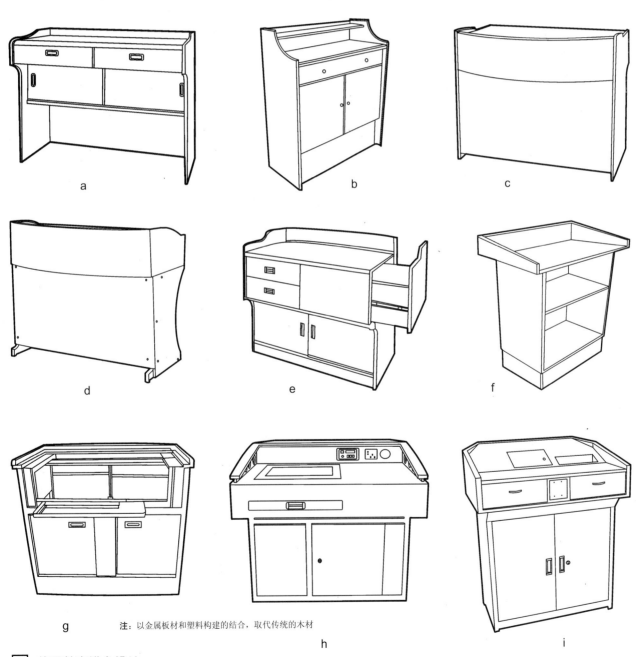

注：以金属板材和塑料构建的结合，取代传统的木材

[2] 普通教室讲台设计

文教设备 [2] 讲台

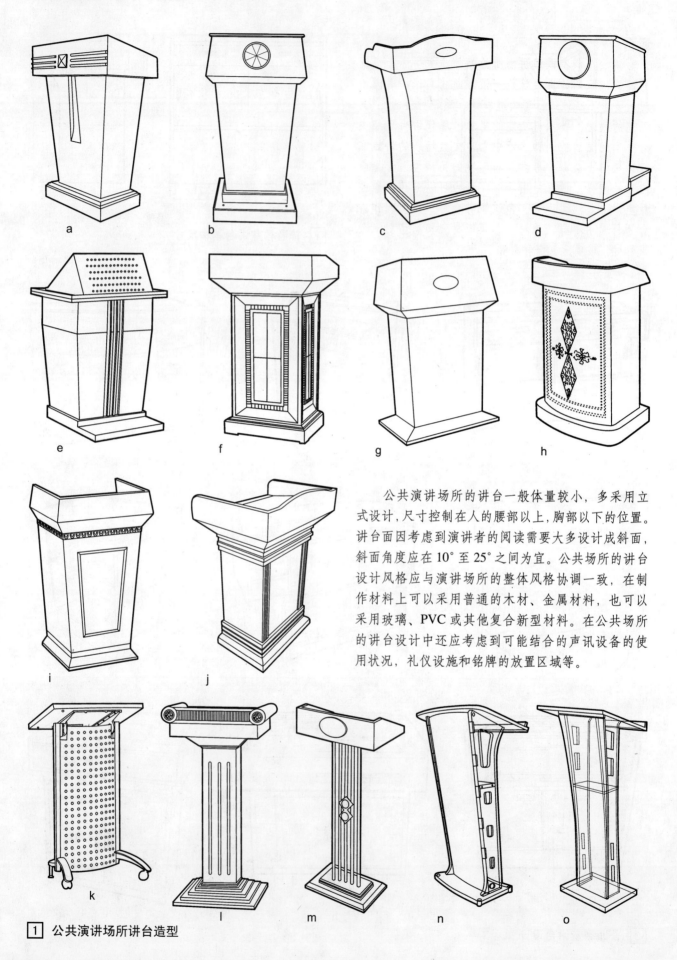

公共演讲场所的讲台一般体量较小，多采用立式设计，尺寸控制在人的腰部以上，胸部以下的位置。讲台面因考虑到演讲者的阅读需要大多设计成斜面，斜面角度应在10°至25°之间为宜。公共场所的讲台设计风格应与演讲场所的整体风格协调一致，在制作材料上可以采用普通的木材、金属材料，也可以采用玻璃、PVC或其他复合新型材料。在公共场所的讲台设计中还应考虑到可能结合的声讯设备的使用状况，礼仪设施和铭牌的放置区域等。

1 公共演讲场所讲台造型

讲台 [2] 文教设备

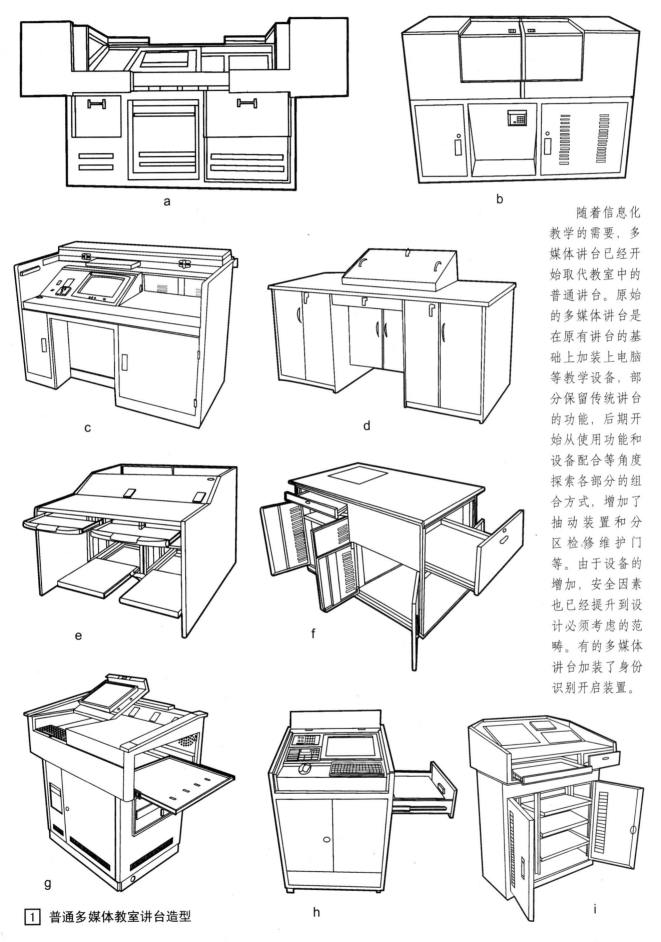

1 普通多媒体教室讲台造型

随着信息化教学的需要，多媒体讲台已经开始取代教室中的普通讲台。原始的多媒体讲台是在原有讲台的基础上加装上电脑等教学设备，部分保留传统讲台的功能，后期开始从使用功能和设备配合等角度探索各部分的组合方式，增加了抽动装置和分区检修维护门等。由于设备的增加，安全因素也已经提升到设计必须考虑的范畴。有的多媒体讲台加装了身份识别开启装置。

文教设备 [2] 讲台

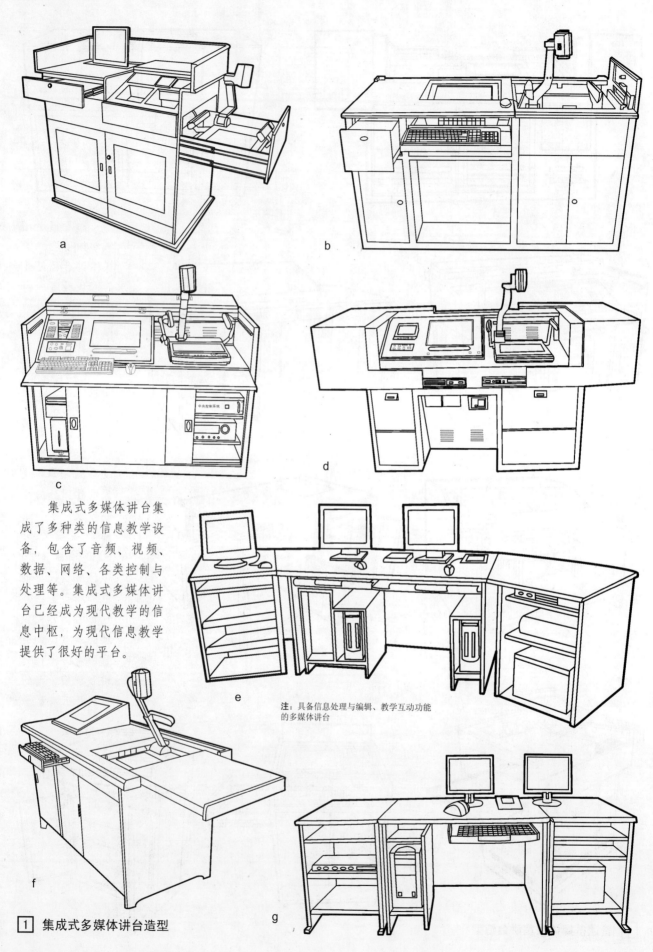

集成式多媒体讲台集成了多种类的信息教学设备，包含了音频、视频、数据、网络、各类控制与处理等。集成式多媒体讲台已经成为现代教学的信息中枢，为现代信息教学提供了很好的平台。

注：具备信息处理与编辑、教学互动功能的多媒体讲台

1 集成式多媒体讲台造型

讲台 [2] 文教设备

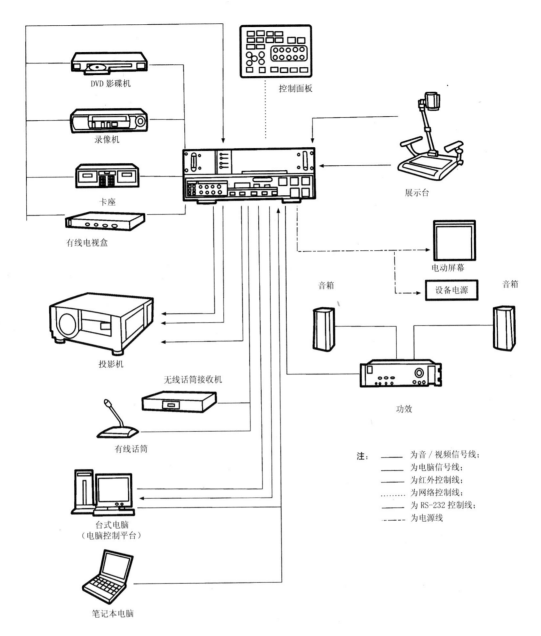

1 集成式多媒体讲台原理

集成式多媒体讲台因其集成了多种类的信息教学设备，讲台的设计不再仅仅是单个的讲台造型设计，而应该是一个系统设计。从工业设计的角度而言，集成式多媒体讲台设计应该在综合各项技术的同时，更多地考虑系统的配合性及使用的便捷性。

2 集成式多媒体讲台造型

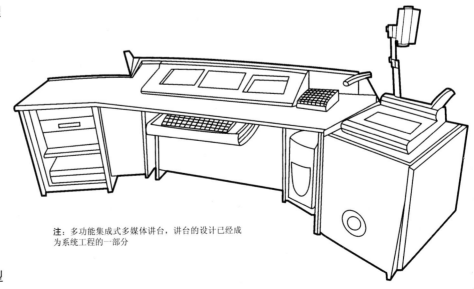

注：多功能集成式多媒体讲台，讲台的设计已经成为系统工程的一部分

文教设备 [2] 课桌、椅子

课桌、椅子

课桌、椅是教室中主要的教学设施，课桌一般具有书写、贮藏的功能，而教室中的椅子或凳子在满足一般坐具的同时，更应该考虑教学过程时间较长、教学对象大多处在生长发育阶段等具体情况。

传统的课桌椅以木材作为生产材料，后期使用机加工的板材，如夹板、密度板、木屑板、曲木板等材料。现在的课桌椅大多使用金属型材和板材结合的方式，也有采用金属材料和塑胶等复合材料相结合的方式。

国家在2002年颁布了新的《学校课桌椅功能尺寸》标准（GB/T 3976—2002）（见附件），对学校课桌、椅的各型号和功能尺寸进行了明确的规范，但是，标准中没有也不可能对课桌、椅的人机因素作出具体的规范。而在教室课桌椅的设计和生产中，人因因素恰恰是重点需要考虑的环节。因此，设置适合青少年的生理特点的课桌椅，有利于培养学生正确的书写姿势，保护视力，预防脊柱弯曲和近视眼的发生，同时有利于教学活动开展和提高教学效果。

为适应青少年生理特点的需要，很多厂家设计开发了多功能可调节的教室课桌椅。在现有可调节课桌椅中，调节方式的设计尚需要进行改进，同样要考虑到青少年的特点，使调节方式更便捷、可靠。

除了普通的教室课桌椅以外，在学校中还有各种专业教室用的专用课桌椅。

语音教室用课桌椅在设计时应考虑语言教学及多媒体广播的具体使用环境和特点，一般在课桌加装耳机、话筒、多媒体学习设备等，并设置一定的隔板进行分隔。

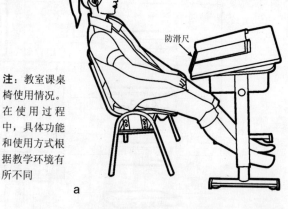

注：教室课桌椅使用情况。在使用过程中，具体功能和使用方式根据教学环境有所不同

a

音乐专用教室桌椅结合教室音响环境，在椅子的侧面或其他部位增加了音箱和控制操作等设施。

体育专用教室坐椅则应考虑到活动性和教学辅助功能。

除此以外，还有画室专用课桌椅，实验室专用桌椅，计算机房专用坐椅等。

教室课桌椅设计趋势：

1. 人因因素成为课桌椅设计和生产中的考虑中心，与时代同步，结合国人体质的动态发展状况。
2. 多功能可调节的课桌椅设计与开发。
3. 新材料和新的教学方式分别决定着教学用课桌椅设计和生产的加工工艺和产品形态，特别是信息时代的教学方式的改变，将给教室用课桌椅的设计和开发带来决定性的变革。

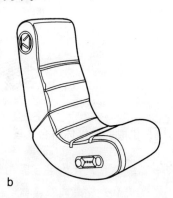

注：专用音乐教室用教学椅。坐椅设计以音乐教学中对音响要求的高质量为目标，在坐椅上部两侧加装了高保真音响，同时设置了操作控制装置。坐椅设计为使用者提供了一个舒适的环境，尽量避免不必要的干扰

b

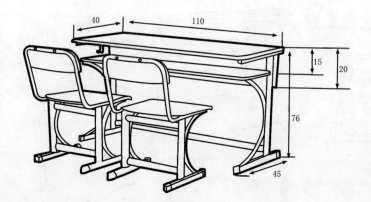

c

椅子尺寸：84mm×42mm×40mm
*板材尺寸
台面尺寸：1100mm×400mm×14mm
台下板：1000mm×350mm×14mm
前护板：1000mm×200mm×14mm
椅面：420mm×400mm×9mm
靠背：400mm×150mm×9mm
*管材尺寸
主管：54mm×25mm×1.2mm
辅管：25mm×25mm×1.5mm

1 课桌、椅的基本尺寸与使用

课桌、椅子 [2] 文教设备

木制课桌椅

传统的课桌椅是用木材加工而成的，一般所用的木材有松木、杉木等产量较大和普遍的木材。随着木材加工业的发展，木制课桌椅逐步淘汰了使用原木制作的方法，开始改用机加工的型材板制作。常用的机加工板主要有：木工板、夹板、密度板、木屑板等。

1 木制课桌椅造型

钢（金属）木结构的课桌椅

由于木材制作的课桌椅受到加工工艺和产品支撑强度要求的限制，目前课桌椅大多采用钢（金属）、木结合的结构形式，这种形式一方面可以较好地解决桌椅所需要的支撑强度，另一方面也更适合工业化生产，并可以根据功能需要设计加工出更丰富多彩的产品形态。这种结构方式的课桌椅具有简洁大方、经久耐用、适用面广的特点。因此，钢（金属）木结构的课桌椅已经成为学校课桌椅的主要类型。

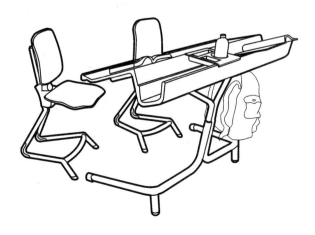

文教设备 [2] 课桌、椅子

[1] 钢（金属）木结构的课桌椅造型

钢木与塑胶材料结构的课桌椅

由于木材资源越来越紧张，也由于木材加工技术的制约，有些课桌椅部分构件改用塑料结构件。塑料结构件在设计造型和生产上都较为方便，但是，塑料构建也存在强度不够的缺点。

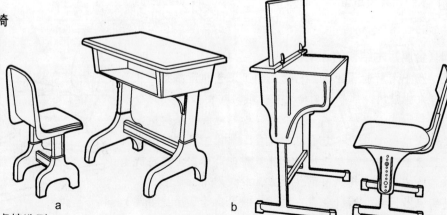

[2] 钢木与塑胶材料结构的课桌椅造型

课桌、椅子 [2] 文教设备

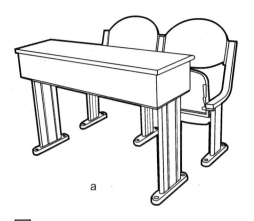
a

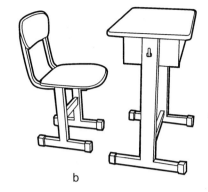
b

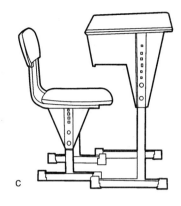
c

1 塑钢课桌椅造型

可折叠、升降的课桌椅

尽管国家标准规定了不同身高的学生应使用不同型号的课桌椅，但是，青少年正处在生长发育期，身高变化较快，频繁更换桌椅型号一方面投入较多，另一方面也不利于灵活机动。特别是在一些临时场合或受空间限制较大的场合，可折叠、升降的课桌椅就成为了较好的选择。设计可折叠、升降的课桌椅，折叠和升降机构的设计是重点。

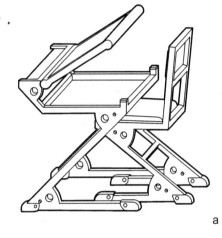

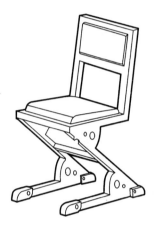
a

b

c

d

注：带简易书写板的可折叠椅子

e

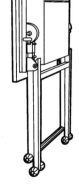

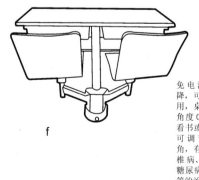
f

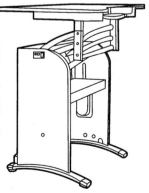

免电源轻便升降，可坐可站使用，桌面板可调角度0°～85°，看书或使用电脑可调节舒适视角，有助于腰颈椎病、近视眼、糖尿病、肥胖症等的治疗

g

2 可折叠、升降的课桌椅设计

文教设备 [2] 课桌、椅子

注：分体式固定联排课桌椅在大学教室或阶梯教室等公共教室中使用较多

① 分体式固定联排课桌椅造型

课桌、椅子 [2] 文教设备

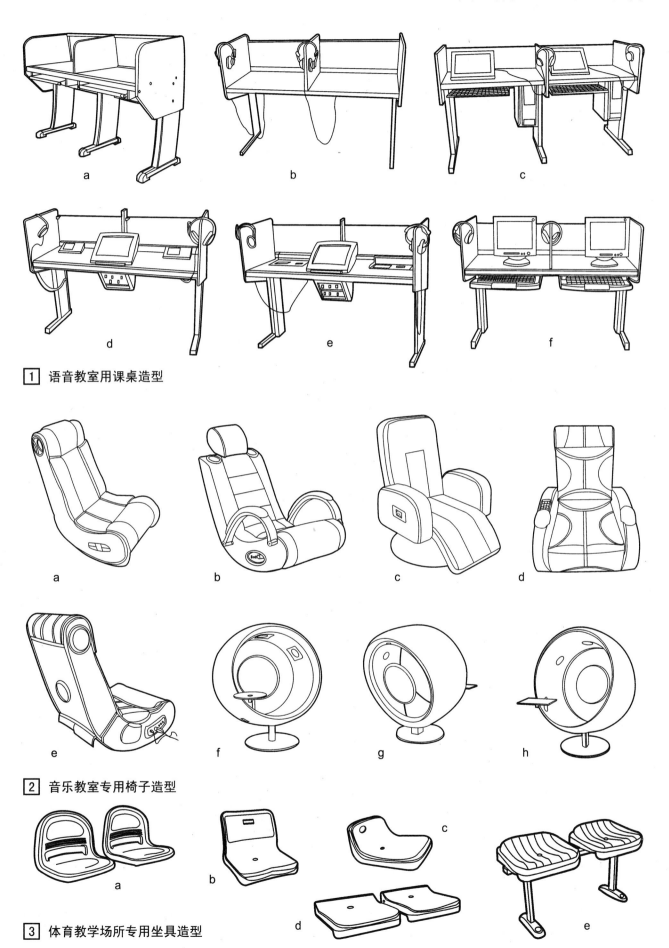

1 语音教室用课桌造型

2 音乐教室专用椅子造型

3 体育教学场所专用坐具造型

文教设备 [2] 课桌、椅子

《学校课桌椅功能尺寸》标准（GB/T 3976—2002）
中华人民共和国国家质量监督检验检疫总局发布

前言

课桌椅是教育机构中的基本设备，对儿童青少年的健康有重要影响。

本标准是对 GB 7792—1987《学校课桌椅卫生标准》和 GB 3976—1983《学校课桌椅功能尺寸》的合并修订。从本标准实施之日起，两项原标准同时废止。

本标准的修订，主要依据我国近年的人体测量资料和专门调查，非等效采用了国际标准 ISO 5970—1979《家具——教学用桌椅——功能尺寸》，并参考了日本工业规格 JIS S 1021—1991《学校家具（普通教室用桌椅）》和 JIS S 1015—1974《讲课教室用固定式桌椅尺寸》。

本标准与原标准比较，在技术内容上主要有以下变更：

1. 中小学校课桌椅各型号的身高范围普遍提高 7.5cm。增设一个以 180.cm 为标准身高的最大型号，由原来的 9 个型号增加为 10 个型号。撤销了 GB 7792—1987 中的附录 A（参考件）关于原有课桌椅使用的规定。各型号桌面高与国际标准一致，座面高较之低 20mm 和 10mm。

2. 中小学校课桌椅尺寸：

a) 桌面宽（左右方向），由原来的 550mm～600mm（单人用）和 1000mm～1200mm（双人用）分别修订为 600mm 和 1200mm。

b) 增列了靠背点高和桌下净空的多项尺寸，某些部位的尺寸也有少许调整。

c) 充实了分配使用方面的一些规定，增设了附录 A（提示的附录）。

3. 编入了学前儿童桌椅和高等院校课桌椅两大项技术内容，分别作为本标准的第二篇和第三篇。

本标准由中华人民共和国卫生部提出。

本标准主要起草单位：哈尔滨医科大学公共卫生学院。

本标准主要起草人：唐锡麟、王忆军、王冬妹。

本标准由卫生部委托北京大学儿童青少年卫生研究所负责解释。

学校课桌椅功能尺寸

1. 范围

本标准规定了学生用木制和钢木课桌椅以及木制学前儿童桌椅的大小型号、功能尺寸、分配使用及其他卫生要求。

本标准适用于生产加工大、中、小学校及托幼机构课桌椅的各类生产企业，大、中、小学校及托幼机构参照执行。

2. 引用标准

下列标准所包含的条文，通过本标准中引用而构成为本标准的条文。本标准出版时，所示版本均为有效。所有标准都会被修订，使用本标准的各方应探讨使用下列标准最新版本的可能性。

GB/T 6675—1986 玩具安全
GB/T 3916—1999 课桌椅

第一篇 中小学校课桌椅

3. 品种与型号

课桌和课椅各分为 10 种大小型号，如表 1。

中小学校课桌椅的品种与型号　　表 1

课桌	课椅
1号	1号
2号	2号
3号	3号
4号	4号
5号	5号
6号	6号
7号	7号
8号	8号
9号	9号
10号	10号

4. 课桌

4.1 课桌的尺寸

见表 2 的规定。

中小学校课桌的尺寸　　表 2

尺寸名称	1号	2号	3号	4号	5号	6号	7号	8号	9号	10号
桌面高（h_1）	760	730	700	670	640	610	580	550	520	490
桌下净空高1（h_2）	≥630	≥600	≥570	≥550	≥520	≥490	≥460	≥430	≥400	≥370
桌下净空高2（h_3）	≥490	≥460	≥430	≥400	≥370	≥340	≥310	≥280	≥250	≥220
桌面深桌下净空深1（t_1）	400									
桌下净空深2（t_2）	≥250									
桌下净空深3（t_3）	≥330									
桌面宽（b_1）	单人用600，双人用1200									
桌下净空宽（b_2）	单人用≥400，双人用≥1040									

4.2 桌面

桌面可为平面，也可为坡面；可为固定式，也可为同上翻转式。坐人侧向下倾斜 0°～12°角，该侧桌缘高度与平面桌 h_1 相同。

4.3 桌下净空和桌下构件

桌面下可设搁板或屉箱，h_1～h_2 之间开口的高度不小于80mm。桌下方，在$t_1 \sim h_3$之间，可设不高于125mm的横向构件，也可不设。桌侧方设挂钩时，钩端不超出桌侧缘之外。

5. 课椅

5.1 课椅的尺寸，见表3的规定。

中小学校课椅的尺寸　　　表3

mm

尺寸名称	1号	2号	3号	4号	5号	6号	7号	8号	9号	10号
座面高（h_4）	440	420	400	380	360	340	320	300	290	270
靠背上缘距座面高（h_6）	340	330	320	310	290	280	270	260	240	230
靠背点距座面高（ω）	220	220	210	210	200	200	190	180	170	160
靠背下缘距座面高（h_5）	180	180	170	170	160	160	150	140	130	120
座面有效深（t_4）	380	380	380	340	340	290	290	290	290	260
座面宽（b_3）	≥360	≥360	≥360	≥320	≥320	≥320	≥280	≥280	≥270	≥270

5.2 椅座面

椅座面向后下倾斜0°～2°角。座面沿正中线如呈凹面时，其曲率半径在500mm以上。座面前缘及两角钝圆。

5.3 椅靠背

靠背点以上向后倾斜，与垂直面之间呈6°～12°角。靠背面的前凸呈漫圆，上、下缘加工成弧形。靠背凹面的曲率半径在500mm以上。靠背下缘与座面后缘之间留有净空。

注：靠背点是在椅正中线上，靠背向前最凸的点。它是计算靠背上、下缘高度的基础，使靠背支承在肩胛下角下的腰背部位。

6. 产品技术要求及试验方法

6.1 桌面高、座面高的允许误差范围为±2mm，靠背点距座面高的允许误差范围为±15mm，其他尺寸误差见QB/T3916的规定。

6.2 材料要求、工艺要求、漆膜理化性能要求、力学性能要求及试验方法见QB/T3916的规定。钢木课桌椅的桌面、座面及靠背三个部位为木制件。漆膜色调浅淡、均匀，接近天然木色。

7. 产品标志

按本标准生产的课桌和课椅，附着永久性标牌，按表4标明型号及学生身高范围。标牌的颜色也符合表4的规定。

8. 分配使用

8.1 学校预置课桌椅时，要根据当地学生学年中期乃至末期的身高组成比例状况，参照表5及附录A（提示的附录），确定各种大小型号的数量。

8.2 课桌椅在教室里的排列，最前排课桌前缘与黑板的水平距离不小于2m，最后排课桌后缘与黑板的水平距离：小学不大于8m，中学不大于8.5m。

中小学校课椅尺寸、身高范围、标志颜色　表4

mm

课桌椅型号	桌面高	座面高	标准身高	学生身高范围	颜色标志
1号	76	44	180.0	173～	蓝
2号	73	42	172.5	165～179	白
3号	70	40	165.0	158～172	绿
4号	67	38	157.5	150～164	白
5号	64	36	150.0	143～157	红
6号	61	34	142.5	135～149	白
7号	58	32	135.0	128～142	黄
8号	55	30	127.5	120～134	白
9号	52	29	120.0	113～127	紫
10号	49	27	112.5	～119	白

注：1. 标准身高系指各型号课桌椅最具代表性的身高。对正在生长发育的儿童、青少年而言，常取各向高段的中值。
2. 学生身高范围厘米以下四舍五入。
3. 颜色标志即指标牌的颜色。

教室最后设不小于60cm的横向走道。纵向走道宽度均不小于55cm。课桌端部与墙面的距离不小于12cm。

8.3 一个教室可预置1～3种型号的课桌椅（见附录A），矮的在前，高的在后。同号课桌与课椅相匹配，这是普遍原则，只有极少数有特殊情况的学生可例外。

学校预置课桌椅的参考型号　　表5

学　校	选用型号数量	选用型号数量
高　中	1、2、3、4号	一种或两种型号，不超过三种
初　中	2、3、4、5、6号	至少两种型号（四年制至少三种）
小　学	4、5、6、7、8、9、10号	至少三种型号

附录A　中小学校选用课桌椅型号示例：

A1 北方某大城市城区某些中小学校预置课桌椅时，各年级教室配备的型号，

学　校	教　室	课桌椅型号	
		第一种办法	第二种办法
高　中	一、二、三各年级教室	2号	1、2、3号
初　中	三年级教室	2号	2、3号
	二年级教室	3号	2、3号
	一年级教室	3号	3、4号
小　学		6号	6号
		7号	7号
		8号	8号
		8号	8号

注：1. 第一种办法是每个教室预置一种型号，易于管理。
2. 第二种办法是在第一种办法的基础上，有些教室调换进少量相邻的一、两种型号，课桌椅对学生身高的符合率可有所上升，但在管理上应避免桌与椅不同型号匹配的混乱。
3. 此外，小学也可简化为4、6、8三种型号，但符合率相对较低。

A2 西南某省乡村某些中小学校预置课桌椅时，各年级教室配备的型号，

学　校	教　室	课桌椅型号	
		第一种办法	第二种办法
高　中	一、二、三各年级教室	3号	2、3、4号
初　中	三年级教室	3号	3、4号
	二年级教室	4号	4号
	一年级教室	4号	4号
小　学	六年级教室	5号	5号
	五年级教室	6号	6号
	四年级教室	7号	7号
	三年级教室	8号	8号
	二年级教室	9号	9号
	一年级教室	9号	9号

注：此外，小学也可简化为5、7、9三种型号。

文教设备 [2] 书架（柜）

书架（柜）

书架或称书柜是家具的一种。书架由一些可以放置东西的架子组成，一般是垂直或水平的。书柜一般指配有门的书架。其目的是为了储存或展示书籍。

在西方书籍还处于手写稿阶段之时，书的质量还很低，它们一般被保存在书的所有者（通常是的富人或神职人员）的小保险箱中，与主人一起旅行。随着教堂或皇宫中的手抄版本书籍越积越多，人们就把书放置在架子或碗橱中，这些橱柜就是书架的雏形。当时书架上的排列方式仍与今天不同，书被直接水平堆在里面，或是将书页合开的一面朝外竖直排放。因此，人们开始在书的右边，而不再是书脊上，包上皮革、牛皮纸或羊皮纸，用来题写书名。直到印刷术的发明，大大降低了书籍的拥有成本，更多的人有机会接近书籍，并且在书脊上题写书名成为一种惯例。在书架上，开始将书脊向外。最早的书架通常由橡木制成。橡木直至今日仍被认为是大型图书馆中最适合的书架。

在中国，书籍以竹简为传播媒介时，人们常把竹简卷起，存放入具有防虫功能的专用木箱内；而对于最近要阅读的竹简，有人则将它们罗列在木质架子上。造纸术发明并普及之后，用纸做成的书被安排在木箱中或书架上。古代中国的书籍以细绳装订，书脊上并无可供注明书名的地方。因此书籍常被人们平行于水平面地摆在书架上。直到20世纪上半叶，西方装帧技术和阅读文字的方向习惯渐渐被中国人所接受，书籍的排列方法也向西方靠拢，最终与西方相同。

西方现存最古老的书架放置于英格兰牛津大学的图书馆中。它们在16世纪末就置于此地，是现存的最古老的西方陈列架式平墙格书架。20世纪，用于大型公共图书馆中的书架多采用铁作为原料，例如大英博物馆中用牛皮包裹的铁书架，或是采用钢，例如华盛顿特区的美国国会图书馆；或是采用板岩，例如剑桥大学的菲茨威廉姆图书馆。

书架的排列规则一般说来有以下几种。

1. 书架靠墙，书架与墙平行，书架背面靠在墙上。
2. 书架互相平行，每两个书架间仅留出一条窄道可供人员通过，这种排列方法适合于需要节约空间的公共图书馆。
3. 书架左边向外、右边向里地如壁橱般斜钳进墙体，这种排列方法不仅大方，而且很有效地利用了空间。位于伦敦市的市政图书馆就采用此种排列方法。

4. 移动走廊式排列或高密度储存法。这种排列方式通常被需要节约空间的图书馆采用。方法是将书架底部装上轮子，并将书架互相紧靠在一起。如用户欲取书，则用一个机械传动装置移开部分书架，在欲找的书所在的书架前形成通道，并让其他书架紧靠一起。为了防止被地上的铁轨绊倒或被两个书架夹住的危险，这种系统一般配有电子传感器。这种书架通常称为：电脑微控密集书架。

书柜尺寸：

书柜高度一般不高于1800mm。

书柜隔板的层间高度不应小于220mm，隔板层间高度一般选择300～350mm。

杂志的宽度为25cm，书籍的宽度为15cm。

书柜立板一般间隔350～800mm不等，层板高度正常为350～400mm；个性化设计一般摆放32开图书的层板高度为250mm，摆放16开图书的层板高度为320mm。

书架尺寸：

书架深度250～400mm（每一格），长度600～1200mm，下大上小型下方深度350～450mm，高度800～900mm。

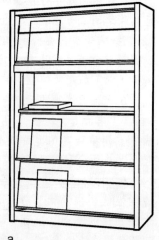

注：在文教设备中的书架和书柜主要集中在图书馆和阅览室中。随着数字化图书和阅读设备的发展，传统书架、书柜的形态也在发生变化，本节主要还是关注传统图书的书架和书柜设计

a

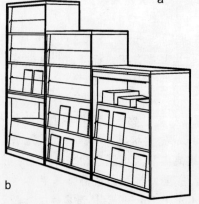

注：木质书架，根据功能需要设计成阶梯状。为便于使用者更直观地查看书籍内容，阅览室的图书放置不是书脊朝外，而是封面朝外，并带有一定斜度和可调节隔板

b

[2] 普通书架设计

书架（柜）　[2] 文教设备

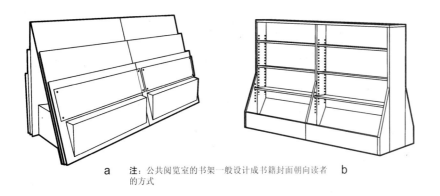

a　注：公共阅览室的书架一般设计成书籍封面朝向读者的方式　b　　　　　　　　　　c

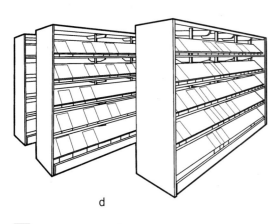

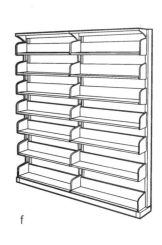

d　　　　　　　　　　e　　　　　　　　　　f

[1] 公共阅览室书架设计

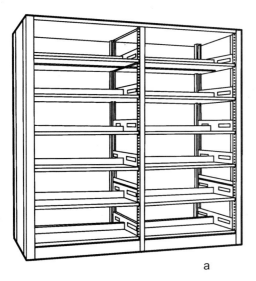

书架根据其放置方式不同可以分为：独立式、倚墙式、嵌入式、悬挂式、入墙式等几类。材料可采用木质、钢质、钢木混合等，也有用各种型材板代替木质板的书架。

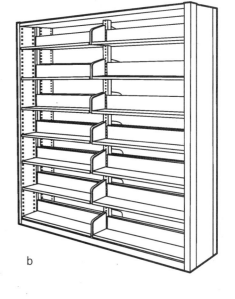

a　　　　　　　　　　　　　　　　　　　　　　　　b

注：一般图书馆书架的书籍放置量都比较大，因此书架的承重能力是图书馆书架首先需要解决的问题，特别是集成式书架由于书籍放置的层数多，其强度和稳定性以及跟地面的接触面积都是设计应考虑的重要因素

注：书车是图书馆中常用的设施，主要用于少量图书的运送。书车设计一般应考虑其在书架间的灵活便捷性、牢固性，推拉部位高度在 90～110cm 之间，书车高度一般不超过 120cm。有些书车结合了书踏的功能，则必须设计滑轮锁定装置

[2] 传统书库书架造型

文教设备 [2] 书架（柜）

注：钢制传统书库书架，立柱上开有可调节隔板高度的方孔，可根据所放书的高度自由调节隔板间的距离。边上的竖向小隔板既可以起到分隔横向书籍的作用，又是横向隔板的支撑结构。书库、开架阅览室应以选用活动书架、积层书架为主，书库必须采用多层书架时，每个藏书空间不得超过三个书架层

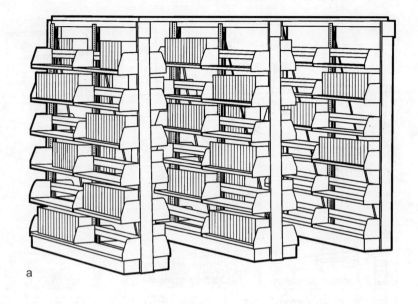

a

1 传统书库书架造型

电脑控制密集书架的控制由一台电脑和多个下位控制台组成，在使用控制上可实现由电脑直接控制密集架，也可直接由下位控制台控制。在性能上具有以下优点：移动速度可调，传动结构简单；安全保护的控制系统；自动查找档案，并自动打开需要找的档案所在的密集架；温、湿度自动控制等。

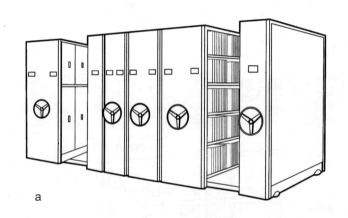

a

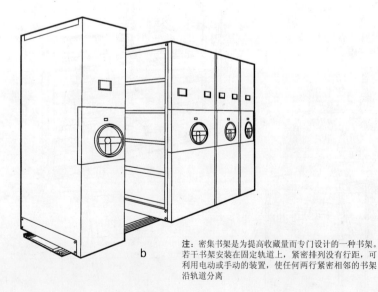

b

注：密集书架是为提高收藏量而专门设计的一种书架。若干书架安装在固定轨道上，紧密排列没有行距，可利用电动或手动的装置，使任何两行紧密相邻的书架沿轨道分离

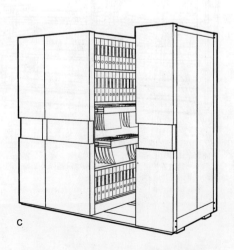

c

2 电脑微控密集书架造型

书踏　[2] 文教设备

书踏

书踏是为了拿取书架上部等高处的书籍而设计制作的垫高设施。书踏一般分为单步式书踏和多步式书踏。其制作材料有木质、塑料、铝合金、复合材料等。在设计书踏时其承重要求、防滑功能是必须考虑的重点。

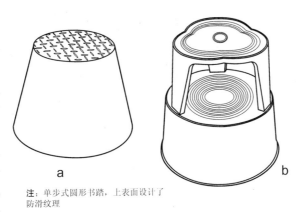

注：单步式圆形书踏，上表面设计了防滑纹理

注：带有弹性升降轮的书踏，便于移动

注：铝合金材料制成的多步式书踏

注：可以折叠收放的复合材料制成的书踏

[1] 书踏设计造型

文教设备 [2] 幻灯机、投影仪

幻灯机、投影仪
幻灯机

　　幻灯机最早是作为传教士的传教道具而出现的。最初幻灯机的外壳是用铁皮敲成一个方箱，顶部有一类似于烟筒的排气筒，正前方装有一个圆筒，圆筒中用一块可滑动的凸透镜，形成一个简单的镜头，镜头和铁皮箱之间有一块可调节焦距的面板，箱内装有光源，最初的光源是烛光。使用时，把幻灯机置于一个黑房内，将幻灯片插入凸透镜后面的槽中，点燃蜡烛，光源通过反光镜反射汇聚，再通过透明画片和镜头，形成一根光柱映在墙幕上。最早的幻灯片是玻璃制成的，靠人工绘画。在19世纪中叶，美国发明了赛璐珞胶卷后，幻灯片即开始使用照相移片法生产。幻灯机的工业化生产开始于1845年，光源从初时蜡烛，先后改为油灯、汽灯，最后改用为电光源。为了提高画面的质量和亮度，还在光源的后面安装了凹面反射镜。光源的增大，使得机箱的温度升高，因此，在幻灯机中加装了排气散热装置。输片也改成了自动输片装置。后期的各型幻灯机都是在19世纪的幻灯机原型上发展起来的。

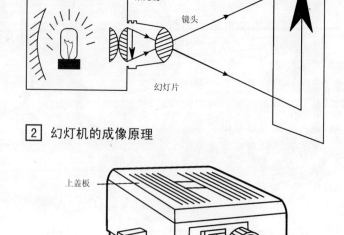

[2] 幻灯机的成像原理

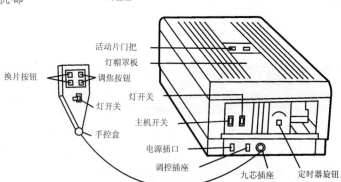

[3] 幻灯机各结构图

　　幻灯机可分为：单片式幻灯机、卷片式幻灯机、显微式幻灯机等。幻灯机作为一个时代的产物，尽管已经逐步推出历史舞台，但是，目前在较多领域依然具有一定的市场，特别是在展示传统的幻灯片资料时。在教学中，由于多媒体教学设施的运用，幻灯机已经被数字投影仪所代替。相信在不久的将来，除少数专业领域外，传统的幻灯机将再难觅踪影。

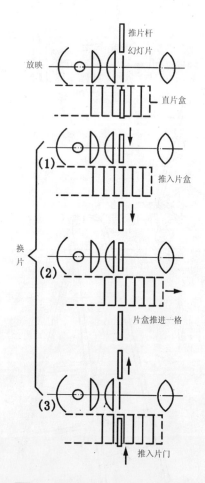

[1] 幻灯机的换片过程示意图

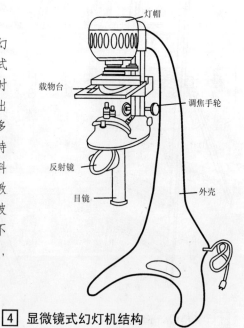

[4] 显微镜式幻灯机结构

幻灯机、投影仪 [2] 文教设备

投影仪

1 投影仪造型

79

文教设备 [2]　幻灯机、投影仪

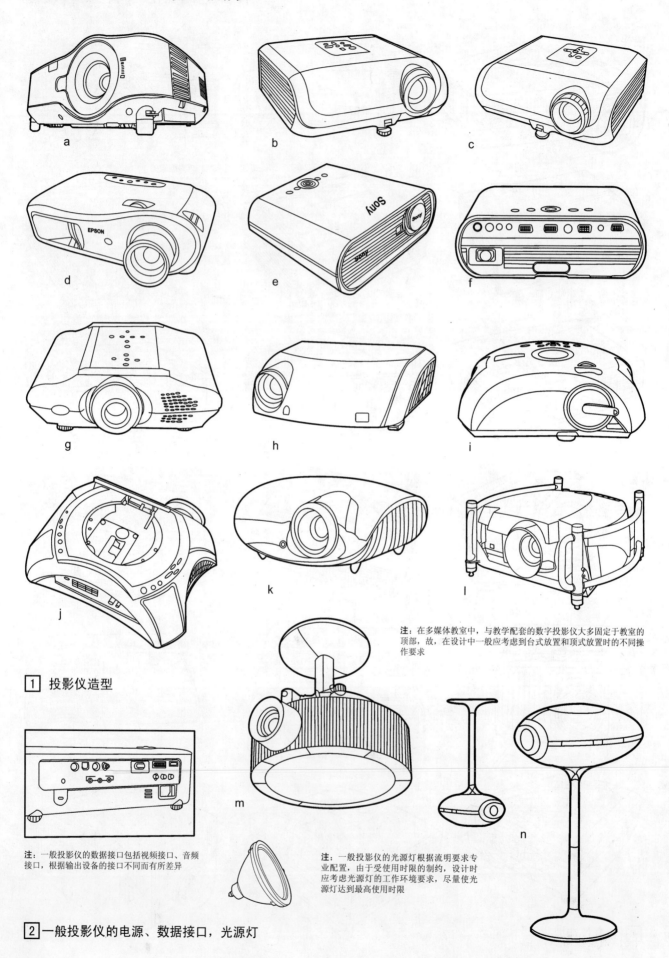

1 投影仪造型

2 一般投影仪的电源、数据接口，光源灯

注：一般投影仪的数据接口包括视频接口、音频接口，根据输出设备的接口不同而有所差异

注：在多媒体教室中，与教学配套的数字投影仪大多固定于教室的顶部，故，在设计中一般应考虑到台式放置和顶式放置时的不同操作要求

注：一般投影仪的光源灯根据流明要求专业配置，由于受使用时限的制约，设计时应考虑光源灯的工作环境要求，尽量使光源灯达到最高使用时限

幻灯机、投影仪 [2] 文教设备

1 微型投影仪造型

文教设备 [2] 幻灯机、投影仪

专用投影仪是指各种专业领域内特有的投影仪，如：星空投影仪、彩虹投影仪、测量投影仪、精密光学式投影仪等。测量投影仪能高效率地检测各种形状复杂工件的轮廓尺寸和表面形状，如样板、冲压件、凸轮、螺纹、齿轮、成型铣刀等。在专业教学过程中运用。

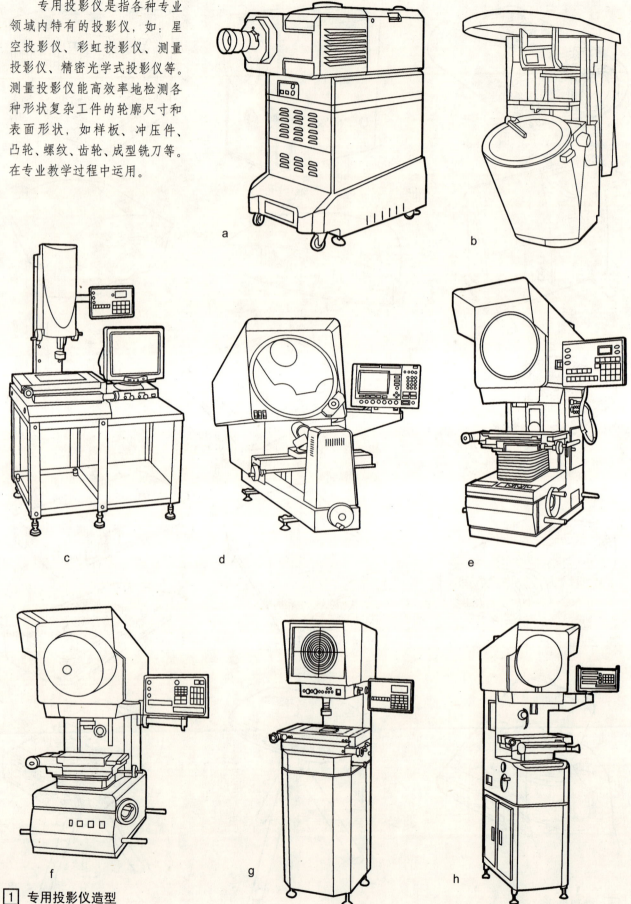

1 专用投影仪造型

电话机　[3] 办公设备

电话机

电话是指通过电信讯号实现双向传输话音的设备。通常人们将亚历山大·格拉汉姆·贝尔（Alexander Graham Bell）定为电话的发明者。"电话"是日本人生造的汉语词，用来意译英文的 telephone。鸦片战争后，电话由西方传入中国，1881年上海英商瑞记洋行在英租界内创立华洋德律风公司装设中国首部电话。

电话发明至今，从工作原理到外形设计都有不小的变化。自19世纪70年代电话机发明以来从磁石电话、共电电话、自动拨盘电话、自动按键电话、模拟无绳电话直至数字电话。

电话通信是通过声能与电能相互转换、并利用"电"这个媒介来传输语言的一种通信技术。两个用户要进行通信，最简单的形式就是将两部电话机用一对线路连接起来。

1. 当发话者拿起电话机对着送话器讲话时，声带的振动激励空气振动，形成声波。

2. 声波作用于送话器上，使之产生电流，称为话音电流。

3. 话音电流沿着线路传送到对方电话机的受话器内。

4. 而受话器作用与送话器刚好相反，把电流转化为声波，通过空气传至人的耳朵中。

这样，就完成了最简单的通话过程。

而通过互联网能打电话到普通电话上，关键是服务供应商要在互联网上建立一套完善的电话网关。所谓电话网关，是指可以将 Internet 和公共电话网连接在一起的电脑电话系统，其一端与 Internet 连接，另一端是可以打进打出的电话系统。当用户上网后，使用专用的网络电话软件，可以通过麦克风和声卡将语音进行数字化压缩处理，并将信号传输到离目的地最近的电话网关，电话网关将数字信号转换成可以在公共电话网上传送的模拟信号，并接通对方电话号码，双方就可以通过互联网电话网关通话了。

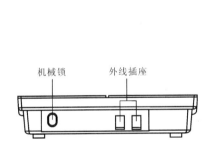
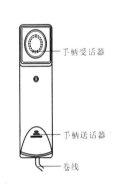
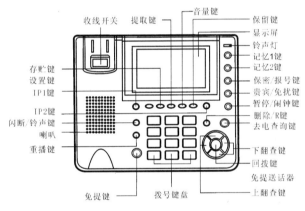

[1] 普通电话机基本结构示意图

注：普通电话的手柄内部结构

[2] 普通电话机壳结构和手柄结构图

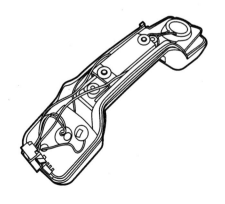

注：普通电话的手柄内部结构

办公设备 [3] 电话机

1 普通商务电话造型

电话机 [3] 办公设备

1 普通商务电话造型

办公设备 [3] 电话机

1 无绳电话造型

电话机 [3] 办公设备

1 无绳电话造型

2 异型电话造型

办公设备 [3]　电话机

可视电话机

可视电话是可视对讲技术在电话机上的具体应用，可视对讲技术经历了从模拟黑白、彩色到数字化的发展历程，现阶段，可视对讲技术正向着网络化和智能化的方向发展，并逐渐融合多种媒体功能。数字可视对讲的发展趋势将更多融合智能家居控制，逐渐成为智能家居的控制中心，同时也会将越来越多的附加功能加入其中。

随着技术的进一步发展，可视电话将有可能摆脱传统电话的基本形态，成为新的人与人之间交流的工具。

① 可视电话造型

电话机　[3] 办公设备

1 可视电话造型

仿古电话机

人是一种奇怪的"动物",大多数的人都或多或少的有着"怀旧"这样的"毛病"。怀旧是一种记忆,更是一种权利。我们都有过对以往的留恋,常驻足于一些卑微的物件面前而长久不肯离去,因为这些卑微的物件构成了个人履历中的纪念碑,使我们确定无疑地赖此建立起人性的档案。同时,怀旧也是一种感动,而感动是善良的一种标志。现代社会面临着越来越多的压力和竞争,人们需要找到一个可以喘息和放松的场所,因此,"怀旧"也成了一种时尚,一种心理需求。

仿古电话的出现和使用就是怀旧情结的具体表现,尽管其技术和使用方式已经发生了变化,人们使用它却能很好地表达一种心灵的寄托与向往。

2 仿古电话造型

办公设备 [3] 电话机

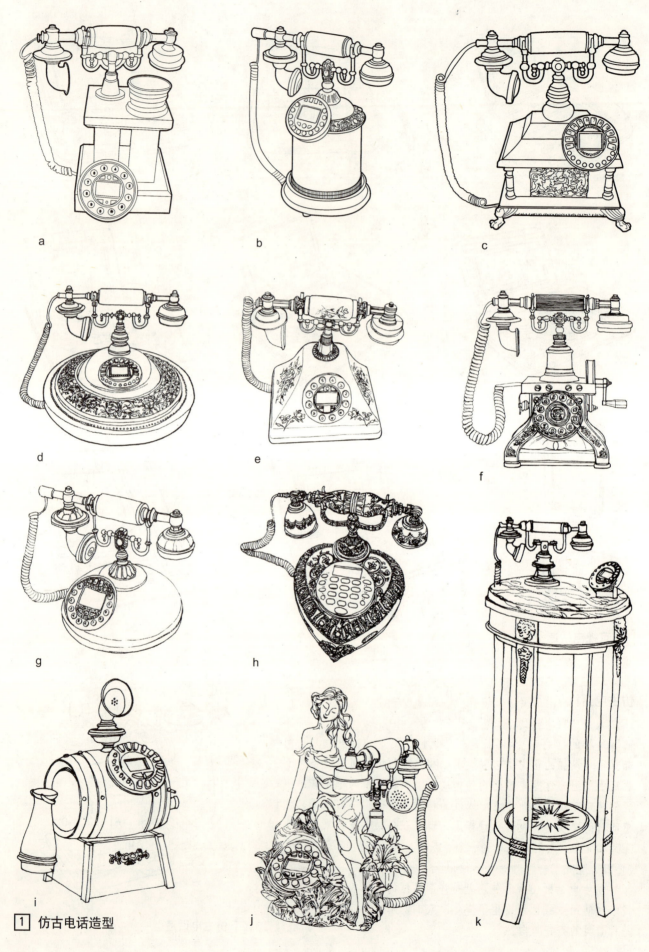

1 仿古电话造型

电话机 [3] 办公设备

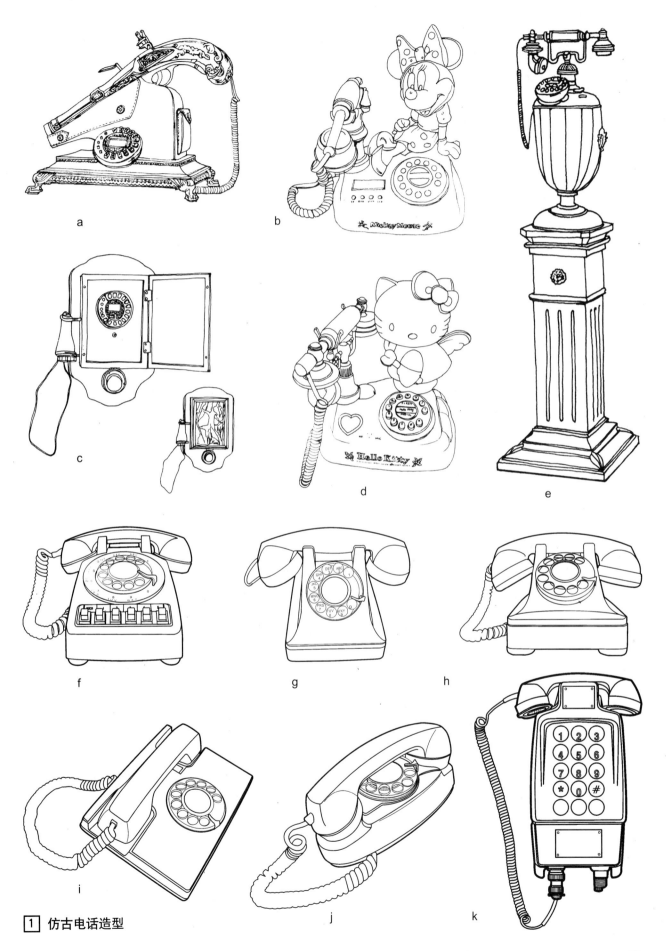

1 仿古电话造型

办公设备 [3] 传真机

传真机

传真机（英文：Fax，全称为Facsimile，源自拉丁文fac simile，意为"制造相似"）是一种用以传送文件复印本的电信技术的设备。

传真技术早在19世纪40年代就已经诞生，比电话发明还要早30年。它是由一位名叫亚历山大·贝恩的英国发明家于1843年发明的。但是，直到20世纪20年代才逐渐成熟起来，20世纪60年代后得到了迅速发展。

传真技术是从研究电钟派生出来的。1842年，苏格兰人亚历山大·贝恩在研究制作一项用电控制的钟摆结构时敏锐地注意到时钟系统里的每一个钟摆在任何瞬间都在同一个相对的位置上。根据这个原理，他在钟摆上加上一个扫描针，起着电刷的作用，另外加一个时钟推动的一块"信息板"，板上有要传送的图形或字符，它们是电接触点组成的；在接收端"信息板"上铺着一张电敏纸，当指针在纸上扫描时，如果指针中有电流脉冲，纸面上就出现一个黑点。发送端的钟摆摆动时，指针触及信息板上的接点时，就发出一个脉冲。信息板在时钟的驱动下，缓慢地向上移动，使指针一行一行地在信息板上扫描，把信息板上的图形变成电脉冲传送到接收端，接收端的信息板也在时钟的驱动下缓慢移动，这样就在电敏纸上留下图形，形成了与发送端一样的图形。这就是原始的传真机。随后又相继发明了滚筒式传真机、图片传真机、彩色传真机。1968年，美国率先在公用电话网上开放传真业务。

目前市场上常见的传真机可以分为四大类：①热敏纸传真机（也称为卷筒纸传真机）；②热转印式普通纸传真机；③激光式普通纸传真机（也称为激光一体机）；④喷墨式普通纸传真机（也称为喷墨一体机）。而市场上最常见的就是热敏纸传真机和喷墨/激光一体机。

优缺点比较：四类传真机中最常见的是热敏纸传真机和喷墨/激光一体机，而激光一体机和喷墨一体机的不同之处仅仅是打印方式和所采用的耗材上。所以基本上可以分为两大阵营进行比较，一类为热敏纸传真机，另一类为喷墨/激光一体机。

热敏纸传真机的优点是有弹性打印和自动剪裁功能，还可以自己设定手动接收和自动接收两种接收方式以及自动识别模式。热敏传真机最大的缺点就是功能单一，仅有传真功能，有些也兼有复印功能，也不能连接到电脑，相比喷墨/激光一体机无法实现电脑到传真机的打印工作和传真机到电脑的扫描功能。还有就是硬件设计简单，分页功能比较差，一般只能一页一页地传。这类传真机在菜单设计上也比较简单，在传真特殊稿件时很难手动调整深浅度、对比度等参数。

相对于热敏纸传真机功能单一的缺点，喷墨/激光一体机功能多样。除了普通的传真和复印功能，一体机都可以连接电脑进行打印和扫描的操作，有些也可以实现传真保存到电脑中的功能，这样更能节省纸张和墨水。通过安装相关软件就可以实现电脑发送传真和打印到传真的功能。在菜单设计上，在喷墨/激光一体机的面板上可以很方便的设定要传真稿件的各种参数，还可以实现彩色复印和彩色传真等功能。在自动分页功能上，喷墨/激光一体机可以自动的一页一页地进纸，使得传真发送方便快捷。

发展方向：热敏纸传真机发展的历史最长，现在使用的范围也最广，技术也相对成熟，但是功能单一的缺点也比较突出，需要长期保存的传真资料还需要另外复印一次，这也比较麻烦，但是如果传真量比较大或者是传真需求比较高而且也确实不需要扫描和打印功能的用户，热敏纸传真机比较合适。

喷墨、激光一体机技术发展的不断成熟，其强大的多功能性也不断在现代化的办公应用中得到广泛应用，大大提高了办公设备的利用率和工作效率。因此，一台具有扫描、打印、复印到传真等多功能的传真机已是未来办公的必然选择。

随着互联网时代的来临，网络传真机将取代传统传真机。

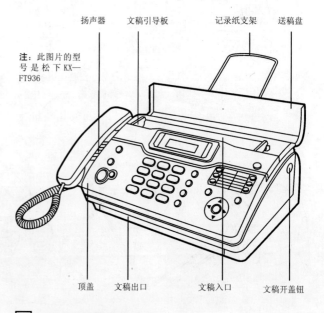

注：此图片的型号是松下KX—FT936

1　一般传真机结构示意

传真机　[3] 办公设备

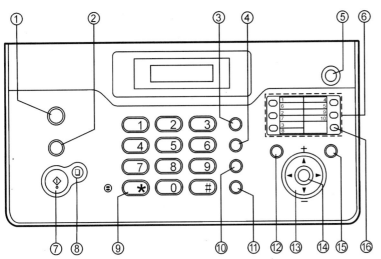

1. 【来电显示】使用来电显示功能；
2. 【停止】停止操作或编程程序；
3. 【闪断】使用特殊的电话服务或转移分机呼叫；
4. 【重拨】重拨从本机拨打的最后一个号码；
5. 【自动接收】打开／关闭自动接收设定；
6. 【组键】使用单触拨号功能；
7. 【传真／开始】开始发送或接收传真；
8. 【复印】复印文稿；
9. 【音频】线路转盘脉冲时拨号可暂时改为音频；
10. 【暂停】在拨号中插入暂停；
11. 【监听】在不拿起话筒的情况下拨号；
12. 【多站点发送】向多方传送文稿；
13. 导航键／【音量】【电话簿】；
14. 【设定】在编程时存储设定；
15. 【目录】开始或结束编程；
16. 【下一组】对于单触拨号功能选择6～10组

[1] 一般传真机操作界面设计

[2] 传真机造型

办公设备 [3]　传真机

1 传真机造型

传真机　[3] 办公设备

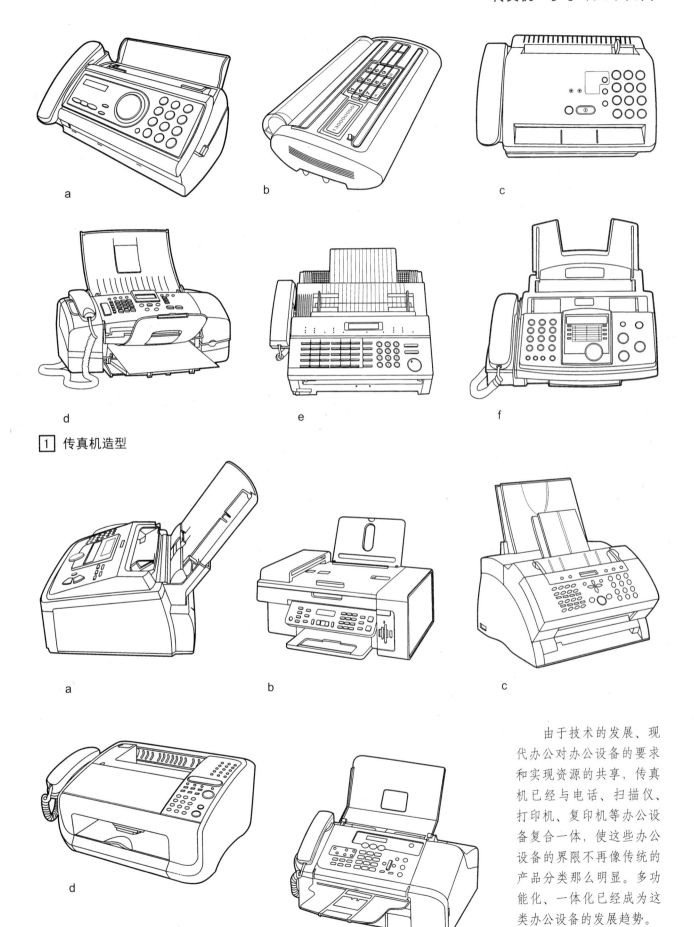

1 传真机造型

2 多功能一体式传真机造型

由于技术的发展、现代办公对办公设备的要求和实现资源的共享，传真机已经与电话、扫描仪、打印机、复印机等办公设备复合一体，使这些办公设备的界限不再像传统的产品分类那么明显。多功能化、一体化已经成为这类办公设备的发展趋势。

办公设备 [3] 传真机

1 多功能一体式传真机造型

传真机　[3] 办公设备

数码传真机

随着网络技术日新月异的发展，数码传真机已成为未来传真机的发展趋势。与传统传真机相比，数码传真机在历史上首次实现了与电脑办公的无缝结合，让办公通信省钱、高效、环保。其优点主要表现在以下几点。

节省费用。数码传真机实现完全的无纸化文件收发，将纸张、耗材和维修费用降到最低，同时，还可以有效避免垃圾传真的侵扰，再多的垃圾传真，也只需举手之劳就可删除，完全不必担心有任何费用支出。

提高效率。数码传真机只需用鼠标轻轻一拖一放，瞬间完成传统传真机发送中打印、手工拨号、送纸、遇忙重拨、文件多点发送等繁杂的操作，极大提高工作效率。

传真管理便捷。数码传真机自动保存收发文件、随意查找、永不丢失。

文件直传。数码传真机具备独特的电子文件直传功能，无需上网，可以像发传真一样传送彩色照片、图纸、程序、Word/Excel 等各种电子文档。操作简单、安全快捷、即发即到。

由于数码传真机的使用操作大多在电脑软件界面上实现，其内部构建也是以电子器件为核心，因此，产品的形态语义和人机交互则成为设计的重点。同时，产品的通用性也是下一步数码传真机需要解决的问题。

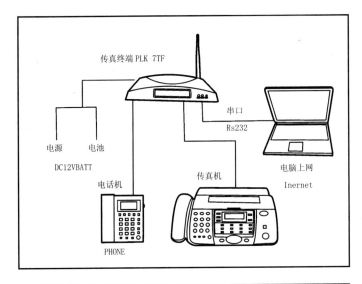

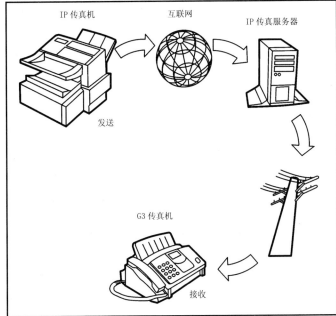

1 数码传真机原理示意图

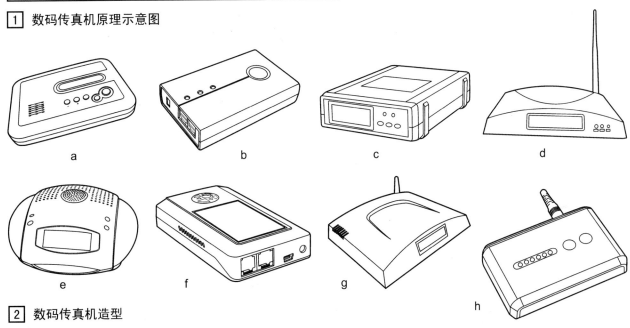

2 数码传真机造型

办公设备 [3] 打印机

打印机

1885年全球第一台打印机出现,世界上第一台针式打印机是由Centronics公司推出的,可由于当时技术上的不完善,没有推广进入市场,所以几乎没有人记住它。一直到1968年9月由日本精工株式会社推出EP—101针式打印机,这才是被人们誉为第一款商品化的针式打印机。20世纪60年代末Xerox公司发明第一台激光打印机,1976年诞生了第一台喷墨打印机。

打印机作为一种连接数字文件与现实文件的输出设备已为用户所接受。按照工作原理,打印机可以分为:针式打印机、喷墨打印机、激光打印机、热升华打印机等。

针式打印机在打印机历史的很长一段时间上曾经占有着重要的地位,从9针到24针,再到今天基本走出打印机历史的舞台,可以说针式打印机的历史贯穿了几十年。针式打印机之所以在很长的一段时间内能长时间的流行不衰,这与它相对低廉的价格、极低的打印成本和很好的易用性分不开的。当然,它很低的打印质量、很大的工作噪声也是它无法适应高质量、高速度的商用打印需要的根结,所以现在只有在银行、超市等用于票单打印的很少的地方还可以看见它的踪迹。

喷墨打印机因其有着良好的打印效果与较低价位的优点因而占领了广大中低端市场。此外喷墨打印机还具有更为灵活的纸张处理能力,在打印介质的选择上,喷墨打印机也具有一定的优势:既可以打印信封、信纸等普通介质,还可以打印各种胶片、照片纸、卷纸、T恤转印纸等特殊介质。

激光打印机为我们提供了更高质量、更快速、更低成本的打印方式。它的打印原理是利用光栅图像处理器产生要打印页面的位图,然后将其转换为电信号等一系列的脉冲送往激光发射器,在这一系列脉冲的控制下,激光被有规律的放出。与此同时,反射光束被接收的感光鼓所感光。激光发射时就产生一个点,激光不发射时就是空白,这样就在接收器上印出一行点来。然后接收器转动一小段固定的距离继续重复上述操作。当纸张经过感光鼓时,鼓上的着色剂就会转移到纸上,印成了页面的位图。最后当纸张经过一对加热辊后,着色剂被加热熔化,固定在了纸上,就完成打印的全过程,这整个过程准确而且高效。

除了以上三种最为常见的打印机外,还有热转印打印机和大幅面打印机等几种应用于专业方面的打印机机型。热转印打印机是利用透明染料进行打印的,它的优势在于专业高质量的图像打印方面,可以打印出近于照片的连续色调的图片来,一般用于印前及专业图形输出。大幅面打印机,它的打印原理与喷墨打印机基本相同,但打印幅宽一般都能达到24英寸(61cm)以上。它的主要用途一直集中在工程与建筑领域。但随着其墨水耐久性的提高和图形解析度的增加,大幅面打印机也开始被越来越多的应用于广告制作、大幅摄影、艺术写真和室内装潢等装饰宣传的领域中。

表1

指标项目 \ 机种	针式	喷墨	激光	备注
价格	低	低	高	窄行针式价格为中
打印质量	差	较好	好	普通纸
分辨率	低	高	较高	
色彩表现	差	好	好	
打印速度	慢	较快	快	
耗材费用	低	高	较高	
噪声	大	小	很小	喷墨也有静音的
实现色彩	难	易	较难	指打印彩图的配色
多层拷贝	能	不能	不能	
维修费用	低	较低	高	

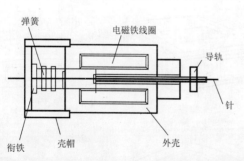

注:打印针可沿着导轨前后运动,运动的动力来自电磁衔铁的正向推动和机械弹簧的反动。
当电磁铁的线圈有脉冲电流(需打印一个点)时将产生磁场,电磁衔铁会在这一磁场作用下向前移动,推动打印针撞击色带;线圈电流消失时,弹簧的反向推力把打印针推回原位置

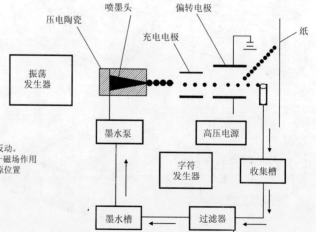

注:针式打印机由走纸机构、色带机构、打印头和逻辑电路组成

1 针式打印机的组成及其打印过程

打印机 [3] 办公设备

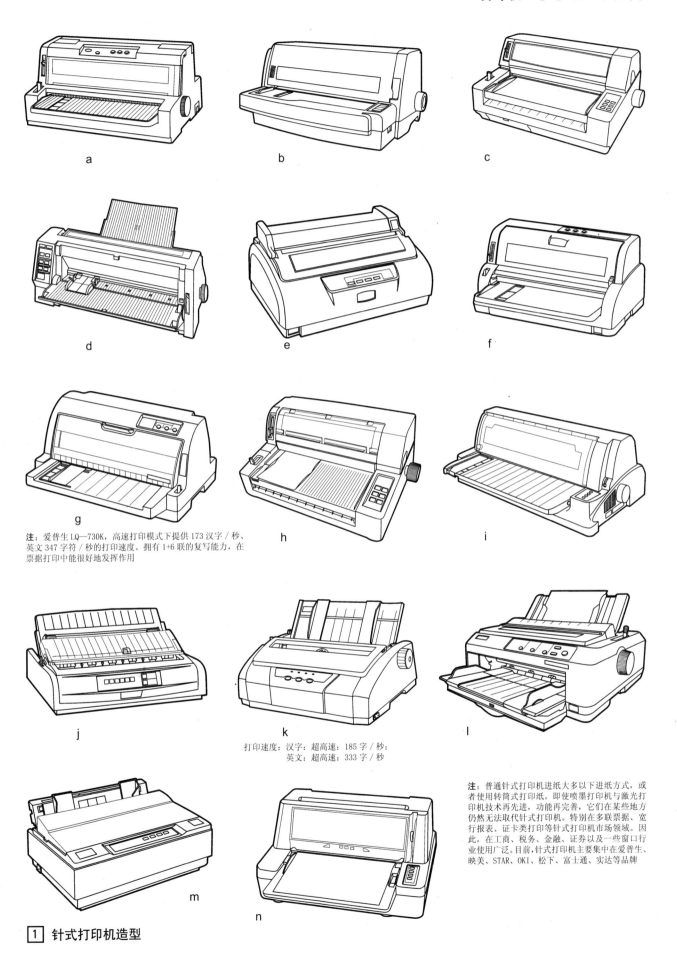

注：爱普生LQ—730K，高速打印模式下提供173汉字/秒、英文347字符/秒的打印速度。拥有1+6联的复写能力，在票据打印中能很好地发挥作用

打印速度：汉字：超高速：185字/秒；
英文：超高速：333字/秒

注：普通针式打印机进纸大多以下进纸方式，或者使用转筒式打印纸。即使喷墨打印机与激光打印机技术再先进，功能再完善，它们在某些地方仍然无法取代针式打印机。特别在多联票据、宽行报表、证卡类打印等针式打印机市场领域。因此，在工商、税务、金融、证券以及一些窗口行业使用广泛。目前，针式打印机主要集中在爱普生、映美、STAR、OKI、松下、富士通、实达等品牌

1 针式打印机造型

99

办公设备 [3] 打印机

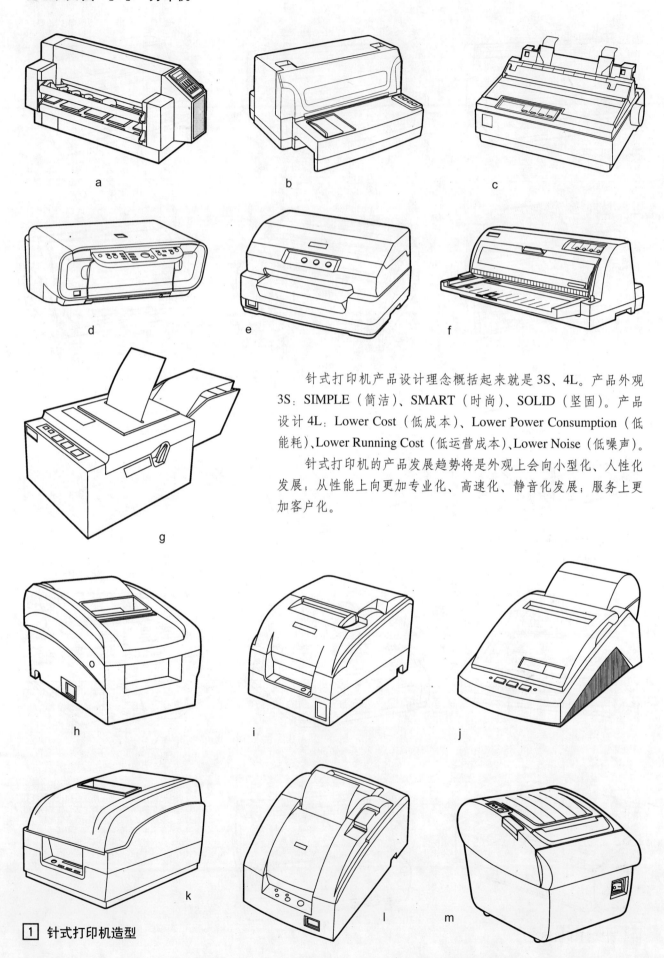

针式打印机产品设计理念概括起来就是3S、4L。产品外观3S：SIMPLE（简洁）、SMART（时尚）、SOLID（坚固）。产品设计4L：Lower Cost（低成本）、Lower Power Consumption（低能耗）、Lower Running Cost（低运营成本）、Lower Noise（低噪声）。

针式打印机的产品发展趋势将是外观上会向小型化、人性化发展；从性能上向更加专业化、高速化、静音化发展；服务上更加客户化。

1 针式打印机造型

打印机 [3] 办公设备

喷墨打印机

喷墨打印机有两种关键技术，一是惠普佳能采用的气泡式喷墨技术，它问世于1979年，1980年佳能就通过这项技术应用于喷墨打印机Y—80之中；另一个技术是爱普生使用的微压电打印技术，它问世于1994年。1998年，EPSON全球第一款同时具有1440dpi打印分辨率和六色打印功能的彩色喷墨打印机面世，它标志着彩色喷墨打印领域进入了一个新的时代——照片打印时代。同年，佳能首款七色照片打印机面世。

随后，不断有新的技术出现并应用于实际产品之中，比如1999年EPSON的IP—100成为第一台可以脱离计算机打印的照片打印机，2000年惠普发布第一款支持自动双面打印机的彩色喷墨打印机，2003年惠普发布了全球第一款使用八色墨水技术的照片打印机，2005年惠普又发布了著名的SPT全维打印技术。

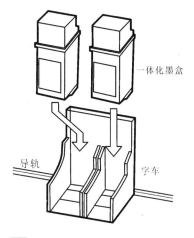

[1] 喷墨打印机墨盒基本结构

喷墨打印机的十大发展趋势

趋势一：打印分辨率更高。人们对打印色彩要求的逐步提高，新型的喷墨打印机将会使喷打的分辨率提高到一个更高的水平，远远超过人类用眼睛捕获细节时所能达到的分辨率。

趋势二：打印速度更快。新型的喷墨打印机将会利用双向打印技术以及增加喷嘴数量的方法，使喷墨打印机在保持较高输出分辨率的基础上，提高打印机的输出速度。

趋势三：输出噪声更低。随着人们对办公环境要求的提高，以及用户对身体健康的更加重视，降低噪声是必然趋势。

趋势四：墨滴控制更精确。精确控制墨滴形状和大小，使图像打印或者照片打印效果更为逼真、清晰。

趋势五：实现零颗粒打印。让打印用户根本感觉不到墨滴的存在，确保输出画面与打印原件完全一致。

趋势六：色彩层次更均匀。打印出来的图像或者照片包含更多的色彩细节、色彩层次和谐自然。

趋势七：输出品寿命更长。通过改进墨水和纸张的性能，使输出品能够更持久。

趋势八：通用性更强。使喷墨打印机不再一味地依附计算机而能够独立进行工作。

趋势九：使用成本更低。改进耗材和打印方式使喷墨打印机得到更好推广。

趋势十：向专业化和工业化发展。

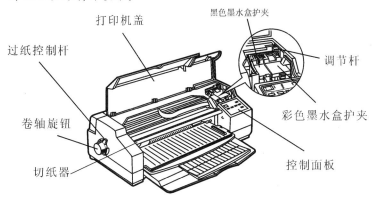

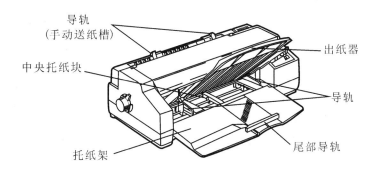

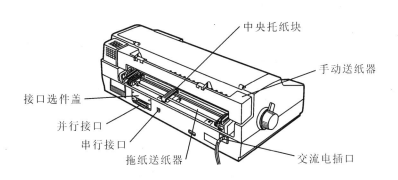

[2] 喷墨打印机基本结构

办公设备 [3] 打印机

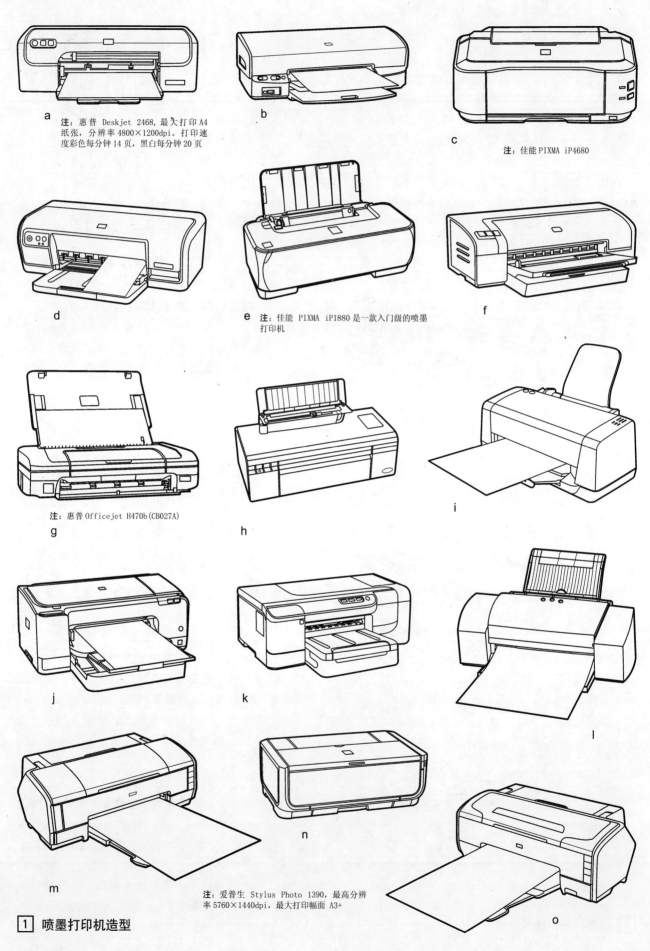

a 注：惠普 Deskjet 2468，最大打印 A4 纸张，分辨率 4800×1200dpi。打印速度彩色每分钟 14 页，黑白每分钟 20 页

c 注：佳能 PIXMA iP4680

e 注：佳能 PIXMA iP1880 是一款入门级的喷墨打印机

g 注：惠普 Officejet H470b(CB027A)

m　n 注：爱普生 Stylus Photo 1390，最高分辨率 5760×1440dpi，最大打印幅面 A3+

1 喷墨打印机造型

102

打印机 [3] 办公设备

1 喷墨打印机造型

办公设备 [3] 打印机

激光打印机

随着"绿色办公"理念的深入，在设计制造办公设备时，能源低耗和人性化已成为必然趋势。因此，要求激光打印机在工作过程中释放的臭氧最少，定影时释放的苯乙烯气体最少或者没有。激光打印机不仅要实现高速、高分辨率、高质化，而且要尽量减少机器体积。目前，非磁性单组分显影系统激光打印机基本可以达到环保、节能、降耗、小型化等要求。随着技术的成熟和聚合墨粉成本的降低，非磁性单组分显影系统激光打印机将成为主流。

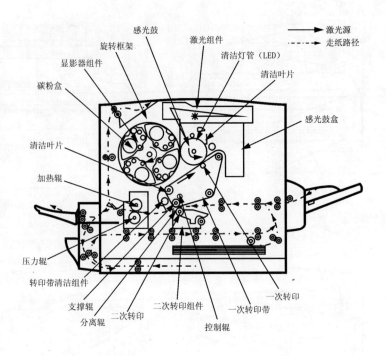

[2] 激光打印机基本结构

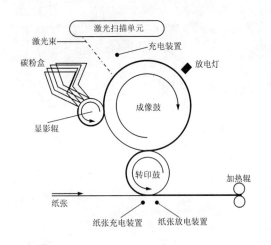

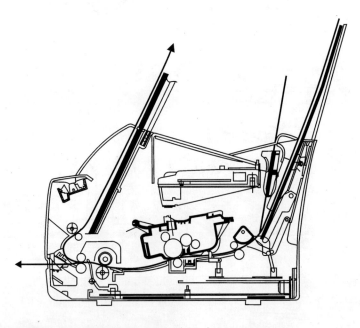

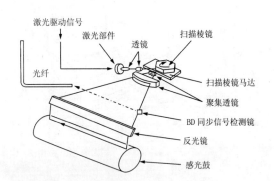

[1] 激光打印机工作原理

[3] 激光打印机打印程序图

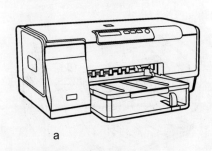

a

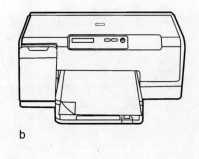

b

c

[4] 激光打印机造型

打印机 [3] 办公设备

[1] 激光打印机造型

办公设备 [3] 打印机

1 激光打印机造型

打印机 [3] 办公设备

热升华打印机

热升华打印机的工作原理是将四种颜色,青色、品红色、黄色和黑色(简称CMYK)的固体颜料(称为色卷)设置在一个转鼓上,这个转鼓上面安装有数以万计的半导体加热元件,当这些加热元件的温度升高到一定程度时,就可以将固体颜料直接转化为气态(固态不经过液化就变成气态的过程称为升华,因此这种打印机被称为热升华打印机),然后将气体喷射到打印介质上。每个半导体加热元件都可以调节出256种温度,从而能够调节色彩的比例和浓淡程度,实现连续色调的真彩照片效果。

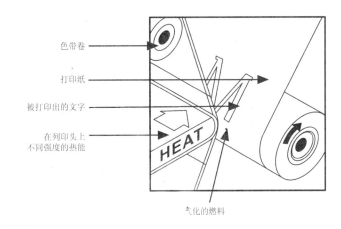

[1] 热升华打印机原理

[2] 热升华打印机造型

注：佳能 SELPHY ES2 型热升华打印机

1 热升华打印机造型

打印机 [3] 办公设备

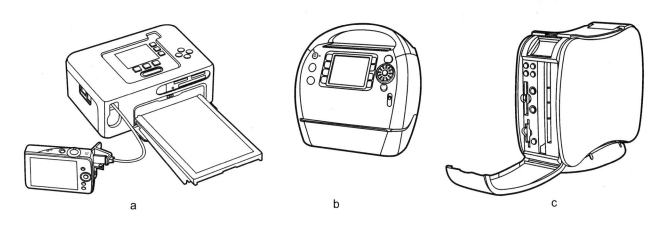

1 热升华打印机造型

支票打印机

支票打印机——财务工作中一个司空见惯的办公设备，是专门用于打印银行支票的工具。目前一些支票打印机厂商又在原有功能基础上增加了打印银行进账单、电汇簿、电汇凭证以及汇票等功能。但是随着出纳信息化的发展及软件产业的高速发展，企业对支票打印处理有了越来越高的要求，硬件设备的有限功能已经无法适应财务业务的发展要求，在不久的将来传统的支票打印机将退出历史舞台。

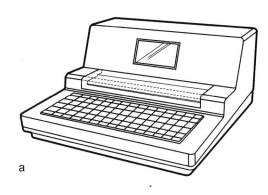

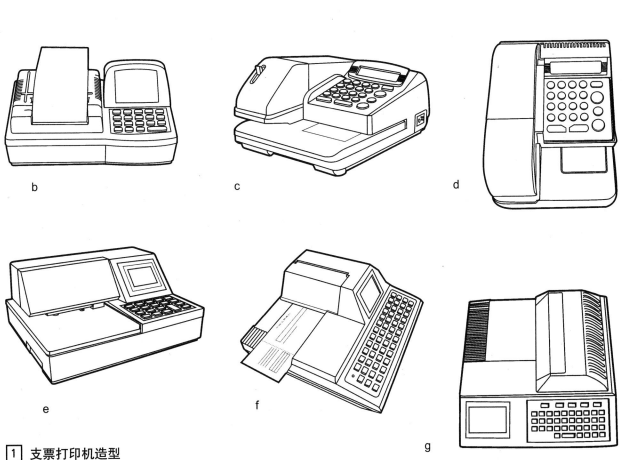

1 支票打印机造型

办公设备 [3] 打印机

1 支票打印机造型

复印机 [3] 办公设备

复印机

20世纪初，文件图纸的复印主要用蓝图法和重氮法，后来又出现了染料转印、银盐扩散转印和热敏复印等多种复印方式。1938年10月22日，美国物理学家卡尔逊利用涂硫的板作为感受光板，用石松子粉作为显影的图像装印到纸上，产生了世界上第一张静电复印品。1950年，美国哈洛伊德公司（现在的施乐）制成了第一台手工操作的商业静电复印设备。1960年，美国施乐公司又推出了著名的XEROX 914型办公自动化复印机。1968年，日本佳能公司开发了新的感光材料——硫化锌感光体，其静电潜像形成方法称为"新方法（NEW PROCESS）"简称为NP法（此方法为佳能公司专利）。1984年，日本佳能（CANON）首次推出了数字式复印机。

根据不同的依据，复印机具体分类如下：

表1

分类依据	具体类型
按复印机工作原理	模拟复印机，操作简单，功能不多
	数码复印机，激光扫描、数字化图像处理
按复印的速度	低速复印机，每分钟复印A4文件10～30份
	中速复印机，每分钟复印A4文件30～60份
	高速复印机，每分钟复印A4文件60份以上
按复印的幅面	普及型复印机，幅面大小为A3～A5
	工程复印机，幅面大小为A2～A0
按复印机使用纸张	特殊纸复印机，一般指感光纸
	普通纸复印机
按复印机显影方式	单组份复印机
	双组份复印机
按复印机复印颜色	单色复印机
	多色复印机
	彩色复印机

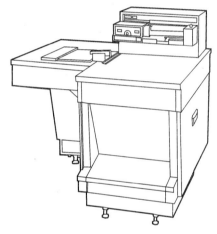

美国哈洛伊德公司（现在的施乐）制成的第一台手工操作的商业静电复印设备

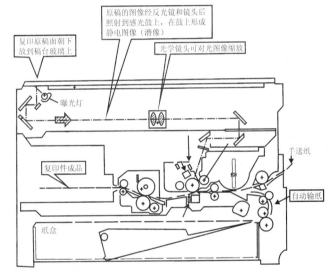

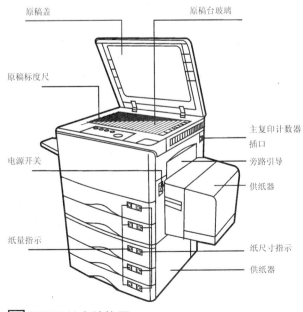

[1] 复印机基本结构图

复印机的结构

1. 光学系统：曝光灯、反光镜、温度保险、镜头、AE传感器、扫描电机、扫描架原位传感器（钢丝绳和冷却风扇）。

2. 显影部：显影辊、间隙轮、显影齿轮、搅拌轴、色粉浓度传感器、V形圈侧密封。

3. 感光鼓部：OPC鼓、主充、删边灯、消电灯、清刮、废粉瓶、鼓标传感器、图像浓度传感器。

4. 定影部：上辊、下辊、上下分离爪、定影齿轮、定影灯、热保险、热敏电阻。

5. 给纸部：①手动供纸装置。阻力轮、搓纸轮、进纸轮、电磁铁、机械离合器。②供纸盒供纸装置。阻力轮、搓纸轮、进纸轮、供纸离合器、输纸辊输纸离合器。

6. 输纸部：阻力辊、阻力辊离合器、转印组件、出纸输纸辊、输纸辊、输送带、真空风扇。

办公设备 [3] 复印机

复印机

模拟复印机（静电复印机）工作原理

模拟复印机大都采用静电的方式进行复印，又被称之为静电复印机。是通过曝光、扫描将原稿的光学模拟图像通过光学系统直接投射到已被充电的感光鼓上产生静电潜像，再经过显影、定影等步骤来完成复印。成像系统是静电复印机的核心部分，也是结构和原理都很复杂的部分。它由感光鼓、充电、显影、清洁等装置组成。感光鼓是静电复印机中的关键部件。其主要功能是在静电场的作用下，获得一定极性的均匀电荷，并将根据照在其表面的光像转换成的静电潜像，经显影剂显影后获得可见的图像。

静电复印过程可分为七个过程，即：预曝光、充电、图像曝光、显影、转印分离、定影和清洁七个步骤。

1. 预曝光。对图像进行初步曝光扫描。

2. 充电。在暗态下，高压发生器接通主充电结构，使电晕放电产生电荷沉积在光导体表面，当光鼓旋转一周后，鼓表面均匀地带上一层负电荷。

3. 图像曝光。曝光灯发出的光线射到原稿表面暗区时，光线被吸收，相应的鼓上电荷得到保留，而射到原稿表面白区时光线被反射，相应的鼓上电荷被消去，这样不同的曝光量在光导体表面产生高低起伏的电位，形成肉眼看不见的静电潜像。

4. 显影。显影方法分：①瀑布显影；②双组分磁刷显影；③单组分跳动显影；④单组分导电色粉显影；⑤湿法显影。色粉附着到转鼓表面的静电潜像上，使其变为可见图像。

5. 转印分离。转印电器强负放电，被充电的复印纸比光鼓表面具有更高的电势，复印纸与色粉之间的结合力比鼓与色粉之间更强，吸引色粉到复印纸上。分离电极丝对复印纸进行交流充电，以降低复印纸电势，使其达到与鼓表面电势相同，来降低两者之间的吸引力，通过自身的延伸力使之分离。

6. 定影。复印纸通过上下辊加热加压，色粉被熔化后被牢固地附着在纸上。

7. 清洁。①光鼓上的残余碳粉由清洁刮板清除，清除下来的色粉由螺旋输送器送入废粉瓶；②通过消电灯的点亮，消除鼓上的残余电荷，为下一个周期作准备。

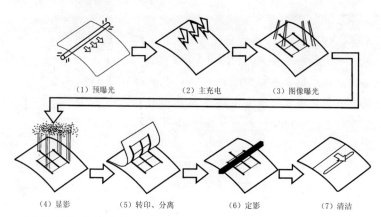

静电复印过程可分为七个过程，即：预曝光、充电、图像曝光、显影、转印分离、定影和清洁七个步骤。

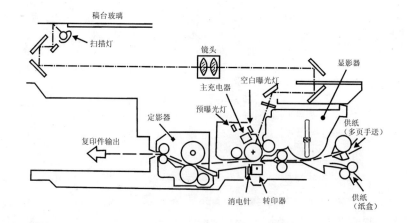

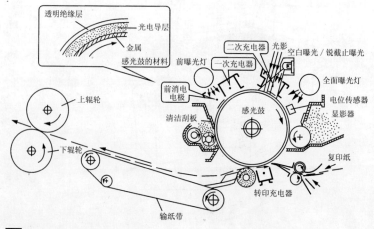

1 静电复印机基本原理图

复印机 [3] 办公设备

数码复印机工作原理

数码复印机与模拟复印机的主要区别是工作原理不同。数码复印机就是一台扫描仪和一台激光打印机的组合体。首先，CCD（电荷耦合器件）传感器对通过曝光、扫描产生的原稿光学模拟图像信号进行光电转换，然后将经过数字技术处理的图像信号输入到激光调制器，调制后的激光束对被充电的感光鼓进行扫描，在感光鼓上产生由点组成的静电潜像，再经过显影、转印、定影等步骤来完成复印过程。

原稿的曝光系统是曝光灯在驱动机构的作用下沿水平方向移动对稿件扫描，扫描的图像经反射镜后再通过镜头照到CCD感光面上，CCD将光图像变成电信号，在CCD驱动电路的作用下输出图像信号，经信号处理后变成图文信号，再送到激光调制器中去控制激光扫描器。

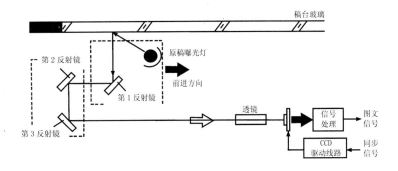

激光是由半导体激光器或气体激光器产生的，它具有色纯、能量集中、精度高、寿命长、便于控制的特点。用图像信号去调制激光束，就是将图像中有图文的黑色部分与无图文的白色部分转换成激光束的有无，然后经扫描器照射到感光鼓的表面。激光曝光系统同激光打印机的扫描系统基本相同。激光发射器固定在机器中，它所发射的激光束的方向是不变的，而激光反射镜的方位是变化的。由于反射镜的方位变化使激光束的投射角度变化，经反射镜反射的激光束就会发生变化。反射镜在电机的驱动下旋转，这样一条线一条线地排起来就形成了面，原稿的图像就在鼓感光面上形成了静电潜像。

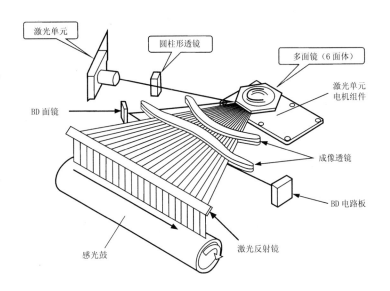

激光束的扫描必须与原稿的扫描保持同步才能把一幅图像不失真地复印下来，为此在激光扫描器中设有同步信号检测器件和同步信号处理电路。BD（Beam Detect）检测是在扫描的初始位置设置一个光电二极管，当激光束照射时光电二极管收到激光束的信号表示一行扫描开始，也可以利用此信号进行纸的对位。

数码复印机在图像曝光系统中使用了CCD图像传感。利用打印数据存储器可实现一次扫描多次打印，从而可大大提高打印速度和质量。

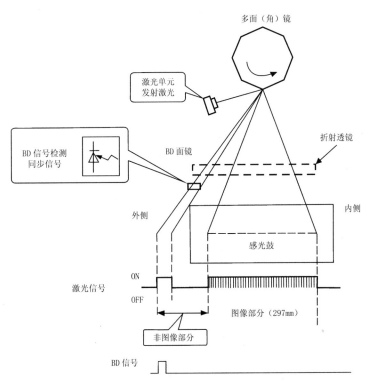

[1] 数码复印机基本原理图

办公设备 [3] 复印机

1 台式复印机造型

复印机 [3] 办公设备

a
b
c
d
e
f
g
h
i
j

1 台式复印机造型

2 立式复印机造型

115

办公设备 [3]　复印机

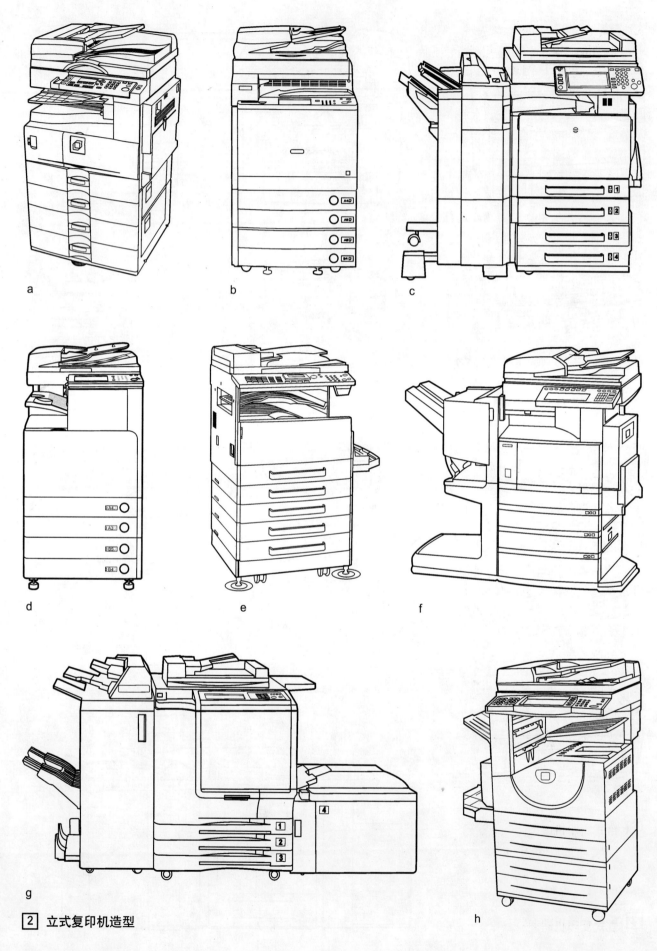

2 立式复印机造型

扫描仪

扫描仪（Scanner）是一种高精度的光电一体化的科技产品，它是将各种形式的图像信息输入计算机的重要工具，是继键盘和鼠标之后的第三代计算机输入设备。它是功能极强的一种输入设备。人们通常将扫描仪用于图像信息的输入。从最直接的图片、照片、胶片到各类图纸图形以及各类文稿资料都可以用扫描仪输入到计算机中进而实现对这些图像形式的信息的处理、管理、使用、存贮、输出等。业界普遍将 1984 年定为扫描仪类产品的诞生年代。扫描仪经历了从"黑白扫描"、"彩色三次扫描"，过渡到现在的"彩色一次扫描"。技术的进步为扫描仪的发展与普及提供了保障。到如今，扫描仪产品的品牌和型号已经极大丰富，广泛应用于各行各业，成为仅次于打印机的计算机配套外设产品。

扫描仪主要由光学部分、机械传动部分和转换电路三部分组成。扫描仪的核心部分是完成光电转换的光电转换部件。目前大多数扫描仪采用的光电转换部分是感光器件（包括 CCD、CIS 和 CMOS）。

扫描仪工作时，首先由光源将光线照在欲输入的图稿上，产生表示图像特征的反射光（反射稿）或透射光（透射稿）。光学系统采集这些光线，将其聚焦在感光器件上，由感光器件将光信号转换为电信号，然后由电路部分对这些信号进行 A/D (Analog/Digital) 转换及处理，产生对应的数字信号输送给计算机。当机械传动机构在控制电路的控制下带动装有光学系统和 CCD 的扫描头与图稿进行相对运动，将图稿全部扫描一遍，一

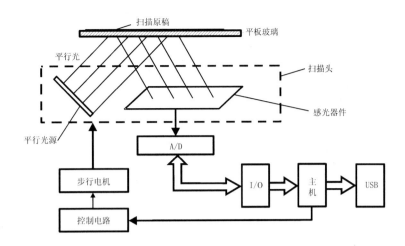

1 平板扫描仪工作原理图

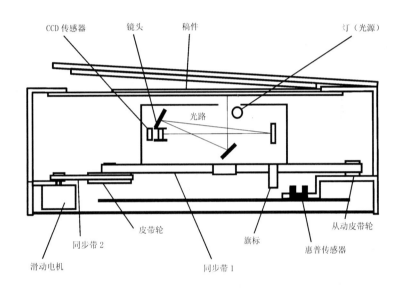

2 平板扫描仪基本结构图

幅完整的图像就输入到计算机中去了。

在整个扫描仪获取图像的过程中，有两个元件起到关键作用：一个是光电器件，它将光信号转换成为电信号；另一个是 A/D 变换器，它将模拟电信号变为数字电信号。这两个元件的性能直接影响扫描仪的整体性能指标。

根据不同的特性及使用方法，扫描仪大体可分为手持式、平板式和馈纸式扫描仪三种。

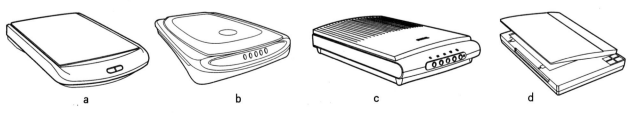

3 平板扫描仪造型

办公设备 [3] 扫描仪

平板扫描仪根据功能和扫描精度可以分为普通扫描仪和专业扫描仪,而其中光学分辨率、色彩还原能力、扫描处理软件是三大技术关键。

1 平板扫描仪造型

扫描仪 [3] 办公设备

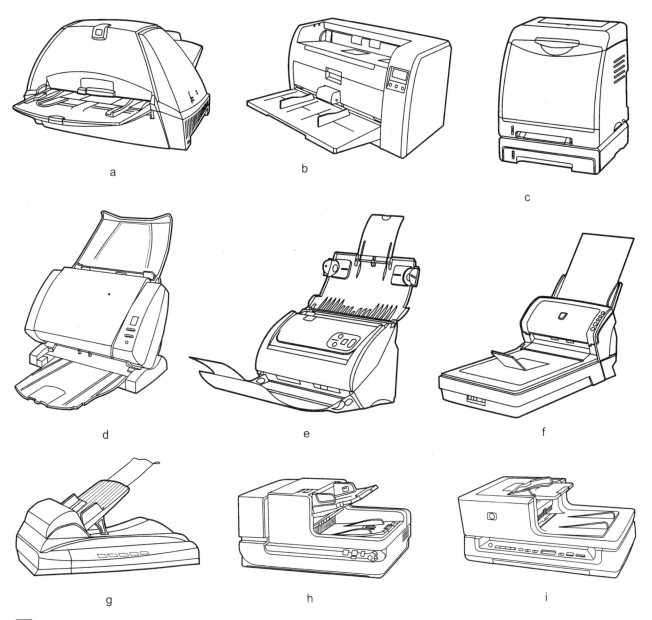

1 快速扫描仪造型

票据扫描仪

票据扫描仪广泛用于银行、海关、税务、交通运输、证件识别、文档管理、门票管理、工业自动化控制等领域的有关票据、证件或文档等信息的扫描和识别。

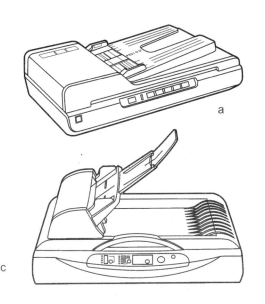

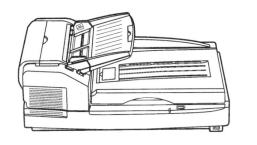

2 票据扫描仪造型

119

办公设备 [3] 扫描仪

名片扫描仪

名片是人们的重要社交手段，名片多了不便于保管和记忆，因此出现了名片扫描仪。名片扫描仪一般比较小巧，时尚，操作便捷，产品的更新换代也很快。

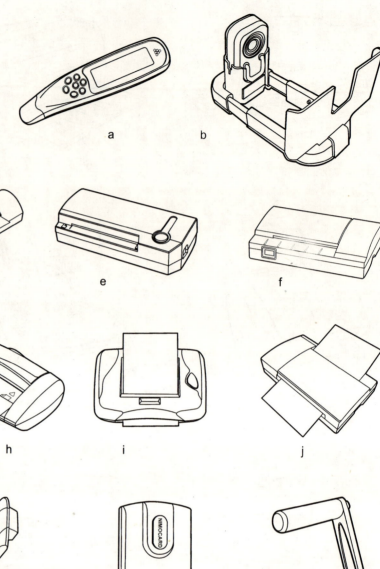

1 名片扫描仪造型

三维扫描仪

三维扫描仪是通过光栅编码法测量组成原理进行扫描和三维数据的。非接触拍照式光学三维扫描仪，其结构原理主要由光栅投影设备及两个工业级的 CCD Camera 所构成。

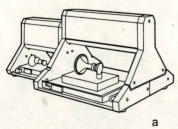
a

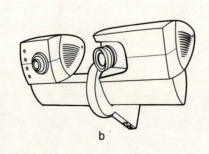
b

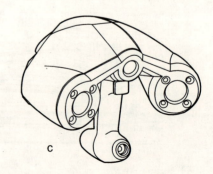
c

2 三维扫描仪造型

点（验）钞机

在现代办公系统中，点钞机已成为不可缺少的设备。一般点钞机集计数和辨伪于一身，随着印刷技术、复印技术和电子扫描技术的发展，伪钞制造水平越来越高，点（验）钞机的辨伪性能也越来越得到加强。

按照钞票运动轨迹的不同，点钞机分为卧式和立式点钞机。卧式点钞机采用面出钞连续分张的，以每秒15张以上的速度对钞票进行清点、辨伪，通常还具有自动开停机、预置数、防双张、防粘张和防夹心等辅助功能。辨伪手段通常有荧光识别、磁性分析、红外穿透三种方式。

点（验）钞机的结构主要由捻钞、出钞、接钞、机架和电子电路等六部分组成。

捻钞部分主要由滑钞板、送钞舌、阻力橡皮、落钞板、调节螺丝、捻钞胶圈等组成。将要清点的钞票逐张捻出是保证计数准确的前提。在这一部分中，由于更换比较麻烦，捻钞胶圈和阻力橡皮的磨损一直是困扰人们的两大难题，要解决这个问题，主要是提高使用寿、更换方便。对捻钞胶圈，我们可以采用加大外径，在外圆中间开一圈凹槽，来提高捻钞胶圈的耐磨性，并将胶圈轴向截面改为锯齿形，使胶圈齿面相对钞票的接触面加大，提高胶圈齿面对钞票的附着力。对阻力橡皮，比较简单方法是采用阻力橡皮快换结构，便捷取出阻力橡皮进行更换。

出钞部分主要由出钞胶轮、出钞对转轮组成。其作用是出钞胶圈以捻钞胶圈两倍的线速度把连续送过来先到的钞票与后面的钞票有效地分开，送往计数器与检测传感器进行计数和辨伪。

接钞部分主要由接钞爪轮、脱钞板、挡钞板等组成。点验后的钞票一张张分别卡入接钞爪轮的不同爪，由脱钞板将钞票取下并堆放整齐。飞钞现象在点钞机中比较常见，要解决这个问题，须注意三个方面：一是接钞叶轮中心位置，二是叶爪形状，三是叶轮转速。

1. 接钞叶轮中心位置的确定。接钞叶轮中心应尽量靠近出钞轴，当钞票离开出钞胶圈时，必须尽量卡入叶爪的深部，这样就能保证钞票不致因为卡入过浅而飞钞。

2. 叶爪的形状。曲线应使钞票插入后有一个弯曲变形，钞票变形越大则越不易脱出。

3. 叶轮转速。叶轮转速越快则越易飞钞，但太慢钞票会撞击叶爪底部。叶轮转速与点钞速度和叶爪数量有关。

传动部分可采用单电机或双电机驱动，由电动机通过传动带、传动轮，将动力输送给各传动轴。采用双电机驱动易于实现预置数功能。电机可采用交流或直流电机，由于电机和变压器的重要较大，如采用直流电机配合开关电源，可大大减轻整机重量。

机架组件部分实践证明采用冲压力边板效果较好。采用这种设计的好处是机架的左、右边板中相对应精度较高的部分可以采用同一模具一次加工完成，提高了机架的装配精度，降低了成本，也为运动中的钞票得到有效识别提供了所需的定位精度。

电子电路部分由主控部分、传感器部件、驱灯组件、电源板等组成一个单片机控制的系统，通过多个接口把紫光、磁性、红外穿透、计数信号引入主控器。把正常钞票在正常清点中在各传感器接收到的信号进行统计取样、识别，并寄存起来，作为检测的依据。当清点纸币时，把在各通道接口接收到的信号参数与原寄存起来的信号参数进行比较、判断，若有明显差异时、但立即送出报警信号并截停电机，同时送出对应的信号提示。

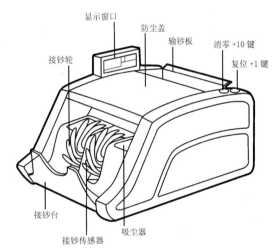

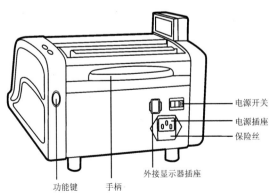

[1] 点钞机基本结构

办公设备 [3] 点（验）钞机

点（验）钞机的辨伪

辨伪是通过检测人民币的固有特性来分辨真假。点钞机是机电一体化产品，涉及机械、电、光、磁等多个领域，需要各方面互相配合。当前人民币的检测方式主要有：荧光检测、磁性检测、红外穿透检测、激光检测、防夹心检测等。

荧光检测的工作原理是针对人民币的纸质进行检测。人民币采用专用纸张制造（含85%以上的优质棉花），假钞通常采用经漂白处理后的普通纸进行制造，经漂白处理后的纸张在紫外线（波长为365nm的蓝光）的照射下会出现荧光反应（在紫外线的激发下衍射出波长为420～460nm的蓝光），人民币则没有荧光反应。所以，用紫外光源对运动钞票进行照射并同时用硅光电池检测钞票的荧光反映，可判别钞票真假。为排除环境光对辨伪的干扰，必须在硅光电池的表面安装一套透过波长与假钞荧光反应波长一致的滤色片。在荧光检测中，需要注意两个问题：①检测空间的遮光。外界光线进入检测空间会造成误报。②紫外光源和光电池的防尘。在点钞过程中有大量粉尘，这些粉尘粘附在光源表面会削弱检测信号，造成漏报。对第五版人民币，可同时检测荧光字以提高辨伪效果。

磁性检测的工作原理是利用大面额真钞（20、50、100元）的某些部位是用磁性油墨印刷，通过一组磁头对运动钞票的磁性进行检测，通过电路对磁性进行分析，可辨别钞票的真假。在磁性检测中，要求磁头与钞票摩擦良好。磁头过高则冲击信号大，造成误报；磁头过低则信号弱，造成漏报。通过控制磁头的高度（由加工和装配保证）和在磁头上方装压钞胶轮可满足检测需要。人民币的磁性检测方法可分为四种：①检测有无磁性；②按磁性分布；③检测第五版人民币金属丝磁性；④检测第五版人民币横号码磁性。

红外穿透的工作原理是利用人民币的纸张比较坚固、密度较高以及用凹印技术印刷的油墨厚度较高，因而对红外信号的吸收能力较强来辨别钞票的真假。人民币的纸质特征与假钞的纸质特征有一定的差异，用红外信号对钞票进行穿透检测时，它们对红外信号的吸收能力将会不同，利用这一原理，可以实现辨伪。需要注意的是，油墨的颜色与厚度同样会造成红外穿透能力的差异。因此，必须对红外穿透检测的信号进行数学运算和比较分析。

用一定波长的红外激光照射第五版人民币上的荧光字，会使荧光字产生一定波长的激光，通过对此激光的检测可辨别钞票的真假。由于仿制困难，故用于辨伪很准确。

防夹心检测是在一沓钞票里剔出不同面额的钞票。根本不同面额的钞票具有不同的特征，如纸质、磁性、幅面大小等，可进行防夹心检测。目前的点钞机只检测钞票的纸质、磁性的宽度尺寸，因此对于纸质、磁性和宽度相同或相近的钞票如第四版1元和2元，5元和10元，第五版10元和20元很难区分，如果增加一组红外管，同时检测钞票的长度，这个问题可以得到有效的解决。

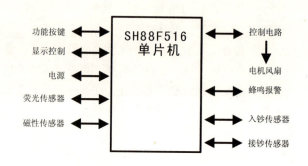

1 验钞机的工作原理

注：一般的点钞机都带有验钞功能。点钞机不仅具有点钞功能，而且还可以用作高速验钞机。随着高级打印、复印和电子扫描技术的问世，人们越来越需要检验货币的真伪，这势必要求不断地提高假钞检测技术

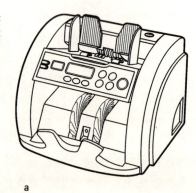

a

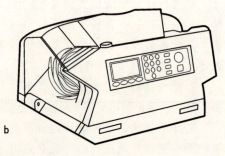

b

2 点（验）钞机造型

点(验)钞机　[3] 办公设备

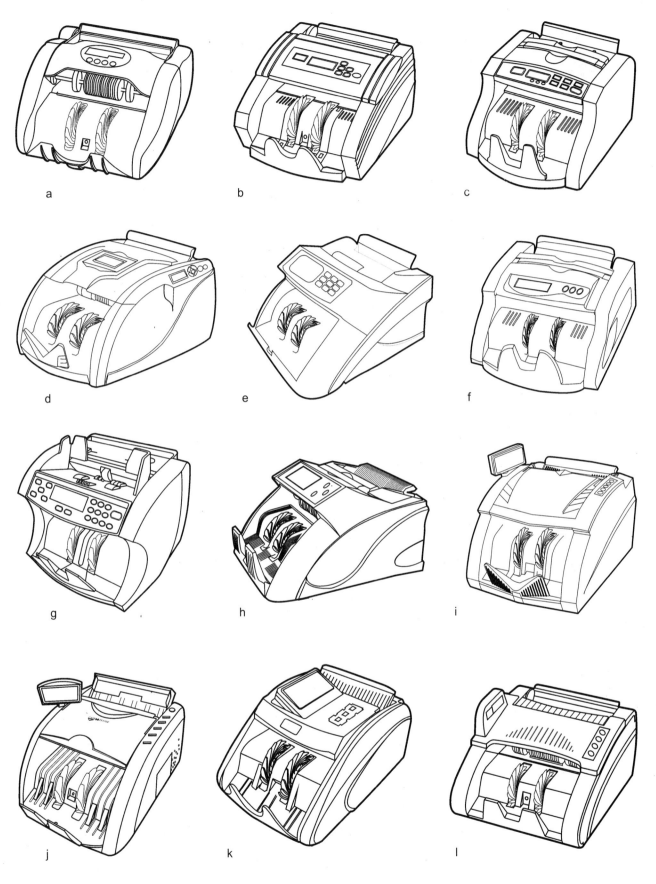

1 点(验)钞机造型

注：在短期内，国内点钞机市场群雄并起的局面仍然存在，但真正有实力的厂家，必将会通过自身的技术创新，研发生产出鉴伪能力更强、性能更稳定、寿命更长、款式更新、价格适宜的高端点钞机产品。同时，外币点钞机市场也仍将是未来市场的一个发展方向

办公设备 [3] 点(验)钞机

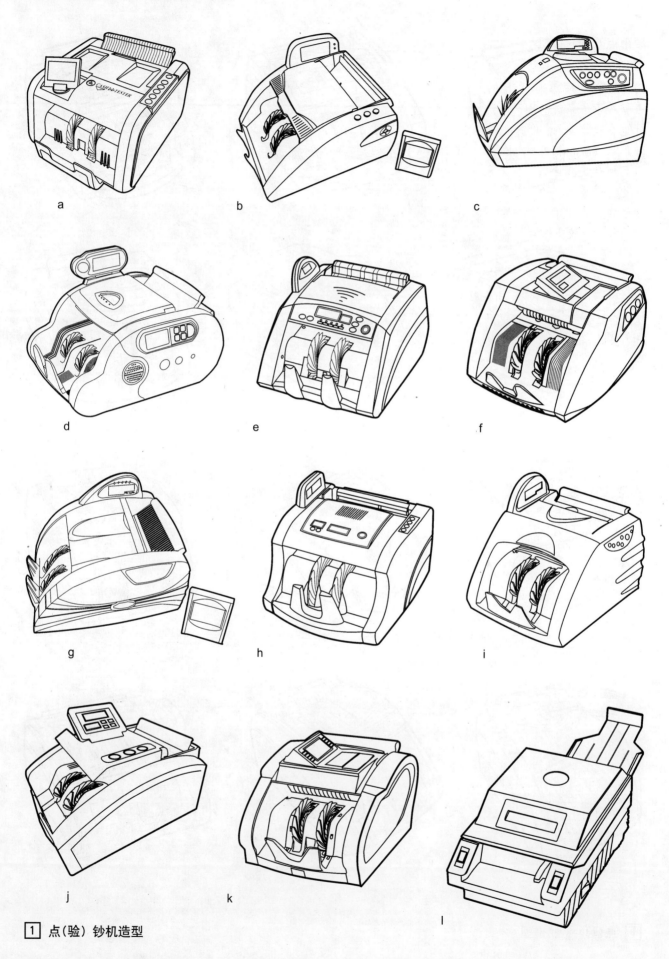

1 点(验)钞机造型

点（验）钞机 [3] 办公设备

硬币点（验）钞机

硬币点（验）钞机是专门为点、验硬币而设计的。根据各币值系统的不同，设计也有较大差异，但一般的硬币点（验）钞机应具备硬币币值分类、计数、检验等功能。硬币点（验）钞机多用于银行、超市及其他硬币使用和清点较多的场合。

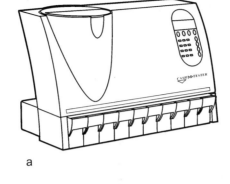
a

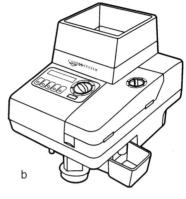
b

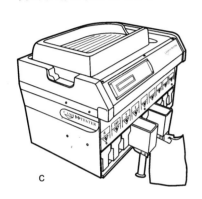
c

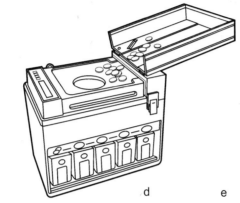
d

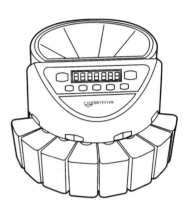
e

1 点（验）钞机造型

小型（便携式）验钞机

小型（便携式）验钞机一般只具有验钞功能，主要是用于查验少量的纸币。其查验方式有荧光检测、磁性检测、红外检测等。使用状况主要有台式和手持式等。验钞机的设计趋势有向小型化、便携化和设计人性化的方向发展。随着钞票防伪技术的加强，未来验钞机在查验技术上将不断开发与创新。

a

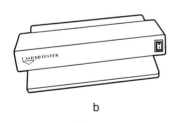
b

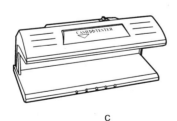
c

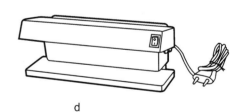
d

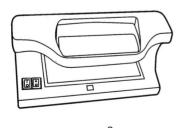
e

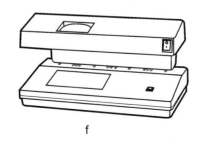
f

g

2 验钞机造型

办公设备 [3] 点（验）钞机

1 验钞机造型

考勤机

20世纪70年代，第一代插卡式考勤机逐渐代替了手工记录考勤，这种考勤机是在一个金属制成的卡片上有规律的打上孔，然后用感光元件和光投影区别人的编号，但金属片容易变形，造成了识别的误差。再加上分辨率的限制，导致这种考勤机没有得到普遍推广。

第二代考勤机是条形码考勤机，利用光学原理投影出一个条形码的图像达到考勤的目的。投影的走样是困扰大家的一个难题。

第三代磁卡型考勤机是现在最为普遍的考勤机。

第四代指纹考勤机是利用人的指纹进行识别的，这种考勤机方便而且可以防止代打卡现象，提高管理制度，现在还有虹膜考勤机、面膜考勤机等，是通过识别虹膜或人脸来进行确认的。

考勤机分两大类。

第一类是简单打卡考勤机，打卡时，原始记录数据通过打卡考勤机直接打印在卡片上，卡片上的记录时间即为原始的考勤信息，对初次使用者无需做任何事先的培训即可立即使用打卡考勤机。打卡考勤机又分电子类打卡考勤机和机械类打卡考勤机。电子类打卡考勤机的主要优点是不打卡时无噪声，体积较小，打卡时打卡考勤机可自动吸卡、退卡。缺点是打卡考勤机的送卡装置影响使用寿命。机械类打卡考勤机的主要优点是结实、耐用，简单直观，无须计算机知识，价格相对较低，安装简单方便，缺点是打卡考勤机精确度不高，插卡口易受破坏，不打卡时机械类打卡考勤机有噪声，手动进卡，统计烦琐，要人工统计报表。打卡考勤机适用于大型工厂或人数较多的单位使用。目前，机械类打卡考勤机市面上已很少见。

第二类是存储类，如指虹膜考勤机、指纹考勤机、感应考勤机等，打卡时，原始记录数据直接存储在机内，然后通过计算机采集汇总，再通过软件处理，最后形成所需的考勤信息，或查询或打印。主要特点是：一般配有软件，与电脑连接汇总原始数据，最后通过打印机打出报表，查询方式比较方便。一般适合单位人员较多、作息时间比较有规则的单位使用。

注：随着社会信息化水平的提高，信息安全技术越来越显示其重要的地位，而信息安全技术应用水平的高低直接影响了社会的方方面面。数字化考勤系统，是考勤机专门配套的考勤处理软件，一般的考勤软件都包括"人事管理、考勤设置、考勤报表处理"等三大版块，功能稍强大的点还有自动计算工资等功能。现代管理系统的完善从更多层面丰富了考勤机的功能，考勤机已经不再是为单一的考勤而设置，它已成为管理对象的信息终端输入器

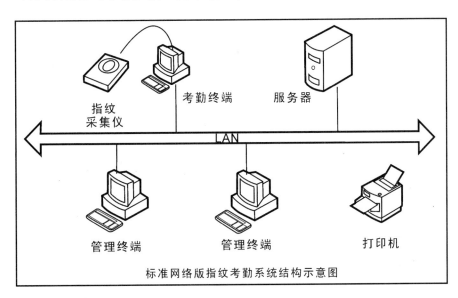

标准网络版指纹考勤系统结构示意图

a

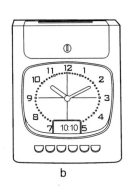
b

c

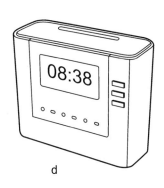
d

1 机械打卡式考勤机造型

办公设备 [3]　考勤机

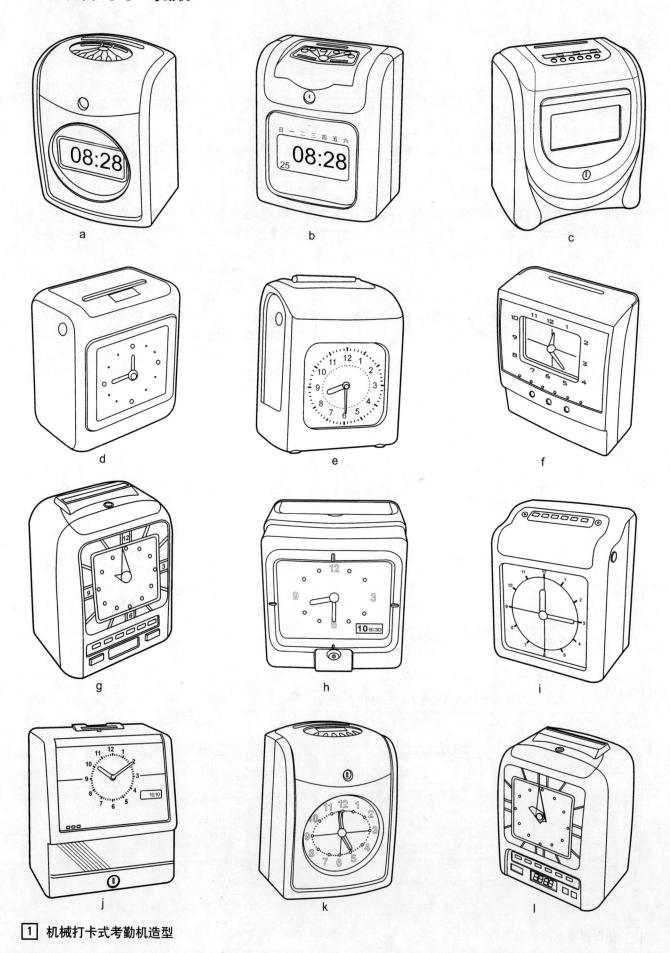

1　机械打卡式考勤机造型

考勤机 [3] 办公设备

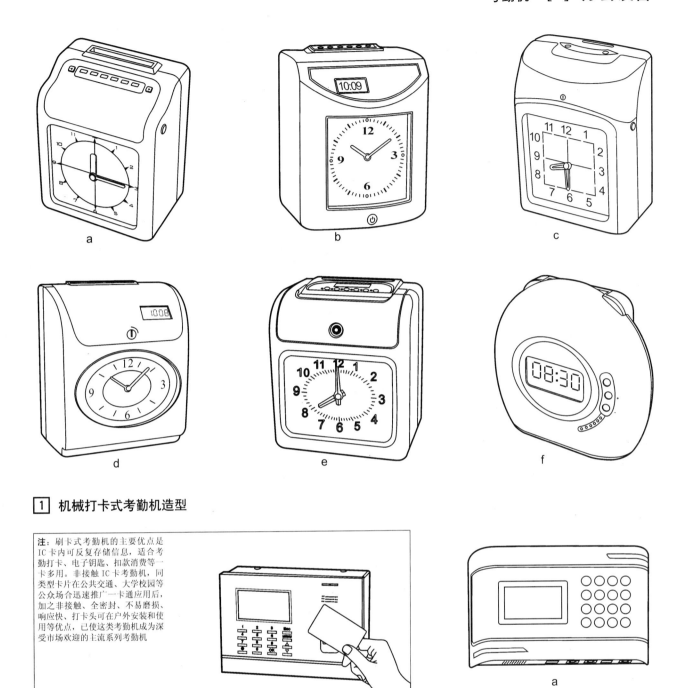

1 机械打卡式考勤机造型

注：刷卡式考勤机的主要优点是IC卡内可反复存储信息，适合考勤打卡、电子钥匙、扣款消费等一卡多用。非接触IC卡考勤机，同类型卡片在公共交通、大学校园等公众场合迅速推广一卡通应用后，加之非接触、全密封、不易磨损、响应快、打卡头可在户外安装和使用等优点，已使这类考勤机成为深受市场欢迎的主流系列考勤机

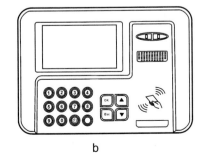

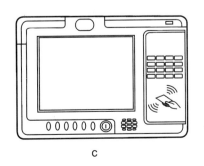

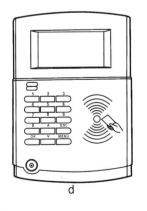

2 刷卡式考勤机造型

129

办公设备 [3] 考勤机

1 刷卡式考勤机造型

考勤机　[3] 办公设备

在众多的身份特征认证中，指纹识别的应用比较成功，近年来已得到快速的发展和普及。其原因主要有：

1. 指纹是独一无二的，世界上不存在相同的指纹，这样就保证了被认证与需要验证的身份之间严格的一一对应关系。

2. 指纹的细节特征和辅助特征在人的一生中永不会改变，保证用户安全信息的长期有效性。

3. 使用指纹认证技术，免除了记忆指令的负担，弥补了智能卡的可替代性。

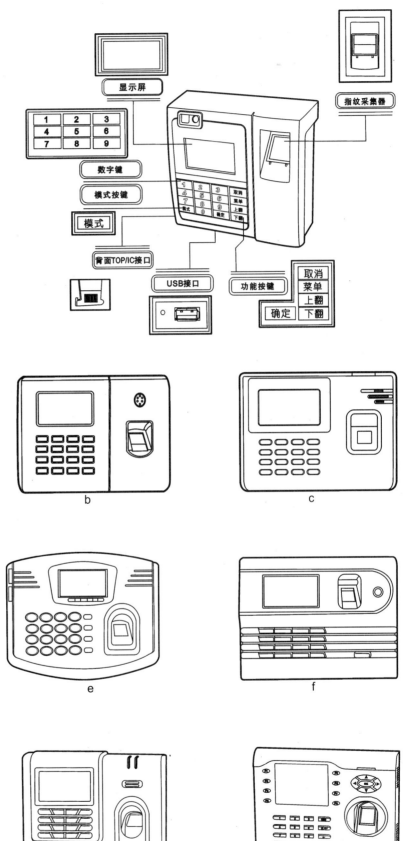

1　指纹式考勤机造型

办公设备 [3] 考勤机

1 指纹式考勤机造型

考勤机 [3] 办公设备

1 指纹式考勤机造型

2 拍照式考勤机造型

133

办公设备 [3] 考勤机

立式考勤机是区别于壁挂式和桌面式考勤机而言，采用的技术基本为指纹式、虹膜式、拍照式或刷卡式。立式考勤机具有便于操作、灵活移动、美观大方等特点，一般的立式考勤机都带有大屏幕显示，可以显示较多的信息内容，多与信息查询等功能结合，更适合放置在公共场所。

立式考勤机的机壳和支架大多采用铝合金、镍合金、钛合金、不锈钢等金属材料，或者PVC等塑料或复合材料制成。设计立式考勤机时在考虑人机使用方便的同时，还应充分考虑其稳定性。有些立式考勤机自身带有主机等设备，在设计这类考勤机是须考虑到主机运行环境的需要和预留出检修的位置。

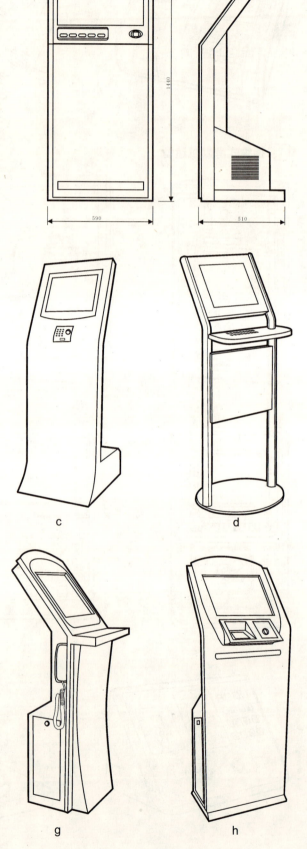

a　　b　　c　　d

e　　f　　g　　h

1　立式考勤机造型

考勤机　[3] 办公设备

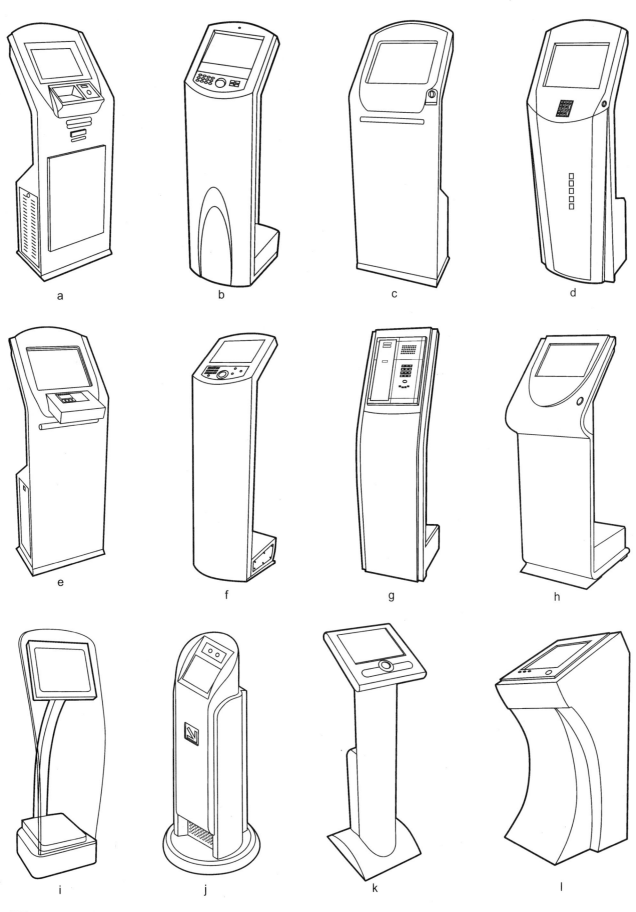

1 立式考勤机造型

办公设备 [3] 碎纸机

碎纸机

碎纸机是专为处理遗弃文件的办公设备。1971年,德国商人赫曼.史威林先生在德国南部的工业小镇Salem开始了碎纸机研发与生产,1976年,发明并生产销售出第一台打包机,1981年,生产并销售出第一台碎纸、打包联合设备。从此以后,碎纸机就和人类有了紧密联系,进入了我们的生活。

碎纸机有两大主要部件:切纸刀、电动马达,这两个主要部件之间通过皮带和齿轮紧密地连接在一起,马达带动皮带、齿轮,把能量传送给切纸刀,转动的切纸刀把纸张切碎。

碎纸机的碎纸方式是指当纸张经过碎纸机处理后被碎纸刀切碎后的形状。根据碎纸刀的组成方式,现有的碎纸方式有粒状、段状、条状等。市面上有些碎纸机可选择两种或两种以上的碎纸方式。不同的碎纸方式适用于不同的场合,如果是一般性的办公场合则选择段状、条状的就可以了,如果是用到一些对保密要求比较高的场合就一定要用粒状的。

结合当前办公文件资料的储存和传输方式的变化,碎纸机的功能也不断拓展,现在一般的碎纸机除了具有碎纸功能以外还增加了碎光盘等功能。

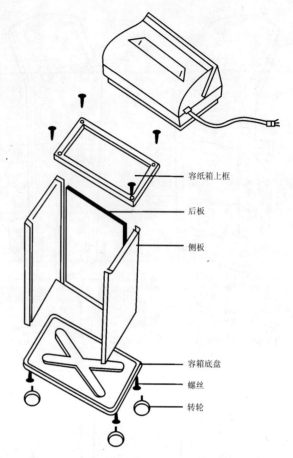

[2] 碎纸机机箱分解部件图

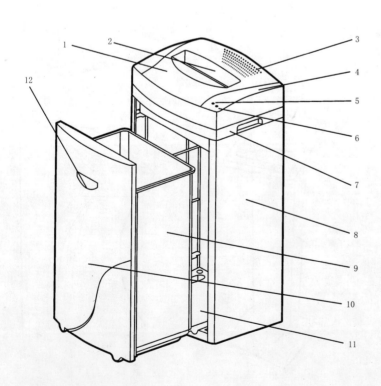

[1] 碎纸机基本结构部件

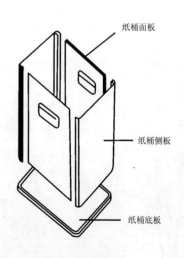

[3] 碎纸机盛屑箱结构

1. 面罩;
2. 进纸口;
3. 电源开关;
4. 机头;
5. 电源指示灯;
6. 工作指示灯;
7. 中框、把手;
8. 机箱;
9. 盛屑箱;
10. 前面板;
11. 底座;
12. 拉手

碎纸机　[3] 办公设备

早期的碎纸机大多用金属板材制作外壳，受材料和工艺以及生产成本的限制，其造型多以直线为主，形态基本是几何形，设备的工具味较浓。随着塑料材料的广泛运用，碎纸机的造型也变得越来越丰富，产品造型也更趋人性化和装饰性。

立式碎纸机因考虑到使用者便于操作，其产品高度大多设计在70～85cm之间。

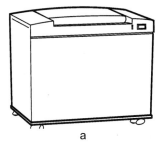
a

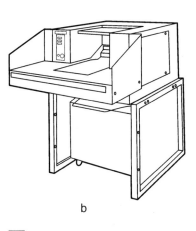
b

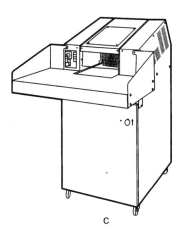
c

d

[1] 金属机箱碎纸机造型

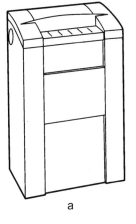
a

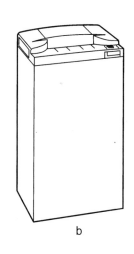
b

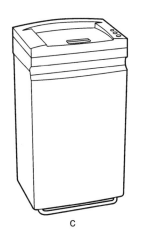
c

d

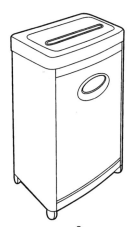
e

f

g

h

[2] 塑料机箱碎纸机造型

办公设备 [3] 碎纸机

[1] 塑料机箱碎纸机造型

碎纸机　[3] 办公设备

小型碎纸机

　　与立式碎纸机不同，小型碎纸机多为桌面操作使用，且使用者基本为个人，因此，在造型上需要体现出产品的便携性，形态更加活泼和个性化。

　　由于使用频率和需要处理的文件都要比公用的碎纸机少得多，很多的小型碎纸机不再采用电动马达作为动力，而是将碎纸机的动力设计成手摇式。这既便于使用操作，又可以很好地体现环保意识。

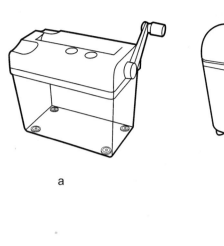

a　　　　　　　　　b

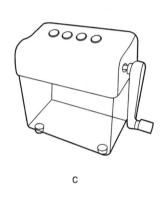   

c　　　　　　d　　　　　　e　　　　　　f

   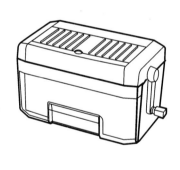

g　　　　　　h　　　　　　i　　　　　　j

  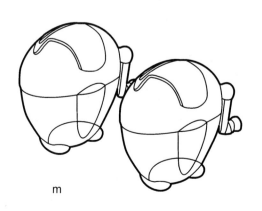

k　　　　　　　l　　　　　　　m

[1] 小型碎纸机造型

办公设备 [3] 保险柜（箱）

保险柜（箱）

保险柜（箱）是一种能够为所储存物体提供安全保障功能的容器。保险柜（箱）被认为发源于欧洲，当时的保险柜只是用铁环箍着的坚固厚木箱，这种古老木盒子的样品仍保存于英国 Chichester 大教堂（Cathedral of Chichester）。它有 9 英尺长，2 英尺高，2 英尺深，由 2 英寸厚的木板制成，约有 1000 年历史。这大概是留存至今历史最悠久的保险柜。在中世纪的欧洲绘画作品中，也偶尔能看到一种盛放金银珠宝，有金属包边的木质橱柜，此为保险柜的雏形。

18 世纪晚期，苏格兰的 Carron Co. 和英格兰的 Coalbrookdale 开始制造铸铁箱子和书柜。这是金属保险柜的发端，但基本沿用木器的榫接技术或整体铸造，无论从外观及工艺上都与当时的家具相仿，锁具的精密程度很低。19 世纪初，随着社会财富的增长，保险柜有了现实的市场需求，欧洲专门制锁的厂商开始转向保险柜行业。1818 年，Chubb 锁及保险柜制造工厂在伦敦成立。1825 年，法国 FICHE-BAUCHE 公司成立，这些厂商随后都开始制造保险柜。

早期商业化生产的保险柜的主要用户是银行、保险公司、政府档案馆及商业机构。保险柜由铸铁制造，采用铆接及榫接技术完成，箱体及门中加入铸铁肋条（门或单独制造），以增加强度，保险柜外观及锁拴貌似强大之外，锁及机构却相对简单，所以当时的保险柜只不过是一些貌似坚固的铁箱子，门板厚度一般是 1/2 英寸（12mm）。

18 世纪末至 19 世纪末，英国先后出现了以下知名的保险柜厂商：E.Tann & Sons、Chubb、Milner、George Price、Samuel Chatwood、Hobbs、Ratner & Hart。其中 Chubb 在 1833 年注册了防盗保险柜专利，之后高速发展成行业之泰斗，一直统治保险柜行业近百年，在这一百年中，绝大部分金融领域之世界知名企业，均使用 Chubb 的产品，甚至在中国最早开放的沿海城市香港、上海、广州等地的古老银行大楼中，至今仍可看到 Chubb 近百年历史的保险柜。

保险柜（箱）的发展一直是以其防火、防盗功能的开发为主线发展的。在英国的 Thomas Milner 开始制造防火保险柜之前，美国的 Jesse Delano 在 1826 年为防火保险柜的改进技术申请了世界上第一项专利。19 世纪早期，保险柜是用铁皮加固再配有挂锁的木箱，装在里面的财物对盗贼而言是"容易得来的钱"，他们很容易破坏锁具、砸烂或带走保险柜。为存放价值更高的物品，保险柜的防盗性能在持续提高，盗贼也在不断地"钻研"技术。这样就开始了保险柜制造商与"保险柜劫匪"之间的赛跑。这种"赛跑"有力地促进了保险柜产业的发展，也激励着人们直到今天都在保险柜的设计及工艺方面不断努力。

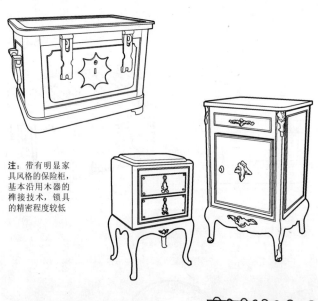

注：带有明显家具风格的保险柜，基本沿用木器的榫接技术，锁具的精密程度较低

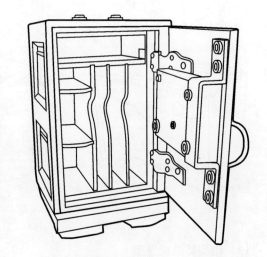

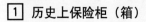

1 历史上保险柜（箱）

19世纪末,欧洲人利用瑞士钟表工艺技术,开发出转盘式密码锁,保险柜锁具的发展有了一个全新的突破,进入了机械无钥匙时代。锁具技术的发展也给保险柜带来巨大的发展空间,也为行业带来更多的品种。传统保险柜中,码盘锁与钥匙锁不可或缺,S&G 在 19 世纪 70 年代就发明了机械时间锁,定时已超过 100 个小时。20 世纪 60 年代后由半导体技术发展而来的电子密码锁,也为保险柜行业带来全新的面貌。而 20 世纪 80 年代发展起来的生物识别技术,又带来了指纹锁及掌纹锁;磁卡、IC 卡、无线射频技术等也派生了更多的保险柜产品。但是,直到 20 世纪六七十年代,保险柜的防盗防火性能才有了真正的测试标准,美国人以 Amsec 之企业标准为蓝本,设计了 UL 防盗及防火标准,而欧洲也以 UL 标准为主体设计了欧洲的防盗及防火标准,中国国家标准颁布于 1989 年,也是以 UL 标准为参考而制订。保险柜由 18 世纪开始发展至今,保险柜的结构似乎并无太大的变化,但迎合不同的使用环境及功能,细分出无数的种类,有的品种甚至已经背离了当初箱子的造型,而防盗、保安仍然是其基本功能。随着安防产业的高速发展,很多历史悠久的厂商已成为为经营多元化保安系统的企业。数字化、多元化、立体化的保安系统已经进入了人们的生活,但保险柜仍然是安防体系的一个重要组成部分,同时因为功能的细化,保险柜越来越广泛进入家庭。保险柜的绵长历史,仍将继续下去。

保险柜(箱)的分类

表 1

分类标准	类型	主要特征
按外形尺寸分	保险箱	箱体宽度不大于 450mm,箱体高度不大于 320mm,箱体深度不大于 300mm
	保险柜	超过保险箱规定的尺寸则属于防盗保险柜
按安全级别分	A1 类	应能阻止用普通手工工具、便携式电动工具和磨头以及这些工具相互配合使用,在净工作时间 15 分钟以内进入
	A2 类	应能阻止用普通手工工具、便携式电动工具、磨头和专用便携式电动工具以及这些工具相互配合使用,在净工作时间 30 分钟以内进入
	B1 类	应能阻止用普通手工工具、便携式电动工具、磨头、专用便携式电动工具和割炬以及这些工具相互配合使用,在净工作时间 15 分钟以内进入
	B2 类	应能阻止用普通手工工具、便携式电动工具、磨头、专用便携式电动工具和割炬以及这些工具相互配合使用,在净工作时间 30 分钟以内进入
	B3 类	应能阻止用普通手工工具、便携式电动工具、磨头、专用便携式电动工具和割炬以及这些工具相互配合使用,在净工作时间 60 分钟以内进入
	C 类	能阻止用普通手工工具、便携式电动工具、磨头、专用便携式电动工具、割炬和爆炸物及这些工具、材料相互配合使用,在净工作时间 60 分钟以内进入
按密码锁具分	电子保险箱、柜	通过键盘输入密码或以其他方式输入其他加密信息,与已设置的密码或其他加密信息比对后,控制机电执行机构完成开启、锁定动作的一种保险箱、柜
	机械保险箱、柜	通过机械密码装置输入密码,与已设置的密码比对后,才能使机械传动机构完成开启、锁定动作的一种保险箱、柜
按用途分类	通用保险箱、柜	一般都是单人使用,按外形尺寸规格的大小,分别为家庭、商务办公、金融系统所使用
	专用保险箱、柜	针对特定的使用对象、特定的使用要求而研制的,如宾馆酒店公寓使用的保险箱、大型超市、卖场使用的现金投币保险柜、公安武警部队贮存枪支的保险柜、古玩玉器珠宝行业使用的保险柜等

办公设备 [3] 保险柜（箱）

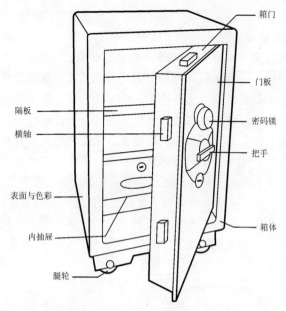

机械式密码保险柜（箱）

机械式保险柜（箱）是通过机械密码装置与钥匙控制开启、锁定程序，达到保护功能的。常见的机械式保险柜（箱）多用拨盘式密码锁。

拨码盘式全机械密码锁也是一种盒式机械密码锁，与美国生产的"沙金"、"洛加达"类盒式机械密码锁有相似之处：它们都是圆盘式机械密码锁、都有控制锁舌、都是同轴操作输入密码和开启锁舌。

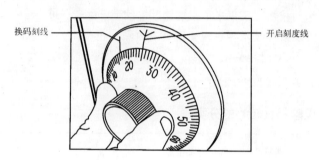

1️⃣ 机械式保险柜（箱）基本结构

 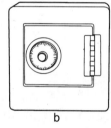 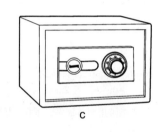 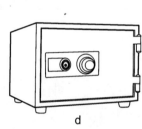

a　　　　b　　　　c　　　　d

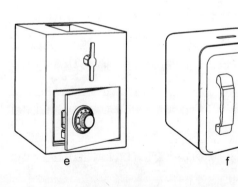 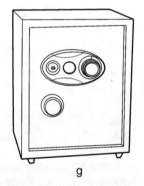 

e　　　　f　　　　g　　　　h

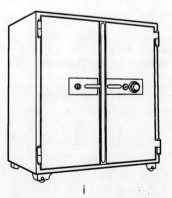 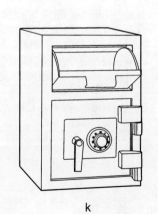 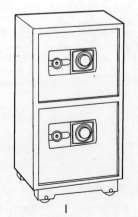

i　　　　j　　　　k　　　　l

2️⃣ 机械式保险柜（箱）造型

保险柜（箱） [3] 办公设备

电子式密码保险柜（箱）

电子式保险柜（箱）是通过电子方式控制开启、锁定程序，达到保护功能的。电子式密码保险箱有着密码输入便捷，开启使用方便，功能智能化，并可随时更改密码等诸多优点。

电子式保险柜（箱）按其输入方式可分为：密码输入式、磁卡输入式、指纹输入式、遥控输入式等几种；按显示方式可分为：LCD 液晶显示、LED 数码显示、指示灯显示；按机构开启方式可分为：电磁铁型和电机型两种。

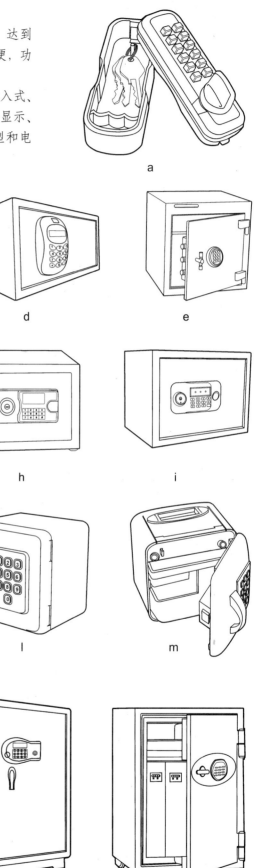

1 电子式保险柜（箱）造型

办公设备 [3] 保险柜（箱）

指纹式密码保险柜（箱）

指纹式保险柜（箱）是电子保险柜（箱）的一种，是通过输入指纹的方式达到控制锁定、开启目的的。指纹式保险柜使用手指而不是钥匙或密码，使用更方便、安全。

1 指纹式保险柜（箱）控制锁造型

2 指纹式保险柜（箱）造型

保险柜（箱） [3] 办公设备

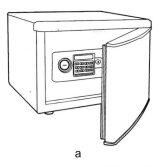
a

b

c

d

注：冰箱式保险柜（箱）具有设计人性化，外形美观的特点，容易与室内装饰形成统一

1 冰箱式保险柜（箱）造型

便携式密码保险柜（箱）

便携式保险柜（箱）是为随身携带贵重物品而准备的，由于是便携式，所以其体积显得较小巧、轻薄，在材料使用上也不再是密度较大的金属，代之以高强度的复合材料。便携式保险柜（箱）的锁具通常以电子式、数字式为主。

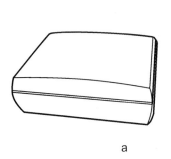
a

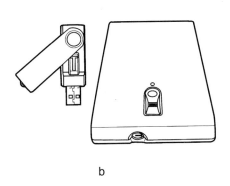
b

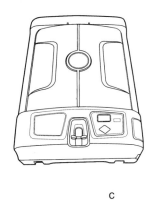
c

d

2 便携式保险柜（箱）造型

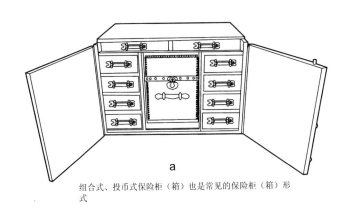
a
组合式、投币式保险柜（箱）也是常见的保险柜（箱）形式

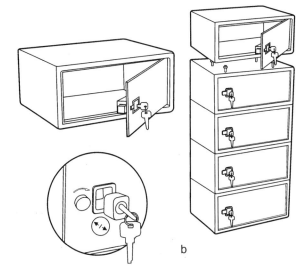
b

3 其他类保险柜（箱）造型

办公设备 [3]　台历

台历

台历原指放在桌上的日历。日历在中国具有悠久的历史。我国始有历法是在4000多年前，甲骨文的记载证明早在我国商殷时期就具有相当水平的历法。大约在1100年前唐顺宗永贞元年，皇官中已经在使用日历了。当时的日历又称皇历，不仅记录着日期，而且是编修国史的重要资料。随着后来的发展，人们把历书上的干支月令，节气及黄道吉日都印在日历上，并留下供记事用的大片空白。现在台历有商务台历、纸架台历、水晶台历、记事台历、便签式台历、礼品台历、电子台历、个性台历等。生产材料也由最初的纸板发展到金石、水晶、木材、塑胶、动物骨角等多种类型。

1　普通台历设计

注：组合台历一般会把办公桌上常用的文具、计算器、时钟以及温度计、湿度计等整合在一起，成为传统办公用品的一个完整系统

2　组合式台历设计

台历 ［3］办公设备

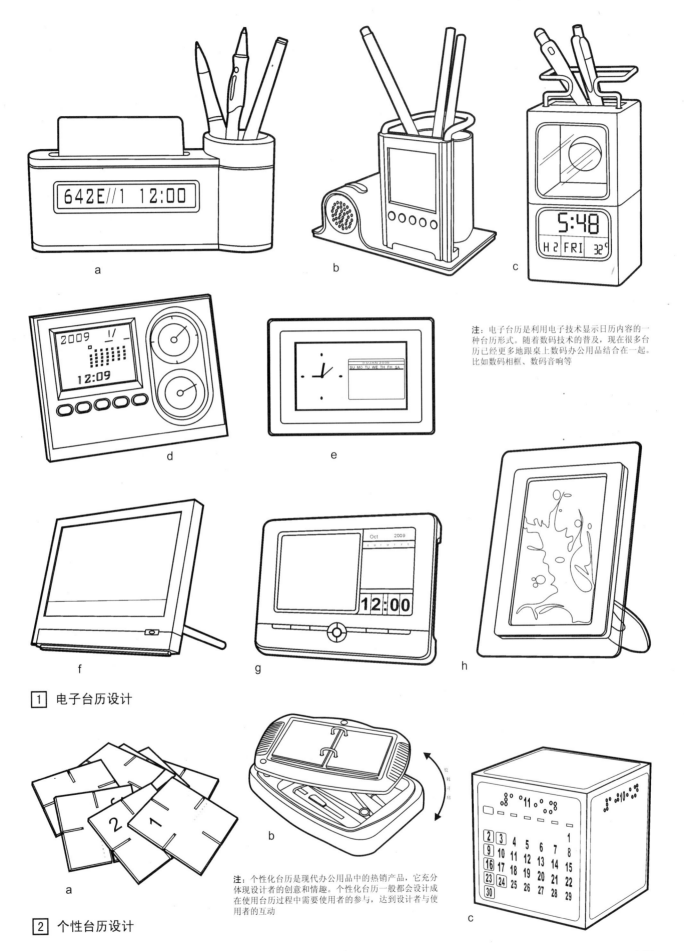

注：电子台历是利用电子技术显示日历内容的一种台历形式。随着数码技术的普及，现在很多台历已经更多地跟桌上数码办公用品结合在一起。比如数码相框、数码音响等

1 电子台历设计

2 个性台历设计

注：个性化台历是现代办公用品中的热销产品，它充分体现设计者的创意和情趣。个性化台历一般都会设计成在使用台历过程中需要使用者的参与，达到设计者与使用者的互动

办公设备 [3] 文件柜（架）

文件柜（架）

文件柜是一种用来分类存放纸质文档的办公室设备。一般它是由很多用来装文件的抽屉和外壳组成的。立式和桌面式是最常见的两类形式的文件柜。办公室文件柜通常是由金属薄板或木材制作，金属板一般是 0.3～3.66m 宽的板材圈。所用钢材具有良好的耐蚀性、耐热性、耐低温、高强度的特性，冲压、弯曲等热加工性能好。文件柜有可能因为无纸办公的推广而消失。然而，人们熟悉和偏爱纸质文件，至少在近些年，还需要继续使用文件柜。

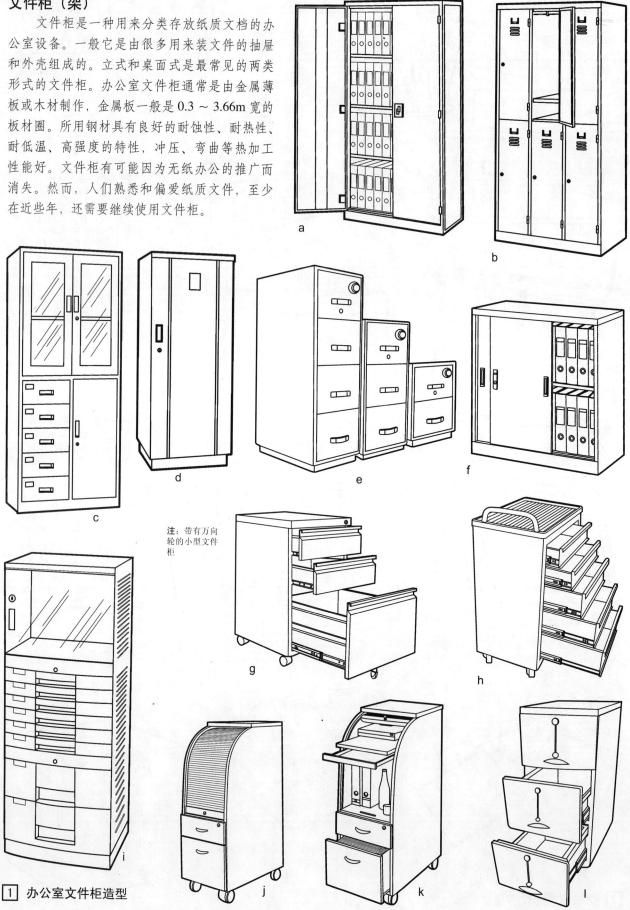

注：带有万向轮的小型文件柜

1 办公室文件柜造型

文件柜（架） [3] 办公设备

2 办公室桌上文件柜造型

办公设备 [3] 文件柜(架)

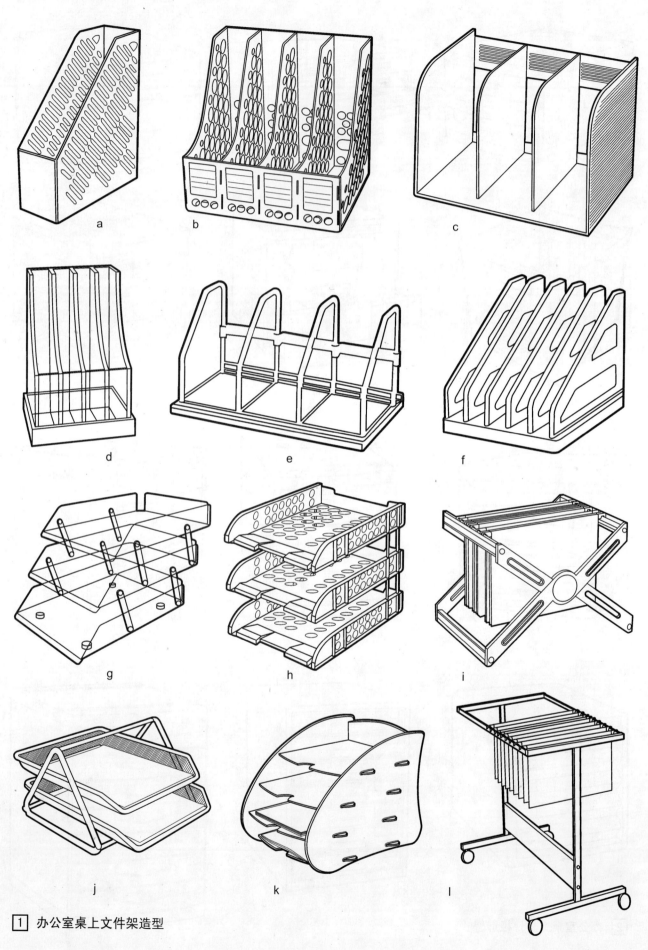

1 办公室桌上文件架造型

150

文件夹、文件袋　[3] 办公设备

文件夹、文件袋

文件夹(英文 Folder)是指专门用来盛装文件和资料的夹子，主要目的是为了更好地保存文件，使文件和资料整齐、规范。文件袋则是指盛装文件和资料的袋子，一般有盖。文件夹和文件袋的大小根据纸张的开度进行设计，常见的文件夹、文件袋的大小以 A4 纸张的有效尺寸为多。初期的文件夹制作材料有木板、纸板，现在的文件夹大多用塑料、皮革等制作。

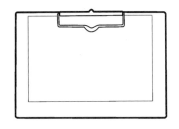

a　注：初期的文件夹就是在一块板上设置一个夹子固定文件

b

[1] 初期的文件夹

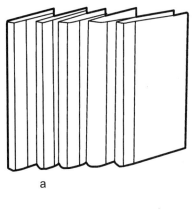
a

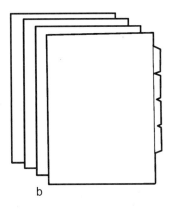
b

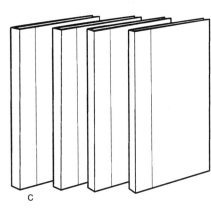
c

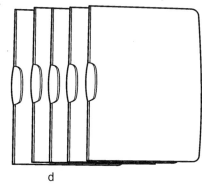
d

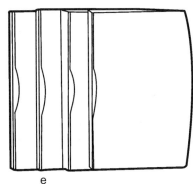
e

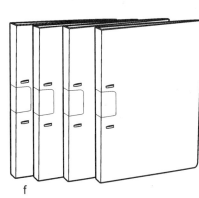
f

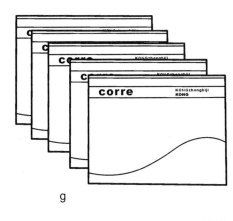
g

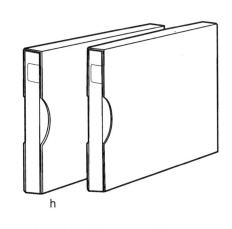
h

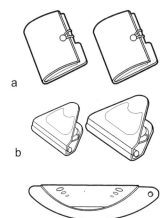
a

b

c

注：简易塑料文件夹大多为透明的文件夹，根据材料的不同，可以分为：透明 PP 文件夹、透明 PVC 文件夹。在简易塑料文件夹的设计中，夹紧装置的设计是设计的突破点

[2] 简易塑料文件夹设计

[3] 塑料夹设计

办公设备 [3]　文件夹、文件袋

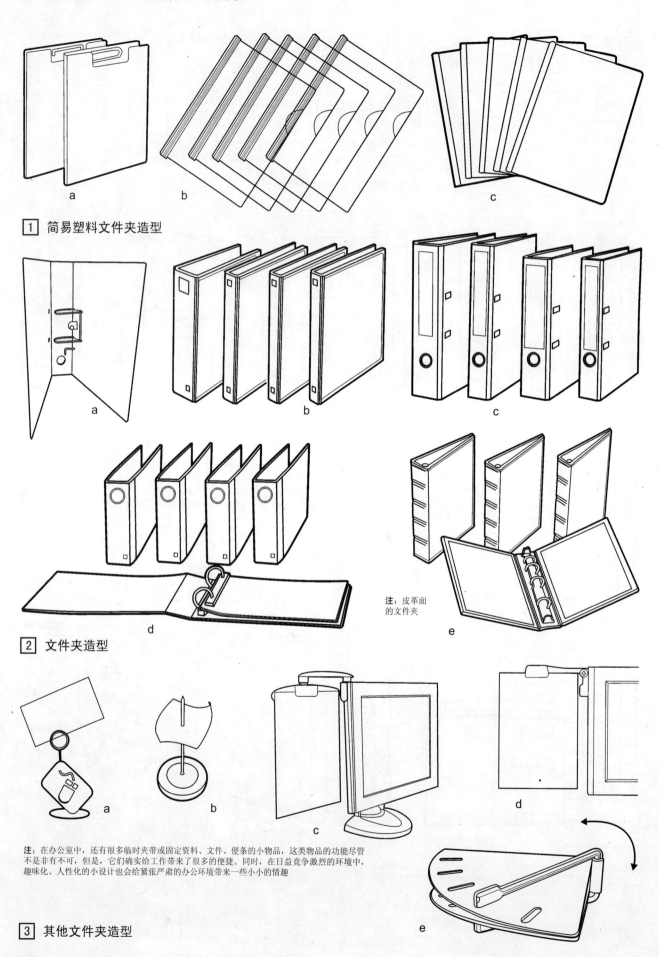

1 简易塑料文件夹造型

2 文件夹造型

注：皮革面的文件夹

注：在办公室中，还有很多临时夹带或固定资料、文件、便条的小物品，这类物品的功能尽管不是非有不可，但是，它们确实给工作带来了很多的便捷。同时，在日益竞争激烈的环境中，趣味化、人性化的小设计也会给紧张严肃的办公环境带来一些小小的情趣

3 其他文件夹造型

文件夹、文件袋 [3] 办公设备

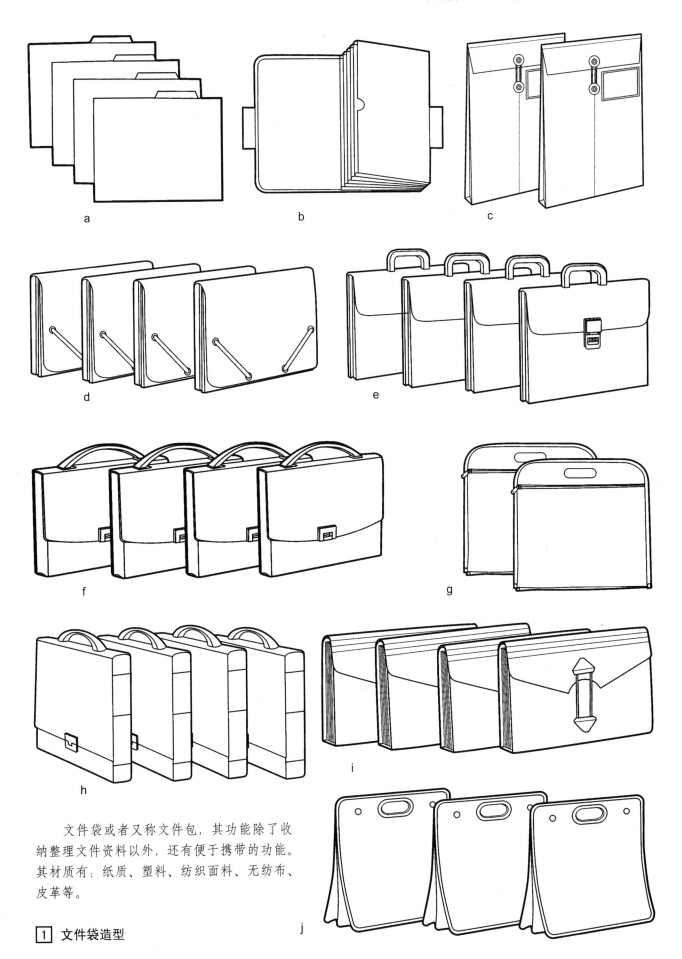

文件袋或者又称文件包，其功能除了收纳整理文件资料以外，还有便于携带的功能。其材质有：纸质、塑料、纺织面料、无纺布、皮革等。

1 文件袋造型

娱乐用品概述 [4] 娱乐用品的概念与范畴·娱乐用品的历史沿革

娱乐用品的概念与范畴

作为动词"娱乐"是欢娱快乐、使快乐的意思，如《史记·廉颇蔺相如列传》有"赵王窃闻秦王善为秦声，请奏盆缻秦王，以相娱乐"，叶圣陶的《倪焕之》中"又有什么可爱的议论音乐一般娱乐别人的心神么？"；作为名词"娱乐"指快乐有趣的活动，如《北史·齐纪中·文宣帝》有"或聚棘为马，纽草为索，逼遣乘骑，牵引来去，流血洒地，以为娱乐"，老舍的《骆驼祥子》中"他去擦车，打气，晒雨布，抹油……用不着谁支使，他自己愿意干，干得高高兴兴，仿佛是一种极好的娱乐"。总的来说，娱乐是人类展现生命乐趣、获得身心愉悦、追求精神解放的有效途径和方法。

娱乐是儿童心理与行为的重要内容与特征，也是原始人类追求生命乐趣、表达内心欢愉的手段与方法，所以娱乐是人的天性与本能。从个体来看，孩提的娱乐游戏体验会对一个人未来的成长产生重要的影响；从整体来看，自从人类诞生至今，各种形式与内容的娱乐活动一直与人类的生产、生活相伴，成为人类物质和精神生活的重要组成部分。

[1] 古代中国的娱乐活动：马球、蹴鞠

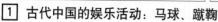

[2] 儿童的娱乐游戏活动

人类的娱乐活动非常丰富。一方面，不同年龄阶段有不同的娱乐活动，如婴幼儿喜欢藏猫猫、扮鬼脸、唱歌谣，而稍大些的儿童则对娃娃家、故事会感兴趣，另外，性别、经验、兴趣等因素的差异也会产生不同的娱乐需求，另一方面，不同地域环境、民族习俗、生活方式、文化传统等因素的影响造就了从形式到内容、从意识到行为的多层面、多元化的娱乐活动。同时，各种娱乐活动也更强烈、更典型、更普遍地反映了各种民族文化精神的本质，启发、培育和发展了不同民族的审美情趣、娱乐精神，极大丰富了人类的精神生活。

随着人类社会的进步与发展，娱乐活动在观念、内容和形式等各方面也发生了变化。现代人类娱乐活动更多地体现出技术性和时尚化的特征，并逐步形成娱乐产业，娱乐经济已经成为现代社会经济的重要组成部分。

娱乐用品是人在娱乐活动中使用的产品，如游戏、运动、戏剧、舞蹈、音乐、绘画等都是人类娱乐活动的重要内容与形式，这些娱乐活动中大部分需要借助于具体的、物质的媒介（如各种物品、道具、设施等）进行操作和实现，这些物品、道具和设施统称为娱乐用品。娱乐用品与交通工具、家用电器、服饰等产品领域一样是现代设计所关注的、具有独特设计意义和特征的部分。

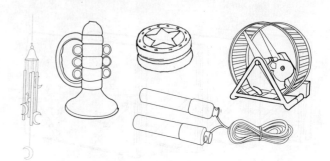

[3] 各种娱乐用品：风铃、喇叭、溜溜球、跳绳、宠物用品

娱乐用品的历史沿革

娱乐用品的历史悠久，是人类很早就拥有的物质和精神财富，自古至今，它的演变记载着劳动人民生活的变迁，从一个侧面反映了人类文明的历史进程。

从考古发现和发掘中可以看到许多早期人类的娱乐方式和娱乐用品。如在许多原始壁画、岩画上可以看到原始的舞蹈和发音工具；在中国浙江省河姆渡出土的骨哨距今已有7000多年的历史，而西安半坡村出土了6000多年前的乐器"陶埙"和玩具"陶球"、"石球"；从其他考古发掘的文物中还可以证实，在新石器时代已经有了笛、哨、埙、钟、磬、铃等乐器以及各种石质、木质玩具。

后来的殷商时代出土了许多家禽、家畜和人形的玩偶玩具，有些玩具还带有能吹响的哨子，而同时代已出现笙、竽、箫、五弦、十弦、古琴、瑟等乐器。秦汉以后至魏晋南北朝时出现了茄、角、管、箜篌、排箫、筝、阮、琵琶等乐器，而此一时期的玩具有早已流行的风筝、巧环、弹弓、多种材料的玩偶和围棋等，还有秋千、木马等大型的娱乐设施。而且当时的玩具制作已成为一种行业，玩具也成为市场上一种娱乐用的商品。

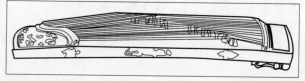

[4] 乐器

娱乐用品的历史沿革·娱乐用品的分类　[4] 娱乐用品概述

唐宋是中国商业经济和科学技术快速发展的时期，都市文化进一步提升，带动了娱乐用品的繁荣和发展，出现了专门制作娱乐用品的手工艺人，娱乐用品的种类、制作材料更趋向多样化，制作技艺更加精湛，典型的玩具有陀螺、空竹、走马灯等，还出现了用来自制玩偶的陶制模具。

娱乐用品的分类

玩具、游乐设施和乐器是娱乐用品的主要组成部分，经过长期的创造、积累、演变和传承，娱乐的内容、形式和娱乐用品层出不穷，丰富多样，对其进行分类成为一个复杂的问题，分类的角度、方法不同，结果也不同。

根据时代的差异可以将娱乐用品分为传统的和现代的两大类。传统娱乐用品多带有鲜明的地域特色和民族风格，如腰鼓、芦笙、马头琴等就是生活在不同地区、不同民族所特有的中国传统乐器，而由泥陶、竹木等自然材料手工制作的玩偶、风车、竹马、陀螺、高跷、毽子、秋千等都是传统民间玩具和游乐设施的代表；现代娱乐用品更多地体现现代高科技特色与时尚风格，如电声乐器、动漫周边玩具、电子游戏机等。

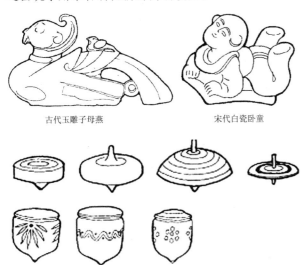

古代玉雕子母燕　　宋代白瓷卧童

1　传统陀螺造型

鸦片战争之后，西方的娱乐用品如西洋镜、八音盒、洋娃娃等玩具和西洋乐器开始更多地在中国出现和流传。

中国现代娱乐用品的生产开始于20世纪初，随着中国的民族工业的发展，出现了娱乐用品的制造商，如生产制造变音号和风琴、小提琴的乐器作坊或公司，生产制造发条动物、交通工具等镀锡铁皮玩具的工厂等。进入20世纪60～70年代之后，世界范围内娱乐用品的生产与消费，出现了蓬勃发展的趋势，中国拥有了更多的专业乐器生产企业，批量生产西洋乐器和中国特有的民族乐器，广受国内外消费者的好评。玩具生产也由小型手工业逐渐扩大为一个产业，各种益智玩具、电动玩具、电子智能互动玩具和现代载人电动车、电动船、回转木马等现代娱乐设施层出不穷。并相继成立标准化中心、安全检测中心、研究所、行业协会等组织。

在21世纪，随着人类文明向更高层次发展，娱乐用品表现出前所未有的积极和活跃，从品种、风格到涉及的领域都快速的发展变化，并且更具人性化、科学性和时代感。

2　娱乐设施

3　传统偶人与现代偶人

155

娱乐用品概述 [4]　娱乐用品的分类

娱乐用品还可根据其设计制造材料的不同进行分类。如中国传统乐器可以分为金类（包括钟、铃、锣等）、石类（包括磬、石鼓等）、丝类（包括琴、瑟、筝等）、竹类等，而布偶、皮影、木偶、锡兵、积塑、浪木等是用不同材料设计制作的玩具和娱乐设施。

根据操作和使用方式的不同也可以对娱乐用品进行分类。如西方的乐器一般按照演奏方法分为管乐器、弦乐器、打击乐器三大类，玩具及娱乐设施中有被动类、主动类、互动类等。另外，玩具还可以按照年龄人群分为成人玩具和儿童玩具，其中儿童玩具又可以分为1周岁以内的乳儿玩具、1～3岁的婴儿玩具、3～6岁的幼儿玩具、6～10岁的儿童玩具和10岁以上的少年玩具。按照玩具的状态可以分为静态和动态两大类，其中动态玩具包括弹力玩具、惯性玩具、发条玩具、电动玩具、音乐玩具和电子玩具等类型。

如果按照功能进行分类，玩具可以分为体育玩具、娱乐玩具、益智玩具、实用玩具、装饰玩具等。

1　各种偶型和器物模型的静态玩具

2　可以自主动手拼装或操作的动态玩具

3　传统儿童益智玩具：积木

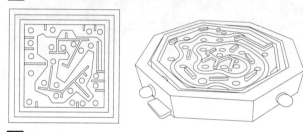

4　传统益智玩具：迷宫

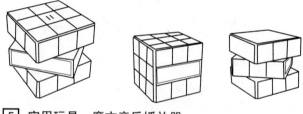

5　实用玩具：魔方音乐播放器

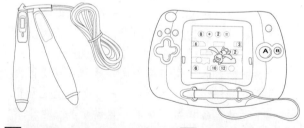

6　实用玩具：自动计数跳绳　　7　儿童电子娱乐学习机

本书的玩具部分的内容是按照玩具的外部形态特征和功能特点进行分类的，主要分为偶形玩具、器物玩具、认知玩具、手工制作玩具和游戏竞技玩具；娱乐设施部分是按照运动结构形式进行分类的，主要有垂直轴类娱乐设施、水平轴类娱乐设施、倾斜轴类娱乐设施、轨道类娱乐设施等，还有一些类型不能忽略，但不适合按照这种方式进行分类，所以单列为儿童娱乐设施和戏水类娱乐设施两部分。

乐器部分是按照中国乐器、外国乐器两大类进行分类编写的。

娱乐用品的设计 [4] 娱乐用品概述

娱乐用品的设计

人类发明创造了各种生产、生活工具和用品以满足自身物质与精神的需要，其中就包括娱乐用品。娱乐用品就是人们从事娱乐活动的工具，娱乐用品的设计和其他类型产品的设计一样，在设计规律、原则和方法上大同小异，但与其他产品相比，娱乐用品涉及的领域、表现出的产品特性和设计的目标、相关因素等又具有不同的侧重点和独特之处。

由于娱乐用品涉及的领域非常广泛，从过去到现在、从具体到抽象、从有形到无形，可以说是一个微缩的人类社会，而且娱乐用品还创造了现实中不存在的、梦幻和未来的世界，满足了人类在物质和精神两方面美好的愿望和追求。娱乐用品的设计要能够自由穿梭在现实、非现实的层面，深度融合物质和精神的需求，实现传统和现代的共享，因此娱乐用品的设计与众不同。

娱乐用品的特性是娱乐性、教育性和安全性。娱乐性要求产品有趣味、好玩，能够给消费者带来身心的放松、愉悦和快乐；教育性要求产品有利于增长知识、有利于培育健全的人格和素养，能够促进智力、技能的开发；安全性要求娱乐用品面对不同类型的消费群体应避免可能的伤害。所以娱乐性、教育性和安全性是娱乐用品的设计目标。除此之外，娱乐用品的设计还与文化艺术、科学技术等因素密切相关。

1. 娱乐用品的设计是人类文化具体而典型的体现

宗教和民俗是民族文化艺术的重要组成部分，与娱乐用品的产生有直接的关系。例如民族宗教信仰的崇拜活动、神话传说都直接或间接演变成娱乐活动形式和用品，民俗中的节令礼仪、族规民约、民间艺术等也都是娱乐用品的缘起和主要题材，因此娱乐用品成为各种民族文化最本质特征的反映。随着人类社会的现代化和全球化，各种民族文化间的交流和融合日益增强，尤其是经济的全球化使流行文化和消费时尚突破地域和民族文化的疆界成为大众追逐的目标，娱乐用品的文化特征开始表现出二元分化，娱乐用品的设计作为时尚流行产品设计的重要组成部分，紧跟世界潮流和市场消费需求的变化，同时也始终坚持立足于深厚的传统民族文化，从中汲取营养，不断尝试从更多、更深的角度和层面展示传统文化的魅力，赋予其新的、现代的形式、意义和价值。

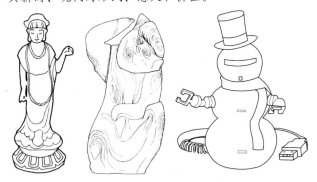

1 民俗文化玩具

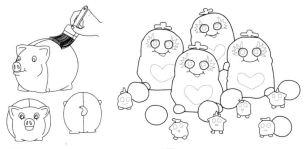

2 民俗玩具：扑满　　3 时尚文化玩具

2. 科学技术的成果为娱乐用品的设计提供支持和条件

纵观娱乐用品的发展，同样证明了科学技术对娱乐用品设计的重要性。例如凭借内部机械装置的运转而产生各种动作的机动玩具，最早就利用了水、砂等重力造成势能释放的原理设计制造玩具，在中国古代有利用惯性机械原理的竹蜻蜓、陀螺，利用空气动力的风车、走马灯等玩具，后来还有运用现代光学原理设计制造的望远镜、万花筒。

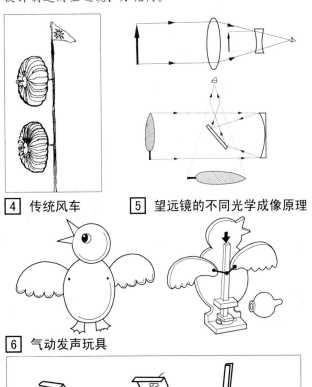

4 传统风车　　5 望远镜的不同光学成像原理

6 气动发声玩具

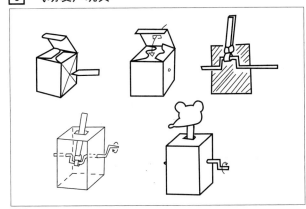

7 自制简易活动玩具

娱乐用品概述 [4]　娱乐用品的设计

随着发条、微型电机和各种电子元器件的应用，机动玩具的设计更加精巧和多样化，并且通过设计将外观造型、内部机构动作和声、光、色等辅助功能更完美统一，使玩具的设计制造趋向标准化、系列化和小型化。现在机动玩具已经包含了惯性玩具、发条玩具、电动玩具和弹力玩具、磁力玩具等多种类型。例如采用推惯性、揿惯性、拉惯性、摇惯性等技术设计制造的各种动态玩具经久不衰。

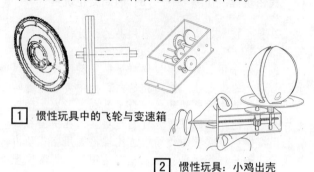

1 惯性玩具中的飞轮与变速箱

2 惯性玩具：小鸡出壳

3 发条玩具：老鼠、跳蛙　　4 旋转发条机构

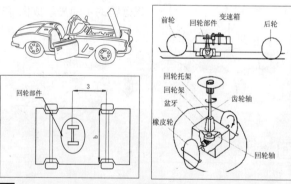

5 发条回轮玩具：外形以车辆为主。将玩具紧压地面并往后拉，使后轮转动而把发条上紧，松手后车辆就向前行驶

6 电动玩具：会说话的娃娃及内部机构　　7 电动卡通造型玩具

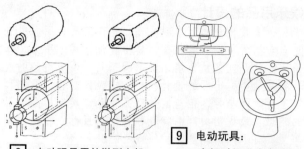

8 电动玩具用的微型电机　　9 电动玩具：会报时的猫头鹰时钟

尤其是现代合成材料、新能源、电子智能等科学技术的突飞猛进更是为现代娱乐用品的设计提供了强有力的支持和促进，极大地提高了娱乐用品设计的可能性和可行性。例如现代电子娱乐用品的设计，其中电子控制类主要应用了声控、光控、磁控、遥控和电磁感应控制、超声波、红外线等控制技术；电声类主要应用了有线或无线通信、扩声和拟声拟形等电子技术；而电子游戏类娱乐用品更是创造性地应用了现代数字和多媒体技术，创新设计了电子九连环、电子迷宫、家用电视游戏机和许多大型电子游戏娱乐设施。

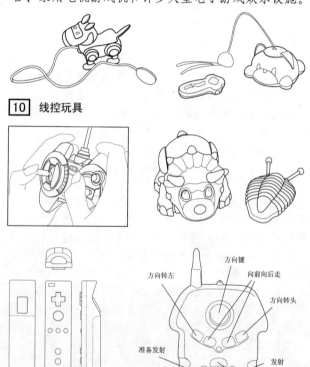

10 线控玩具

11 遥控、游戏玩具与控制器

娱乐用品不仅与文化艺术成就和科学技术成果密切相关，而且在人们的日常生活中扮演多种重要的角色。例如少年儿童通过玩具进行各种游戏，在游戏中认知世界、学习知识，为将来的生活作准备，娱乐用品是他们健康成长的必需，更是形影不离的伙伴；而多数的成年人借助娱乐用品放松心情、缓

娱乐用品的设计 [4] 娱乐用品概述

减生活工作中的压力，通过娱乐用品进行人与人的沟通、交流，传递信息和情感而且伴随着人类文明的发展进程，娱乐本身在思想与观念、形式和方法上一直不断的发展变化，娱乐用品及其设计的概念和内涵、作用和意义也与过去有很大的不同。

人类早期的娱乐活动和娱乐用品往往始于宗教信仰或民俗礼仪的需要，大多扮演双重甚至多重角色，更多地反映人类生存的哲学和原始人性的特征；逐渐演化形成的传统娱乐用品开始具有较为鲜明的游戏、娱乐特性，并且表现出相对的独立性和系统性，其设计更多地关注社会生产及生活的实际需要，是人类物质与精神需求自然流露的结果，而且人民大众既是娱乐用品的设计者、制造者，又是消费者和传播者，因此从某种意义上说是一种群众性的自娱自乐的过程，代表了各民族集体的精神与气质，具有鲜明的地域性和民族文化特征。

现代娱乐观念和娱乐用品的设计从启蒙开始就受到更多人士的关注。如《教育漫谈》中认为"凡是一个善于享受生活的人就应该把一大部分的时间用在休闲娱乐运动上"；《爱弥儿》中提出回归自然、反对华丽、精致的玩具，提倡自然的玩具；《为德国青少年的艺术教育》中强调了玩具激发孩子对艺术感知能力的艺术教育的重要性；现代设计的摇篮——包豪斯设计学院也非常关注娱乐用品的设计，代表作品有包豪斯积木、西洋棋、陀螺等。

随着全球化带来的市场一体化，消费时尚的流行，现代娱乐用品及其设计不仅打破了固有的传统模式，而且形成了多种风格与流派。例如具象造型风格的兵偶玩具，写实再现了男性力量和英雄形象，是现代人审美情趣和标准的典型表现，是普通人梦想的实现和满足，具有很强的感染力和亲和力；而意象造型风格的玩具则通过夸张、变形、臆造等方法创造出具有内涵独特、个性突出的玩具造型，具有超现实主义特征，充分发挥了设计师的个性感受和创造力。

展望未来，娱乐活动和娱乐用品将会在人类社会生活中占有更加重要的作用，娱乐用品的设计也将面临更多的机遇和挑战。未来人类个体与整体的全员性、多元化需求，要求娱乐用品的设计不只是追求外观造型多样化和基本的娱乐、教育和安全的特性，还要求娱乐用品可以辅助生理、心理调节与治疗，可以用多种方式表达和传递思想、情感，可以担当心理安慰、精神寄托和成长伙伴等多种角色。未来科学技术的发展会为娱乐用品的设计提供更多的支持，创造更多的可能性与机会，与高新科技的结合，充分发挥能源、材料、电子和多媒体技术的作用以实现娱乐用品与人多层面、多方位的交流与互动，并提高双方交互的主动性、协调性和自由度，也将更注重对传统娱乐用品设计理念、设计技艺的传承与创新。

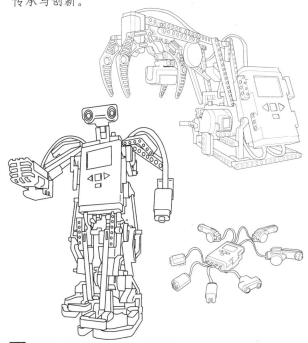

[2] 拼装变形遥控机器人玩具

[1] 现代个性玩具造型

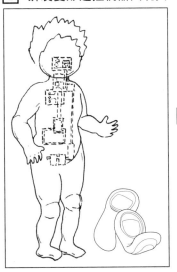

[3] 现代智能玩偶与传感器

[4] USB鱼缸：电脑控制喂食

[5] 现代数字游戏机

玩具 [5]　非机动偶形玩具

非机动偶形玩具
泥陶玩偶

泥陶玩具简称"泥玩",是典型的手工艺产品。泥便于塑形,而且容易得到,因此泥陶玩具不仅产量最大、分布地区最广,也最为人们所熟悉。世界各国出产泥陶玩具的地方很多,造型风格差异也很大。

中国传统的泥陶玩具多来自于民间艺人的创造,分"细货"和"粗货"两类。"粗货"多动物类形象,主要供儿童们娱乐、玩耍,也称"耍货";"细货"常作为室内陈列、欣赏的装饰品或收藏品。虽然中国不同地区的泥陶玩具各有特色,但总体造型风格上都具有率真、质朴的品质和特点,其创作原则可以归纳为以心写神,即抓住对象的"心绪"和"情节"来表现。

民间泥陶玩具的成型方法有手捏成型、模印成型和半捏、半印成型。陕西凤翔的泥陶玩具多为粗货,模印成型;江苏无锡"惠山泥人"的"手捏戏文"是手捏成型的典范,也是"细货"的代表。

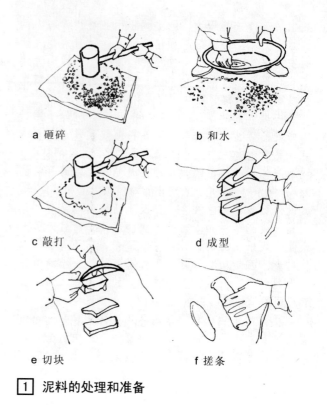

a 砸碎　　　　　b 和水
c 敲打　　　　　d 成型
e 切块　　　　　f 搓条

[1] 泥料的处理和准备

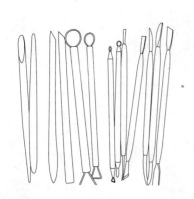

[2] 泥陶玩偶的常用工具

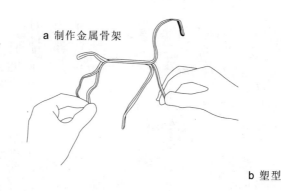

a 制作金属骨架
b 塑型

[3] 手捏泥陶玩偶的制作

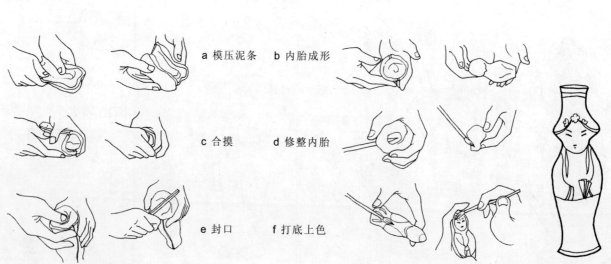

a 模压泥条　b 内胎成形
c 合摸　　　d 修整内胎
e 封口　　　f 打底上色

[4] 模印泥陶玩偶的制作

河南浚县泥玩相传为瓦岗军纪念阵亡战友所作，造型夸张幽默，生动活泼，自然通俗。造型以神话传说、戏曲故事、生肖动物为主。

淮阳泥玩伴随着祭祀人祖伏羲和女娲的民俗而诞生，造型古拙怪诞，多为"人面猴"、"九头鸟"、"人头狗"等奇禽异兽，色彩绚丽、多为黑色底上点画大红、黄、白、绿、桃红色图案表现人类生命意识和种族繁延。

a 浚县泥玩"骑马人"

b 淮阳泥玩"九头鸟"

c 淮阳泥玩"背猴"

d 淮阳"人面猴"的造型与纹饰

[1] 河南淮阳、浚县泥陶玩偶造型

江苏无锡惠山泥玩相传已有四百多年历史，造型简朴、完整、单纯、具有装饰性，主要分为以纯手捏成型的（戏曲）人物为代表的"细货"和以半捏半印的动物形象、神话形象"大阿福"为代表的"粗货"。丁阿金（原名丁兰亭）和周生观（原名周阿生）是清末无锡惠山泥玩杰出的"细货"艺人代表。

a 无锡惠山泥玩"手捏戏文"

b 无锡惠山泥玩"团阿福"

c 无锡惠山泥玩"大阿福"

[2] 江苏无锡惠山泥人造型

玩具 [5] 非机动偶形玩具

天津清道光年间泥人张的泥玩造型善于表现人物动态，夸张合理，色彩写实，具有现实主义艺术特色和讽刺意味。北京清光绪年间的泥玩造型以人物为主，富于浪漫气息与幽默感，色彩丰富亮丽。

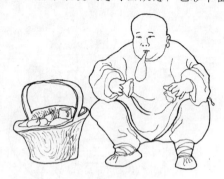

a 天津泥人张泥玩

兔儿爷是旧京中秋应节应令的儿童玩具。人们按照月宫里有嫦娥玉兔的说法，把玉兔进一步艺术化、人格化，乃至神化，用泥巴塑造成各种不同形式的兔儿爷。造型富于浪漫气息与幽默感，色彩丰富亮丽。

b 老北京兔儿爷

1 京津泥玩造型

山东高密聂家庄的泥陶玩具相传起源于明代隆庆、万历年间，题材以十二生肖等动物为主。高密泥玩有许多都可以发声，俗称"泥叫叫"。其造型概括、夸张，注重神似，风格粗犷、大气，多用桃红、粉紫、绿黄等亮丽、鲜艳色彩进行点染，并以墨色、金色进行勾点，整体色彩效果醒目火爆。

a 高密泥叫鸡　　b 高密泥叫虎

c 山东猫头鹰偶　　d 山东力士偶　　e 山东腰鼓偶

2 山东高密等地泥玩造型

浙江嵊县的泥陶玩具盛行于民国前，其造型简洁洗练、生动细腻，以夸张变形的写意风格为主，表现喜庆吉祥气氛和文雅、趣味的情调。

浙江嵊县泥陶玩具的题材多取自神话传说、古典名著、戏曲人物，如：乔太守、梁山好汉、京剧脸谱和钟馗等。

嵊县泥娃娃

3 浙江嵊县泥玩造型

非机动偶形玩具　[5] 玩具

陕西凤翔泥玩相传起源于西周先秦时期，造型生动活泼，展现淳朴民风，色彩多大品绿大品红，多为动物形象，尤以挂虎、坐虎为主。

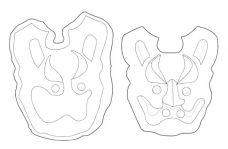
a 凤翔泥挂虎模具

b 凤翔泥挂虎

c 凤翔泥坐虎

1 陕西凤翔泥塑造型

英国、法国、俄罗斯等世界许多国家的泥陶玩具的历史也非常悠久，题材多样，有不同民族的人物形象以及各种动物形象，并且造型风格各异，具有很强的传统民族文化特征。

其中法国的彩釉陶塑、爱尔兰的彩绘陶塑、波兰的花釉陶塑等多人物形象，造型风格稚拙、淳朴，而乌兹别克斯坦、俄罗斯、墨西哥等国的泥陶玩具造型夸张、怪诞，具有很强的趣味性和幽默感。

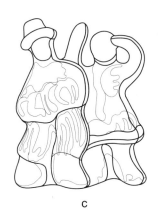

a　　　　　　b　　　　　　c

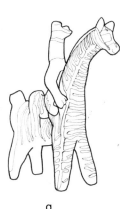

d　　　　　　e　　　　　　f　　　　　　g

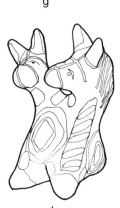

h　　　　　　i　　　　　　j　　　　　　k

2 国外泥玩造型

玩具 [5] 非机动偶形玩具

竹木玩偶

以竹木材料为主制作的玩具价廉物美，品种繁多，出现于历史发展的各个阶段，是玩具中的一大门类。竹木玩具中有外观精美的装饰陈设玩具，还有结构精巧的可活动玩具。竹木玩具设计制作充分利用材质的形态、结构和特性，大多运用雕刻、拼插或编结等技术成型。

竹木玩具造型各异，包括人物、动植物、交通工具和日常用品等，造型风格有传统的写实仿真，也有民间的夸张变异等类型。尽管由于科学技术的发展，玩具的新材料不断出现，但竹木玩具牢固耐玩、安全卫生、淳朴自然的优良特性使其至今仍然受到儿童和成人的普遍喜爱，是现在玩具市场上重要的一类玩具产品。

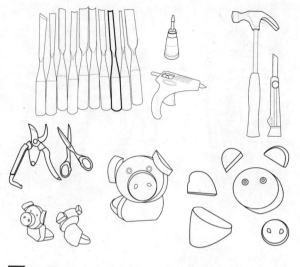

[2] 简单竹木玩偶的手工制作与常用工具

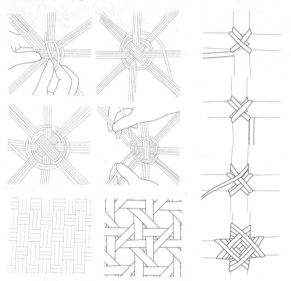

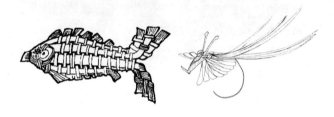

a 广东新会竹编鱼   b 竹叶编结的凤凰

竹编玩偶是中国传统的玩具品种。竹编玩偶的设计制作充分利用竹材的特性，对竹片或竹丝进行编结，以经纬编织法为主，还可以穿插各种技法，如：疏编、插、穿、削、锁、钉、扎、套等，使编出的图案和造型变化多样。有的要保持竹子本身自然色泽，有的还需要进行染色加工。竹编玩偶不仅结实耐用，富有弹性，而且物美价廉，还可以用水清洗保洁。

[1] 竹编玩偶的手工编制方法与造型

注：这是中国传统的民间儿童玩偶，其典型的式样是用一根竹杆，在一端装置有马头模型，有时另一端装轮子，孩子跨立上面，假作骑马

a 竹马   b 北京竹节玩偶   c 竹根雕刻玩偶

d 竹龙

用细竹筒或竹片做成的竹龙样式很多，在中国的山东、河南以及江浙一带都有分布。竹龙的造型似蛇，所以又称"竹蛇"，由若干竹节以活轴连接而成。利用"失衡自动"的原理，形成竹龙左右摇摆、活动自如的动作形式。

[3] 竹制玩偶造型

非机动偶形玩具 [5] 玩具

1 木制玩偶造型

玩具 [5] 非机动偶形玩具

注：套娃是俄罗斯特产木制玩具，一般由多个一样图案的空心木娃娃一个套一个组成，最多可达十多个，最普通的图案是一个穿着俄罗斯民族服装的姑娘，叫作"玛特罗什卡"，这也成为这种娃娃的通称。随着时代发展，套娃形象越来越宽泛

a　　　b　　　c

1 俄罗斯木制套娃的造型

中国传统木制玩偶在我国有着悠久的历史，据说可以推及到我国的战国时期。在宋代，上至皇室，下至平民百姓都喜欢看"木偶戏"，于是出现了大量的活动性木质玩偶，形成丰富多彩的木质玩偶。如鸡啄米，跟头猴，打鼓人，木鸟车和陕西洛川、关中的木片人物，河南浚县的旋木玩偶等都是其典型的代表。

注：陕西关中一带农村儿童喜欢玩"活动骑马人"的木制玩具，由儿童自己操纵长矛、战马和将军，战马和将军的所有关节都是用细绳串联组装成的活动部位，并伴以冲杀、叫喊，进行战斗、拼杀的体验游戏

a

  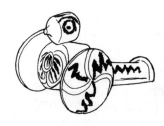 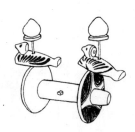

注：削木人形的造型很有特色，简洁而生动。反映的主题多是劳动群众生产劳作中常见的景象与场面，是对劳动与创造的肯定与张扬

注：汉朝已经有了鸟车造型，木鸟车保存鸟的身体特征，而鸟的双脚或翅膀则由车轮代替，造型巧妙奇特，并装饰各种适合的图纹和鲜艳的色彩，无论静态还是动态都具有突出的视觉效果

b　　　c　　　d　　　e

  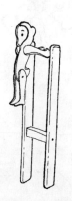 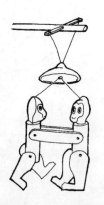 

注：木偶起源于周，是由木俑的形式演变而成。三国时，马钧制作的木偶纤巧细腻，玲珑剔透，能表演多种技艺。唐代有人"刻木为尉迟鄂公，突厥斗将之戏，机关动作不异于生"。两宋时期木偶戏种类繁多，有杖头木偶、悬丝木偶、药发木偶、水上木偶等，盛极一时。木偶戏发展至今，在传统设计制作和表演技艺的基础上不断革新，成为儿童最喜爱的娱乐活动与玩偶

注：福建漳州木偶

f　　　　　　　　　　　g

2 中国传统活动木偶造型

非机动偶形玩具 [5] 玩具

1 国外传统活动木偶造型

2 线控木偶的操作

3 线控木偶造型

注：提线木偶在世界许多国家和地区都有，是线控木偶的主要类型。在我国把提线木偶也称为"线猴"，把木偶戏称为"线戏"。提线木偶的各个活动关节部分都有线相连，木偶戏的表演方法主要就是通过提线使偶人做出走、跑、跳、坐、打斗、腾空等难易不等的复杂动作，动作栩栩如生、惟妙惟肖

167

玩具 [5] 非机动偶形玩具

布绒玩偶

布绒玩偶是用各种织物、皮革、毛绒、等原料通过剪裁、缝制、装配、填充、整型等工序而制作的玩具，具有柔软、安全、卫生等特点。在很早以前的古中国、古罗马等地就出现过布绒玩具的雏形，传统布绒玩偶的形象以布娃娃、布老虎、绒毛熊等为主。在120年前开始了真正意义上的布绒玩具设计，到了20世纪，布绒玩具玩具行业蓬勃发展起来。现代布绒玩偶多采用卡通形象，还有可操作、表演的手动玩偶，可通过摇动、按动发声的玩偶和具有一定实用功能的枕头、背包形玩偶。

a 辅料
b 梯形缝制法　　c 工具
d 半重复式缝制（半倒针缝）

① 手动布偶的玩法与造型　　② 布绒玩偶制作的常用工具与基本方法

③ 传统布绒玩偶造型

在中国民间广为流传的布老虎是我国布绒玩偶的代表，民间盛行给满月、百天、周岁的儿童做布老虎，或者用雄黄在儿童的额头画虎脸，寓意健康、强壮、勇敢。布老虎的形式多种多样，有单头虎、双头虎、四头虎、子母虎、枕头虎、套虎等。

由于我国各地区、各民族风俗习惯不同，民间布老虎没有统一的规格式样，心灵手巧的妇女们因手头材料的不同，随自己的审美观念创造出了形态迥异的布老虎，有的稳重而宁静，有的活泼而乖巧，但夸张、变形是共同的特点。

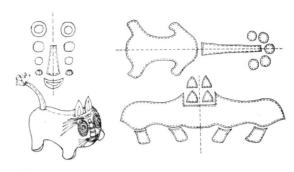

[1] 布老虎的设计制作

[2] 中国传统布老虎造型

玩具 [5]　非机动偶形玩具

国外布绒玩具设计有着悠久的历史，在很早以前的古罗马等地就出现过布绒玩具的雏形，最早开始生产现代布绒动物玩具的是德国，其中最有代表性的是布绒熊。

熊是众多西方国家民众最喜欢的动物形象之一，现在世界各地有非常多的制造商、设计师从事布绒熊的设计制造和销售，形成了多种布绒熊的设计风格与品牌，其中较早的品牌拥有150多年历史。

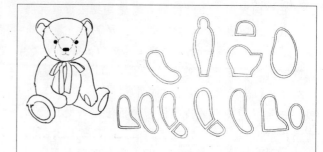

注："泰迪熊"是家家户户耳熟能详的玩偶名字。是以美国前总统罗斯福的小名命名的毛绒熊玩偶。
步骤：①纸样制作；②裁布；③缝制身体各部位；④制作鼻子、眼睛和嘴；⑤填充棉料；⑥加工爪子。
耗料：中等玩具（约18～25cm），主料为60″幅长毛绒或起绒布约0.13米/个；主料为58″幅针织布约0.152米/个；主料为44″幅T/C布约0.213米/个。腈纶棉均耗100g

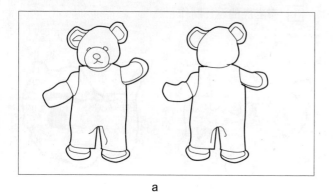

a

1 布绒熊的制作

b　　c　　d　　e　　f

g　　h

现在，泰迪熊已发展为几乎所有绒毛玩具熊的统称。严格来说，只有1903～1912年间制造出来的熊才能称为泰迪熊。

泰迪熊在世界各地有非常多的制造商、个人设计师，其品牌、设计风格、价格也不太相同。其中Steiff是目前世界上最具有收藏价值的泰迪熊品牌。

i　　j

2 国外布绒熊偶造型

非机动偶形玩具 [5] 玩具

注：现代布绒玩偶也有众多风格和造型，其中卡通造型的布绒玩偶多取材与动漫角色，延续其风格与特色，成为动漫周边产品的一部分。还有一些是传统布偶的设计风格的演化，更具时代感和时尚性，同时也更加强调玩偶的性格设计和塑造

1 其他布绒玩偶造型

玩具 [5]　非机动偶形玩具

金属玩偶

金属玩偶源于19世纪欧洲工业革命时期，开始多用白铁皮（即镀锌铁皮）制造小型玩具。早期的铁皮玩具制作方法比较繁复，需要先做一个木模，然后将铁皮覆于其上，打成各部分的形状，再嵌上机动零件，把铁皮各部分连接起来，通常是人工上漆，附加色彩和图形。到了19世纪末，铁皮玩具开始用机器制作，而且可以将色彩和图案直接印在铁皮上，逐渐代替手绘，但是仍然需要人工补色。后来改用彩色石印术，色层增多，更有深度，花纹也更细致了。

20世纪50～70年代是铁皮玩具的黄金时代，各种造型的铁皮玩具充分显示了当时对科技的认知以及科技发展的日新月异。现代金属玩偶的材料非常丰富，有各种合金材料包括钛合金、钨合金、铂合金、锌合金以及稀有的液态超合金，还有以废旧金属及机器零件作为原料来制作的别具一格的各类玩偶。

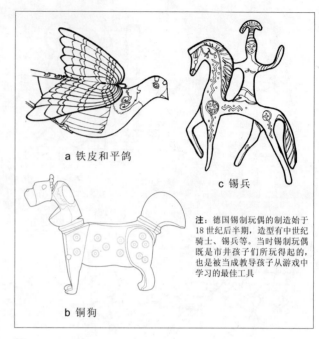

a 铁皮和平鸽　　c 锡兵　　b 铜狗

注：德国锡制玩偶的制造始于18世纪后半期，造型有中世纪骑士、锡兵等。当时锡制玩偶既是市井孩子们所玩得起的，也是被当成教导孩子从游戏中学习的最佳工具

[1] 传统金属玩偶造型

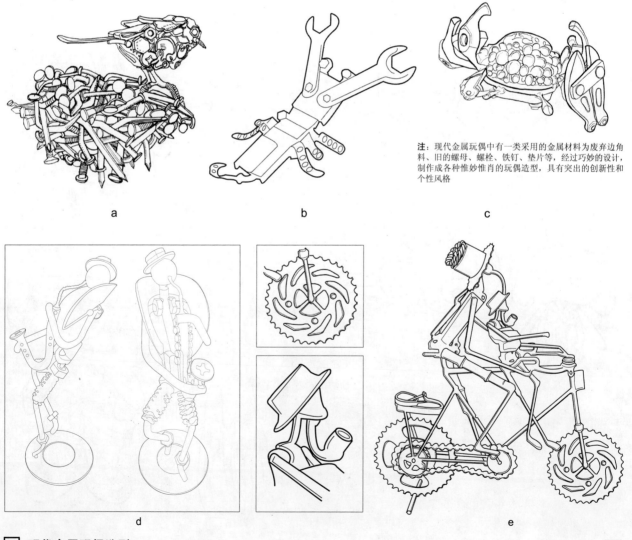

注：现代金属玩偶中有一类采用的金属材料为废弃边角料、旧的螺母、螺栓、铁钉、垫片等，经过巧妙的设计，制作成各种惟妙惟肖的玩偶造型，具有突出的创新性和个性风格

[2] 现代金属玩偶造型

非机动偶形玩具 [5] 玩具

注：随着科学技术的飞速发展，现代金属材料在工艺、技术方面也有很大的选择性，为金属玩偶的设计提供了更好的条件和基础

a

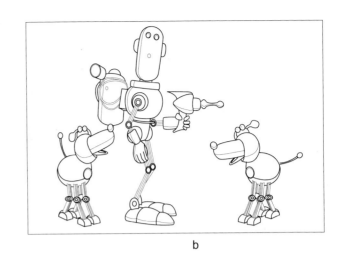

b

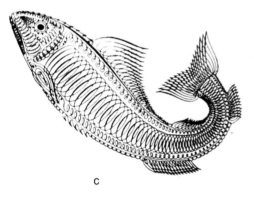

c

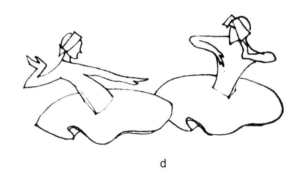

d

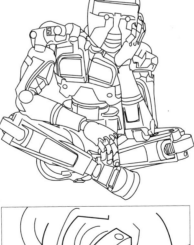
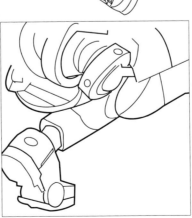
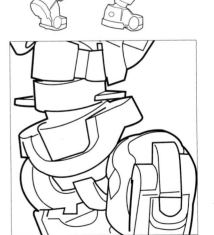

e

1　现代金属玩偶造型

玩具 [5]　非机动偶形玩具

纸制玩偶

纸制玩偶以各类纸张为素材，利用纸张的厚薄、软硬、刚柔等特性，对纸张进行曲折、凹凸、剪裁、粘贴或对纸浆进行塑雕来构成所需要的造型，并辅助以彩色的平面图形设计制造出具有丰富视觉效果的装饰陈设玩偶和灵活多变的活动玩偶。

中国传统的纸制玩偶造型夸张传神、色彩明快鲜艳，"翻花龙"就是典型的民间纸制玩偶。

1 纸浆玩偶造型

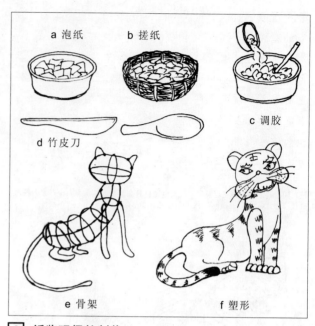

2 纸浆玩偶的制作

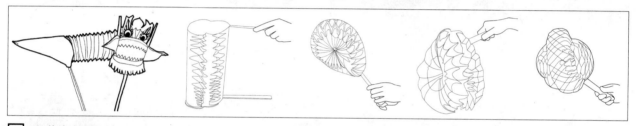

3 翻花龙的造型与玩法

4 纸制玩偶造型

非机动偶形玩具 [5] 玩具

塑胶玩偶

塑胶是一种现代合成材料，大多使用高档的PV无发泡树脂或者PVC软胶作为原料，加工方便，具有可塑性和弹性，而且强度好、质轻。塑胶材料广泛应用于各类玩具的设计制造，这类玩具从花草虫鱼、飞禽走兽到人物、器物等题材相当广泛，造型以写实和卡通风格为主，色彩丰富逼真，深受人们喜爱。

① 塑胶玩具制作常用手工工具

a　　b　　c　　d　　e　　f　　g　　h　　i

② 塑胶玩偶造型

玩具 [5]　非机动偶形玩具

注：糖胶是塑胶合成材料的一种，以乙烯为基本原料，通过旋转注塑成型，糖胶是一种空心胶，用料少且重量轻，制作模具也相对简单，只需一个模具，不用分模，因此成本低，容许小量化的生产，是制作新品，试探市场的好方法。糖胶玩具多是动漫形象

1　塑胶玩偶造型

其他玩偶

玩偶的种类繁多,制作的材料也丰富多样,尤其是民间设计制作的玩偶善于利用生活中的各种材料,如麦秸、芦苇、茅草、皮革等,甚至食品原料和果皮、果核等废弃物都可以用来做玩偶。在众多玩偶形象中,十二生肖、木马等动物玩偶深受大众喜爱,而娃娃、兵偶等人偶玩具更是在世界各地都深入人心,经久不衰。

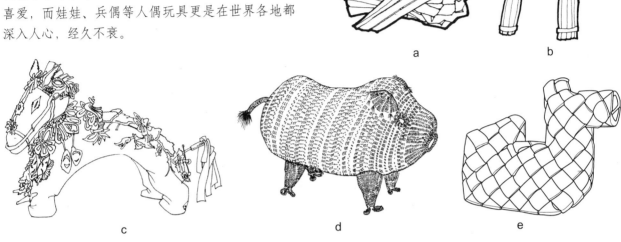

a　b

c　d　e

注:面塑,俗称"捏面人"。它以糯米面为主料,调成不同色彩,用手和简单工具塑造各种栩栩如生的形象。面塑按其使用功能可分为两类,一类是专用于娱乐、收藏的面塑玩偶,另一类是可以食用的面塑玩偶

1　草编玩偶的编制

注:皮影戏是中国传统民间玩具形式之一。造型精雕细刻,栩栩如生。皮影采用皮革为材料制成,以牛皮和驴皮为佳,漆以桐油。主要用红、黄、青、绿、黑等五种纯色的透明颜料上色。沿袭传统戏曲的习惯,皮影人偶被划分为生、旦、净、末、丑五个类别,表演者通过控制人物脖领前的一根主杆和在两手端处的两根耍杆来使人物做出各式各样的动作

f　g　h

2　不同材质玩偶造型

玩具 [5]　非机动偶形玩具

注："社火面具"起初是用色彩在表演者的面部画成各种脸谱，象征包罗万象的神，后用泥土烧制成陶质面具，一直沿用至今。其"脸谱"造型多为原始的"图腾神"，如"土地神"、"五谷神"、"时令神"等，青面獠牙、狰狞凶恶的样子，以表现真善丑美，展现出原始崇拜的遗俗

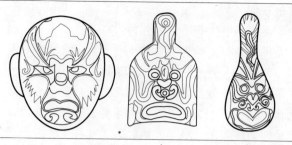

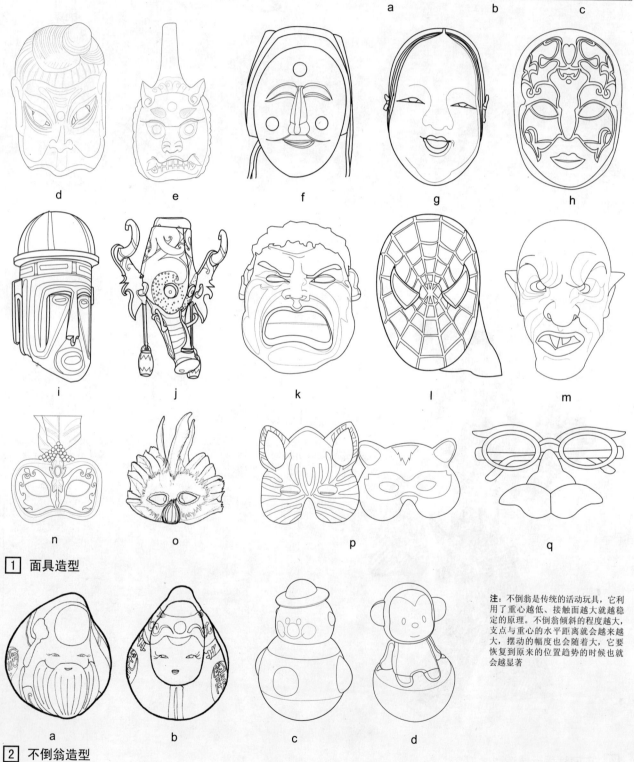

1 面具造型

2 不倒翁造型

注：不倒翁是传统的活动玩具，它利用了重心越低、接触面越大就越稳定的原理。不倒翁倾斜的程度越大，支点与重心的水平距离就会越来越大，摆动的幅度也会随着大，它要恢复到原来的位置趋势的时候也就会越显著

非机动偶形玩具 [5] 玩具

注：娃娃的设计制作大多采用塑料、织物、金属等多种材质。娃娃的形象非常丰富，以女性为主，有不同年龄的、民族的，甚至不同性格的，还有相关的服饰物品形成系列玩具。娃娃可以帮助孩子认识环境和人物角色，是伴随她们成长的重要玩具和伙伴

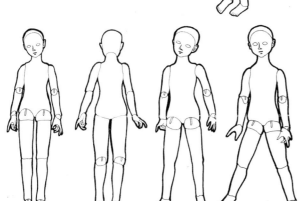

a

1 娃娃的基本结构

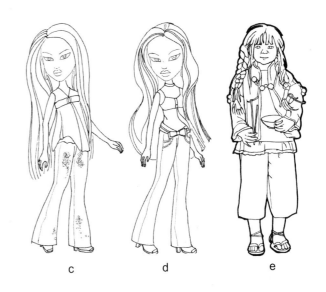

b   c   d   e

现在娃娃的设计制作已发展到了周边产品，如：娃娃的服装、手提袋、装饰品、家人、故事等，甚至包括娃娃看的袖珍杂志。娃娃的设计已经不再是为了简单的娱乐，更多的是对娃娃自身的塑造，更加重视玩具的思想性和情感特征。

f   g   h

2 娃娃造型

179

玩具 [5]　非机动偶形玩具

1959年3月9日，世界上第一个金发美女娃娃正式问世，美泰公司创办人露丝·汉德勒，用小女儿芭芭拉的昵称给她命名，从此这位金发美女就叫作"芭比"。

45年来，芭比娃娃改变过各种造型，不只穿遍了各国最流行和最传统的服装，也换过各种时髦发型，甚至改变过不同的肤色，从事的职业也各种各样。芭比始终保持着青春、亮丽的形象，曲线玲珑、光彩照人。为使芭比更加人性化，美泰公司专门为她设计了朋友、家人、男友。芭比娃娃以其健康向上的形象赢得了女孩们的喜欢，越来越多的成人也开始玩起了芭比，芭比以其迷人的形象征服了全世界。

目前还专门设计了芭比软件（芭比魔力基因瓶及光盘）。2007年，一款能和ipod连接的芭比娃娃也和公众见面。

1 娃娃相关附件的造型

2 娃娃造型

非机动偶形玩具　[5] 玩具

　　主要以各国不同军种为原型而生产的 12 英寸人偶，也包括警察与消防员等特殊兵种人偶。兵偶是男孩子的最爱，其设计制作大多采用塑料、织物、金属等综合性材质。兵偶的形象不仅有民族、兵种的分类，而且从外形、动作到服饰、配件，还有武器装备等非常逼真，形成一个个性鲜明、完整的玩具系列。

a

b

注：消防员所有的工作装备装备一应俱全，衣服部分采用反光材料，保持了级高仿真度，具体细节部件制作采用合成塑料制成

注：水下急救员工作装备经过真人拍摄制作。呼吸面罩、氧气瓶、呼吸泵、水下探照灯、联络表、琐绳、安全带样样俱全。使用材料质感真实

c

d

1　兵偶造型

玩具 [5] 机动偶形玩具

机动偶形玩具
发条玩偶

19世纪，中国广东开始生产发条玩具，主要供清皇室成员玩乐。20世纪20年代，上海开始生产发条玩具，最早生产的品种是"小鸡吃米"，又称"跳鸡"，它的外壳用薄铁皮经印刷后冲压而成，上足发条后，小鸡跳跃，做出啄米的动作。类似的品种还有"跳蛙"、"跳雀"。

20世纪60年代，中国发条玩具生产有了发展。当时著名的产品有"小熊拍照"。靠发条驱动，小熊能时左时右地旋转，片刻后又会停下来，举起带闪光灯的照相机拍照，同时闪光灯闪亮。它是当时发条玩具的优秀作品。

注：20世纪60年代小熊拍照发条玩偶

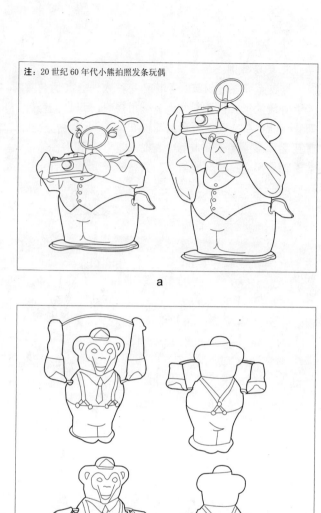

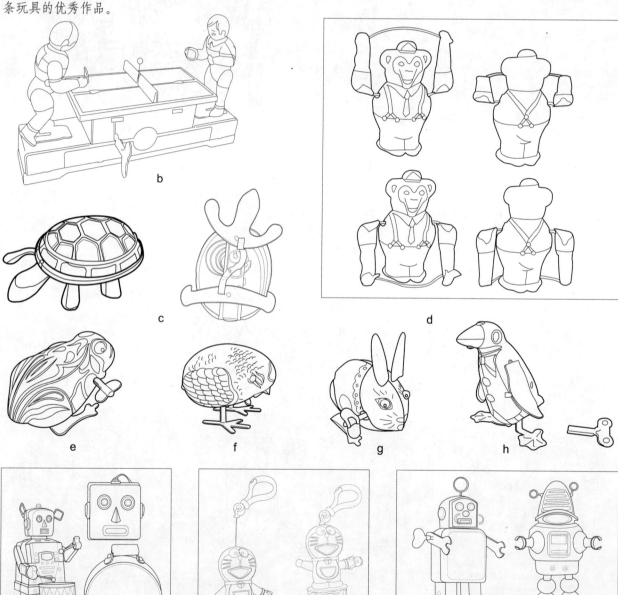

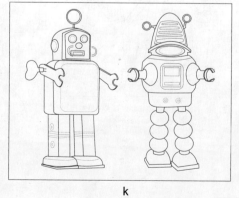

1 发条玩偶造型

电动、电子玩偶

电动、电子玩偶是运用电子技术，采用电子元器件来控制动作或产生各种声光效果的机动玩具。20世纪60年代中国开始生产电动、电子玩偶，当时主要生产金属外壳的电动玩偶。20世纪70年代，电动玩具外壳趋向采用塑料，出现许多金属和塑料相结合的电动玩具。20世纪80年代初，电动玩具多为全塑型，即外壳均由塑料制成，表面采用曲面印刷、热转印、贴纸等工艺进行装饰，机芯也采用塑料齿轮，使玩具重量减轻，噪声减小，使用更安全。现在，电动玩具能完成各种精妙的动作，还能发光、发声、冒烟、喷火，有的还装上电子元件，演变为电子玩具。

早期此类玩具是在一般电动玩偶的基础上应用电子技术，现在不仅可以设计制造依靠微型电机驱动、电子发声或发光的玩偶，还可以设计制造控制多种动作的多通道遥控玩具、比例遥控玩具和声控、光控玩偶等。现代电动、电子玩偶的主要技术元件日益向高功率、低耗电、微型化方向发展，造型和结构日趋多元化和系统化。

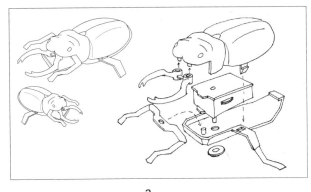

a

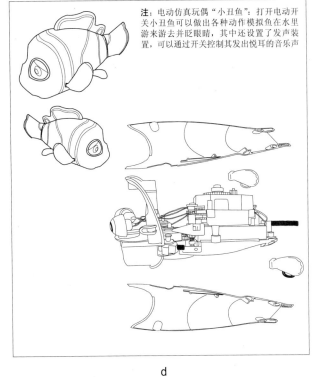

注：电动仿真玩偶"小丑鱼"：打开电动开关小丑鱼可以做出各种动作模拟鱼在水里游来游去并眨眼睛，其中还设置了发声装置，可以通过开关控制其发出悦耳的音乐声

注：此电动仿真玩偶可以作出各种模拟足球明星鲁尼的经典动作

b

c

d

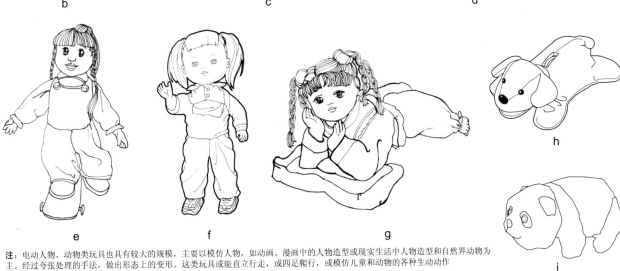

e　　　　　　　f　　　　　　　g　　　　　　h

i

注：电动人物、动物类玩具也具有较大的规模，主要以模仿人物，如动画、漫画中的人物造型或现实生活中人物造型和自然界动物为主。经过夸张处理的手法，做出形态上的变形。这类玩具或能直立行走，或四足爬行，或模仿儿童和动物的各种生动动作

[1] **仿真电动玩偶造型**

玩具 [5] 机动偶形玩具

卡通电动玩偶大多根据动画、漫画等创作性的人物、动物或是现实生活的抽象化、卡通化作为造型的基础。通过卡通化的造型和鲜艳的色彩提高玩偶的趣味性。

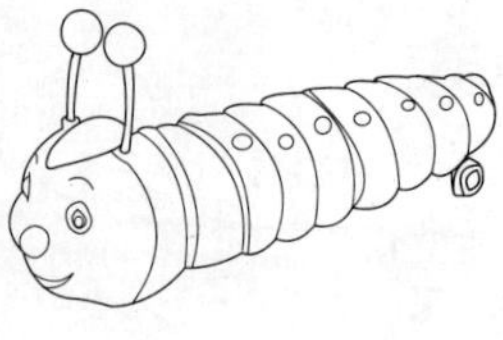

a 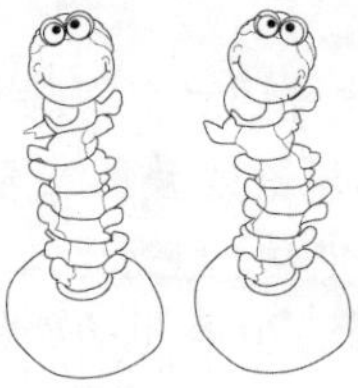　　　　　　b 　　　　　　c

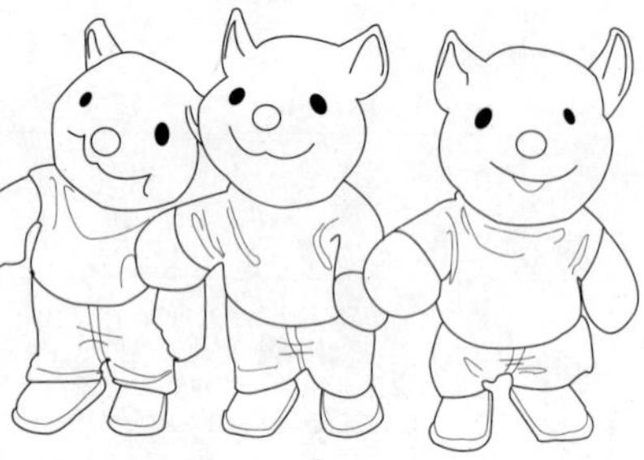

d 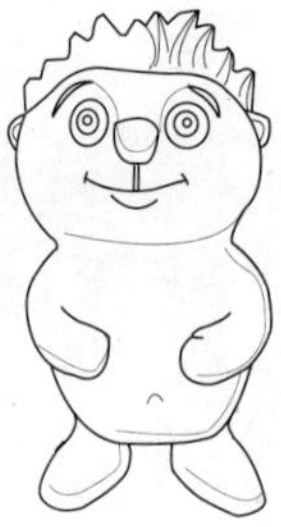　　　　　　e 　　　　　　f 　　　　　　g

H 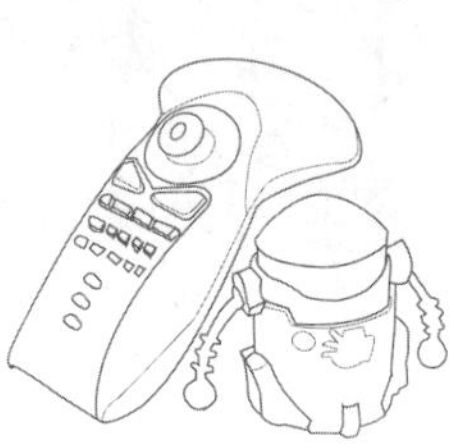　　　　　　i

注：电动玩偶"母鸡生蛋"是20世纪60年代中国早期生产的电动玩具的代表，具有卡通玩偶的造型风格，采用金属外壳制作，母鸡能边走边发出叫声，同时连续生蛋

j

k 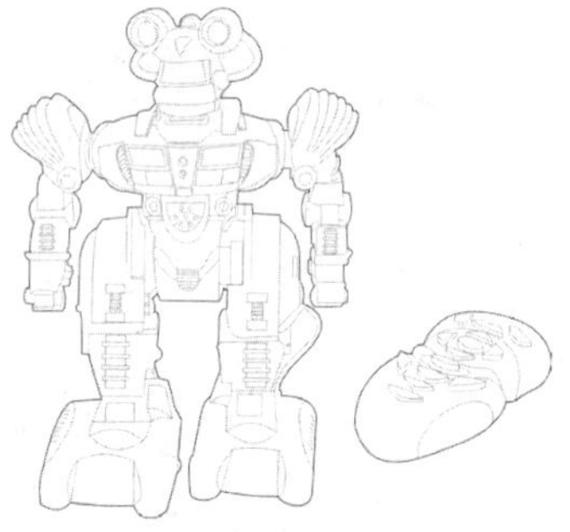　　　　　　l

m 　　　　　　n 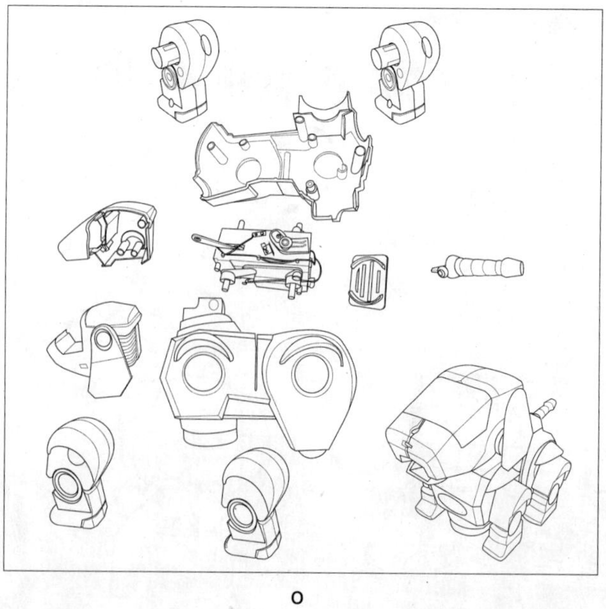　　　　　　o

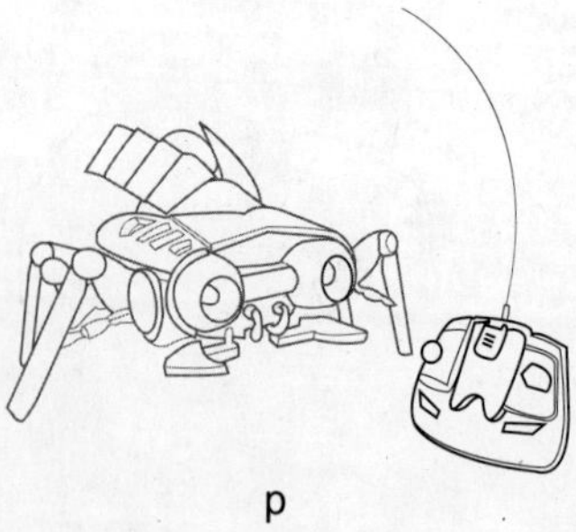

p 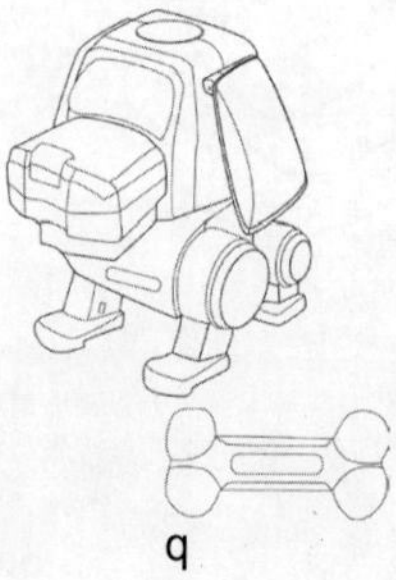　　　　　　q 　　　　　　r 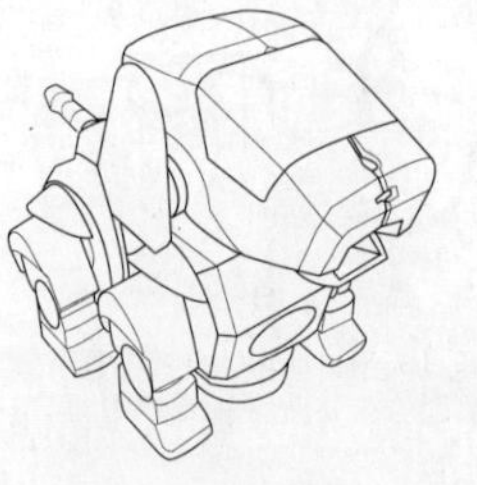　　　　　　s

1 卡通电动玩偶造型

数字智能玩偶

数字智能玩偶与传统玩偶的巨大差别在于其设计制造采用了听音辨位、语音识别、语音压缩与合成、人体感应等数字智能技术，根本改变了玩偶运动发生原理，实现玩具与人的交互式沟通和感应，这都是传统玩偶玩具无法企及的，人们在娱乐的同时可以体验到更为真实、更人性化的感受。

其次，很多数字智能玩具也注意到了避免数字技术带给人冷冰冰的感觉和联想，因此玩具的造型更加夸张、变形，在完备功能的基础上通过奇特的外形和鲜艳的色彩进一步来满足使用者心理上的需要。数字智能玩偶不仅深受儿童的喜爱，并且已成为成人的亲密"友伴"，在现在和将来都有更为广阔的发展前景。如新开发的机器宠物狗、帮助老年人料理生活的"生活伴侣机器人"等。

注：双语宝儿娃娃。一个能听懂、会交流的语音互动型玩具娃娃，属于交互发音数字智能玩偶，在人偶形态下可将数字电子和电动元器件部分装入胸部，并且可以在网上下载个性声音

a

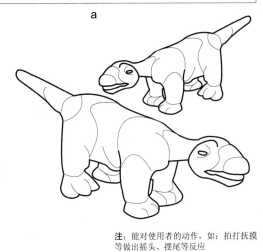

注：能对使用者的动作，如：拍打抚摸等做出摇头、摆尾等反应

d

b

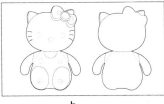

c

① 数字智能仿真玩偶造型

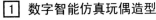

注：天童智能布绒娃娃。具有播放音乐、时钟闹钟、感知痒痒、抖动、倒立等功能

a

b

c

注：皮皮熊。具有趣味学习、智能娱乐、音乐欣赏等12项互动娱乐功能，身体不同部位代表不同的功能特性

d

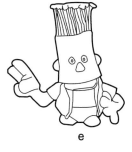

注：它能够为主人唱歌、跳舞，还能用来录音、复读、拍摄视频短片，少男少女们被它吸引当在公众的意料之中。它的摄像头埋藏在手掌里面，乍一看还真的不易发现。它在跳舞时身子一扭一扭，憨态可掬，非常可爱

e

f

g

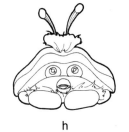

h

② 数字智能卡通玩偶造型

玩具 [5]　机动偶形玩具

注：娱乐型机器人。身高58cm，体重7kg。安装多种传感系统、基于记忆和学习的行为控制软件以及灵活的机械行走装置。可以与人类进行更丰富的交流。分析并记录人的脸部和声音特征，第二次接触即可准确辨认，可以通过传感器判断地面类型，并相应的调整步行姿态，可以适应各种路面

注：伙伴型机器人。有可独立行走的双足行走型、具有车轮的双轮行走型及可载人行走的搭乘型三种类型。预先在内存中记录了电子乐谱数据，根据这些数据可以控制机器人的人工肺和人工唇

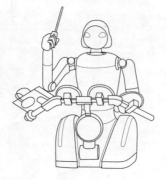

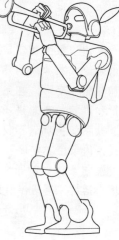

a

b

注：家用机器人。内置了高速电脑处理器，配备数码镜头、麦克风和超音波感应器，可以通过识别系统称呼主人并且与其进行简单的对话，并能自由行走。还能帮助人们操作家里的家用电器并教会人们如何使用这些电器

c

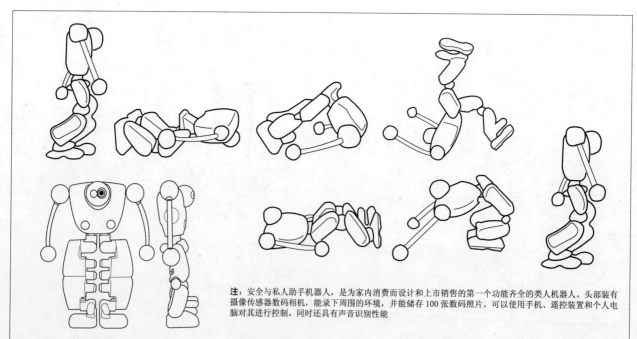

注：安全与私人助手机器人，是为家内消费而设计和上市销售的第一个功能齐全的类人机器人。头部装有摄像传感器数码相机，能录下周围的环境，并能储存100张数码照片。可以使用手机、遥控装置和个人电脑对其进行控制。同时还具有声音识别性能

d

[1] 数字智能机器人玩偶造型

机动偶形玩具 [5] 玩具

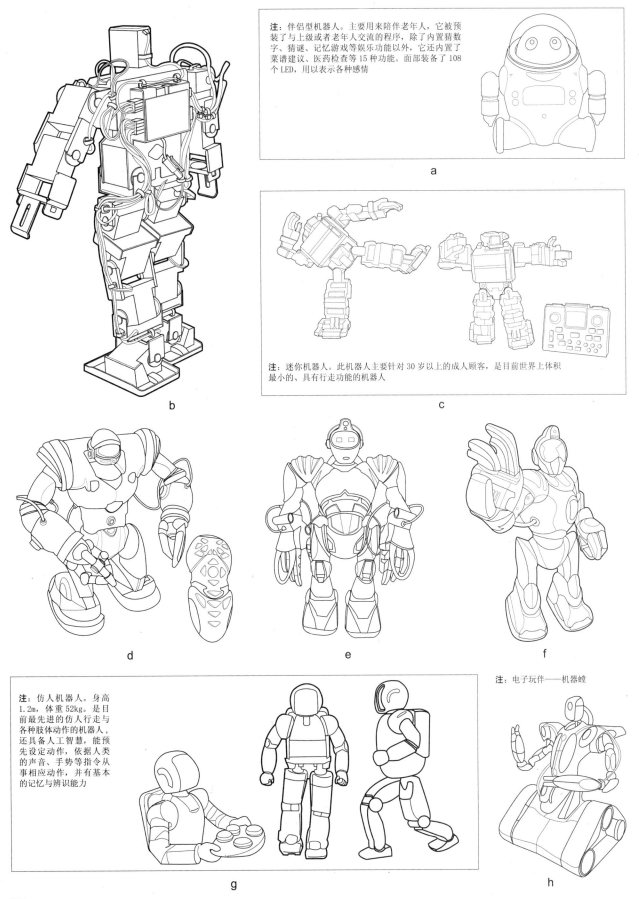

注：伴侣型机器人。主要用来陪伴老年人，它被预装了与上级或者老年人交流的程序，除了内置猜数字、猜谜、记忆游戏等娱乐功能以外，它还内置了菜谱建议、医药检查等15种功能。面部装备了108个LED，用以表示各种感情

a

b

注：迷你机器人。此机器人主要针对30岁以上的成人顾客，是目前世界上体积最小的、具有行走功能的机器人

c

d   e   f

注：仿人机器人。身高1.2m，体重52kg。是目前最先进的仿人行走与各种肢体动作的机器人，还具备人工智慧，能预先设定动作，依据人类的声音、手势等指令从事相应动作，并有基本的记忆与辨识能力

注：电子玩伴——机器螳

g   h

1 数字智能机器人玩偶造型

玩具 [5] 机动偶形玩具

数字智能类宠物是数字智能玩偶主要的种类之一，也是数字玩偶主要的发展方向。数字智能类宠物一般内置抚摸感应器、动作感应器、平衡感应器、声音感应器、红外线沟通和障碍物探测器，所以数字宠物不仅具有真实宠物的形态，还能真实模仿动物的声音、动作却没有日常护理动物的烦琐。例如音乐电子宠物以生活中人们熟悉的狗、猫、鱼等作为原型，但造型夸张，突出了脸、鼻子和耳朵。脸上的LED灯可以表示表情，同时不同的灯还代表不同的情绪状态。

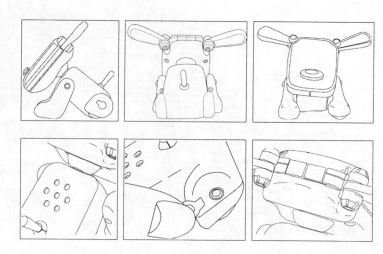

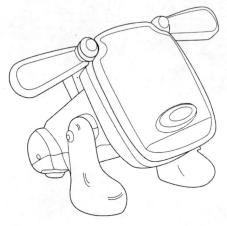

注：酷爱音乐的数字智能宠物狗只有手掌大小，浑身光滑滑的，可爱又时髦。它的头部装有可以显示心情变化的LED灯，如果压鼻子按钮，会开心（光为橘色），压头部按钮，会变得落寞或者哭（光为绿色），压尾部按钮，会很不高兴（光为红色）

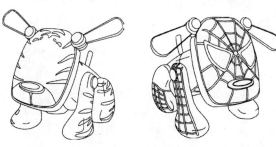

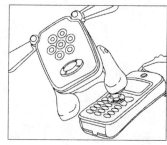

a 数字智能宠物狗

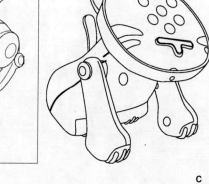

b 数字智能宠物猫　　　　　　　c

[1] 数字智能宠物玩偶造型

机动偶形玩具 [5] 玩具

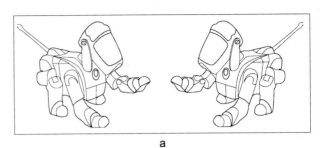
a

注：这只宠物狗是1999年首次推出的电子机器宠物的诞生。不仅代表了一具机器宠物的诞生，更重要的是配合了人工智能的科技，朝提供生活娱乐的方向发展。它会像真狗一样做出各种有趣的动作，如摆尾、打滚……它也能懂得分辨对它的称呼和责备

b

c

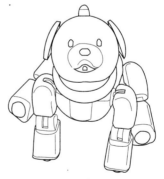

注：这是一只具有非常可爱造型的乖巧电子机器宠物狗，它还可以接收电子邮件指令的娱乐机器"狗"，人们可以通过电子邮件发送指令，遥控这种配有相应的接受设置的"狗"

d e

1 数字智能宠物玩偶造型

玩具 [5] 机动偶形玩具

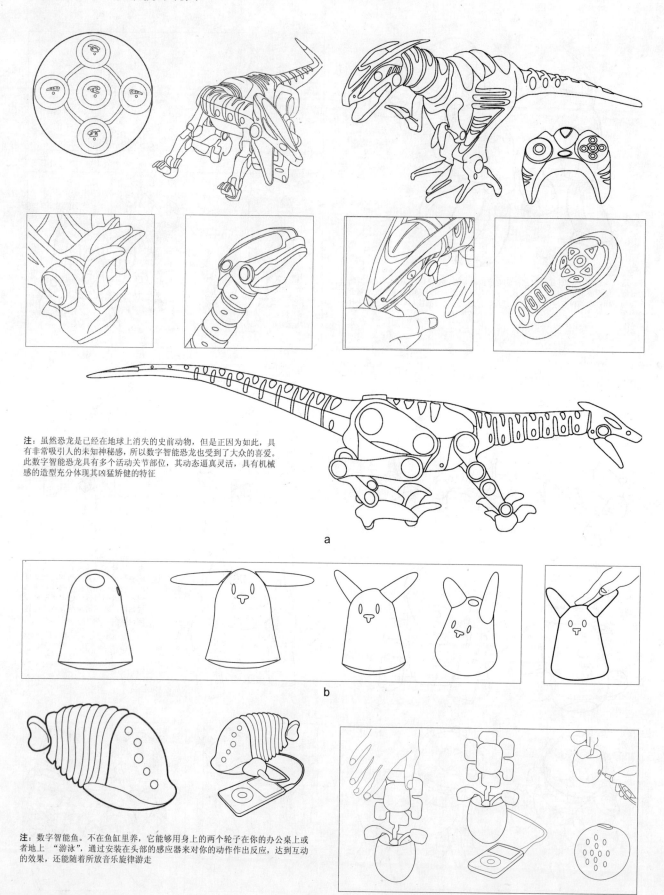

注：虽然恐龙是已经在地球上消失的史前动物，但是正因为如此，具有非常吸引人的未知神秘感，所以数字智能恐龙也受到了大众的喜爱。此数字智能恐龙玩具有多个活动关节部位，其动态逼真灵活，具有机械感的造型充分体现其凶猛矫健的特征

a

b

注：数字智能鱼。不在鱼缸里养，它能够用身上的两个轮子在你的办公桌上或者地上"游泳"，通过安装在头部的感应器来对你的动作作出反应，达到互动的效果，还能随着所放音乐旋律游走

c　　　　　　　　　　　　　　　d

1 其他数字智能玩偶造型

机动偶形玩具 [5] 玩具

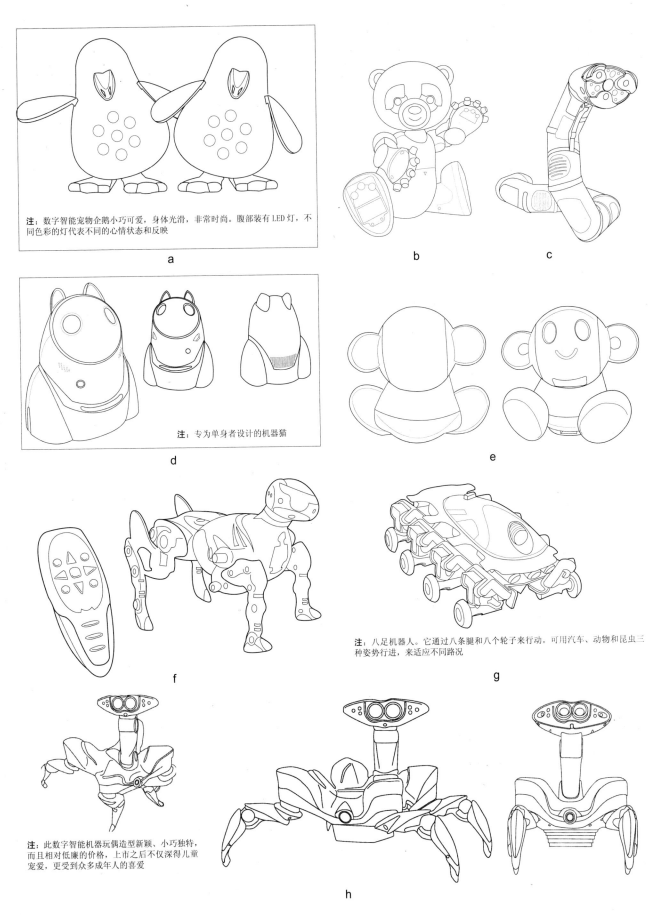

注：数字智能宠物企鹅小巧可爱，身体光滑，非常时尚。腹部装有LED灯，不同色彩的灯代表不同的心情状态和反映

a

注：专为单身者设计的机器猫

d

b   c

e

注：八足机器人。它通过八条腿和八个轮子来行动。可用汽车、动物和昆虫三种姿势行进，来适应不同路况

f   g

注：此数字智能机器玩偶造型新颖、小巧独特，而且相对低廉的价格，上市之后不仅深得儿童宠爱，更受到众多成年人的喜爱

h

1 其他数字智能玩偶造型

玩具 [5] 器物玩具

器物玩具
发声玩具

发声玩具是指以声响为主要效果或在玩耍过程中可以发出音响的玩具。

传统发声玩具大多因地制宜地利用陶瓷、金属、泥土、竹木等各种材料和工艺设计制作，如泥哨、竹笛、拨浪鼓、铃鼓等。

现代发声玩具不仅运用气哨、气动发声原理，还运用机械或电动、电子技术设计制造出各种可产生音乐及模拟各种声音效果的电声玩具。电声类玩具较多地出现在婴幼儿的玩具设计中，外形设计更为生动有趣，以起到刺激儿童听力及各个方面的成长的作用，如发条八音盒、电子音乐盒、电子琴等。

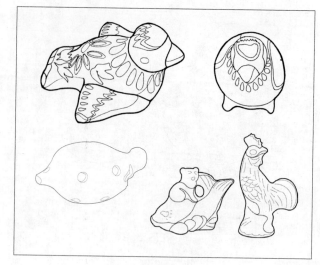

a 泥叫叫

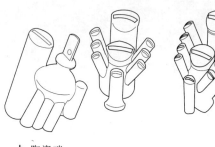

b 陶瓷哨

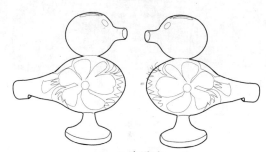

c 木雕哨

注：哨子是一种制作比较简单，玩法也比较容易的玩具。树皮、钢笔帽、子弹壳都可用来制作哨子。将这些东西放在嘴边轻轻一吹，气流在空腔中回旋震荡，就能够发出声音。现代各种吹奏乐器，发声原理大多与哨子相同

d 哨子

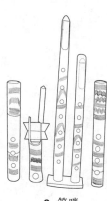

e 笛哨

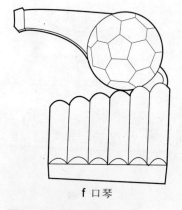

f 口琴

g 手捏叫

1 气动发声玩具造型

器物玩具　[5] 玩具

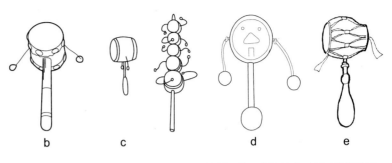

注：拨浪鼓是我国最传统、最古老的玩具之一，最早被称作"鼗"，发展至宋代已经作为儿童玩具广为流传。拨浪鼓大致可分为两种形式：一种鼓面加彩绘装饰，如河南淮阳、江苏盐城、北京等地的拨浪鼓；第二种是在鼓身加彩绘，沿鼓身画一周花纹。这些装饰，增加了拨浪鼓的审美特色，从视觉效果上强化了其娱乐特征。鼓面材料以牛皮、羊皮为最常见，鼓身多为木质，鼓耳以玻璃珠、木珠最为常见

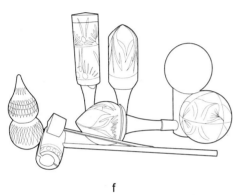

f

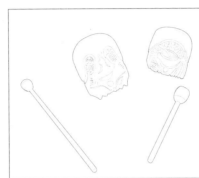

注：木鱼。外状像鱼头，中间挖空成了共鸣箱，正面开一条长形鱼口，表面刻画鱼鳞纹饰，手持小木槌以敲击发声。木鱼最初是佛教的法器，亦是宗教音乐的伴奏乐器，后来逐渐成为民间发声玩具。木鱼音色空洞，发音短促，轻快活泼，常作敲击节拍之用

g

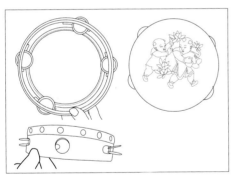

注：铃鼓是传统发声玩具，一般用牛皮做鼓面，并装饰各种吉祥图案，四周成对装置铜片，敲击或摇动发声

h

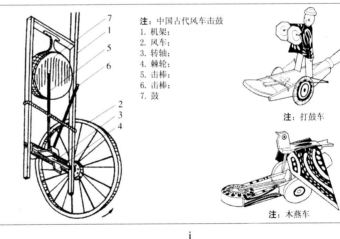

注：中国古代风车击鼓
1. 机架；
2. 风车；
3. 转轴；
4. 棘轮；
5. 击棒；
6. 击棒；
7. 鼓

注：打鼓车

注：木燕车

i

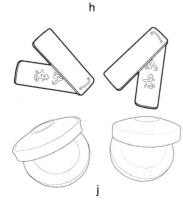

j

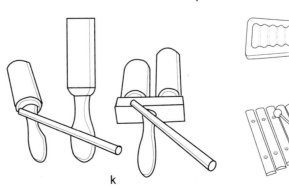

k　　　　　　　　l

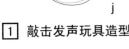

1 敲击发声玩具造型

193

玩具 [5] 器物玩具

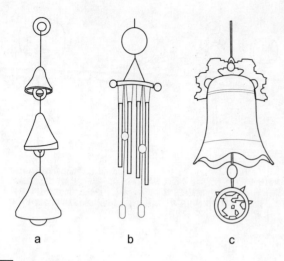

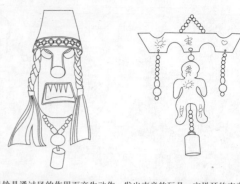

注：风铃是通过风的作用而产生动作、发出声音的玩具，它悦耳的声音深受人们喜欢，有很高的普及率。由于其原理简单，风铃玩具材料的选用也多种多样，因为碰撞声音清脆，大多数为玻璃、金属。而风铃的造型更是形态各异，其中有许多风铃玩具有鲜明的民族风格与特点

1 风铃造型

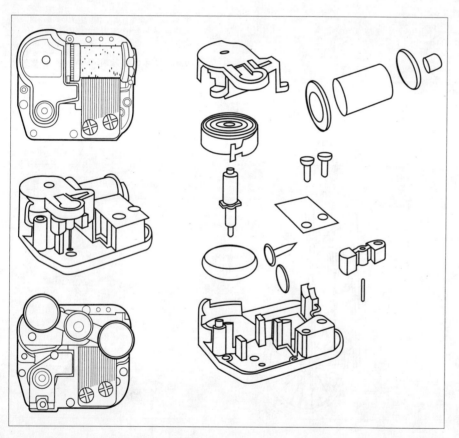

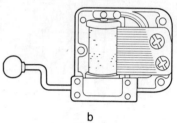

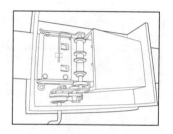

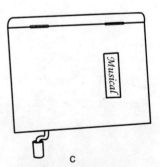

注：通过上发条原理提供动力源，连接发声装置而产生动作的玩具。1796年，瑞士人安托•法布尔开发了圆筒形八音盒，这是世界上最古老的八音盒。据悉，藏于日本"京都岚山八音盒博物馆"。由于在制作上要求技艺精湛，八音盒在18、19世纪价格相当昂贵，仅在贵族中流传。

发条八音盒主要有两种类型：第一种是圆片形八音盒，圆盘旋转，在圆盘后面的突起部分使爪轮转动，通过爪轮拨动梳齿演奏音乐，只要更换片子就可换曲子；第二种是圆筒形八音盒，圆筒旋转，通过安装在圆筒上的针拨动梳齿演奏音乐。世界上最古老的八音盒就是按此原理制作的。

发条八音盒是发声玩具中的一个重要类型，它的形态丰富多彩，深受人们的喜爱。除了作为玩具，它更是作为摆饰品和礼物备受宠爱

2 八音盒的发声装置结构

器物玩具 [5] 玩具

注：八音盒的造型设计风格非常丰富，有典雅、高贵和具有装饰性的古典设计，以细腻、精致的仿真造型为主，兼有玩具功能和收藏价值；有活泼、趣味而朴素无华的平民设计，多反映世俗生活场景；还有夸张、绚丽的卡通造型，多采用卡通、漫画作品中的形象，具有非常突出的视觉效果，时尚而现代

1 音乐盒造型

玩具 [5] 器物玩具

电声类玩具以电子线路对声音进行放大和传递，可产生音乐及模拟各种声音效果。品种有电话、对讲器、扩音器、电子琴等。其结构与一般电声设备无大差别，但是玩具外形设计更为生动有趣。电声类玩具较多地出现在婴幼儿的玩具设计中，以刺激儿童听力及各个方面的成长。

发声玩具中有不少是模仿乐器。这种玩具属于一种典型的寓教于乐型。让孩子在玩耍的过程中感受音乐的美感同时也初步了解一门乐器。

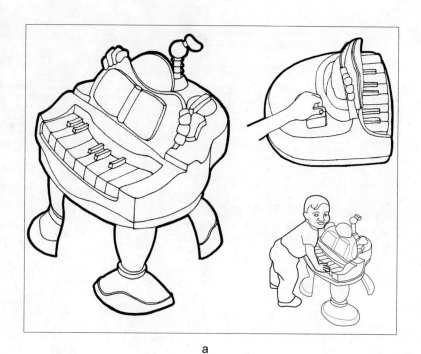

a

注：智慧小钢琴。功能丰富，具有颜色、数字、动物名称与叫声、乐器的名称与声音，音高的变化等，声光结合，按琴键时按哪个键它就会发出彩色的光，通过亮光让孩子从视觉上感受音高的变化，有助于培养孩子的乐感；吸引孩子不断操作这个玩具

b

c

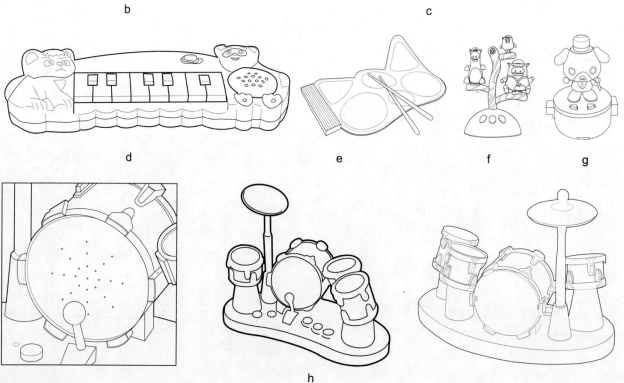

d e f g

h

[1] 电声玩具造型

器物玩具 [5] 玩具

光学玩具

光学玩具是利用光线的反射、折射现象，是建立在对光学理论的研究和实践基础上设计和制造的。光学玩具的造型非常丰富，设计更趋向娱乐性和个性化，其中常见的光学玩具有望远镜、万花筒等。

开普勒望远镜是通过两块透镜的组合放大、观察物体，是众多爱好者和儿童热爱的玩具；万花筒是英国物理学家大卫·布鲁斯特爵士于1816年发明的。它是由三棱镜反射玻璃碎片形成对称的图案。

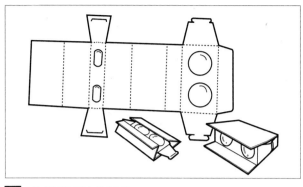

1 简易望远镜的制作

在光学理论的研究发展中，望远镜的发明无疑具有里程碑式的意义，开普勒于1611年发明的望远镜，是通过两块透镜的组合放大、观察物体。今天望远镜已经不仅仅是专家手中专业的观察工具，也成为普通人了解、认识科学的重要工具，更成为某些爱好者和儿童热爱的玩具。望远镜的造型设计多种多样，有单筒望远镜、双筒望远镜，还有根据特殊需要专门生产的纸壳一次性望远镜。

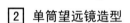

2 单筒望远镜造型

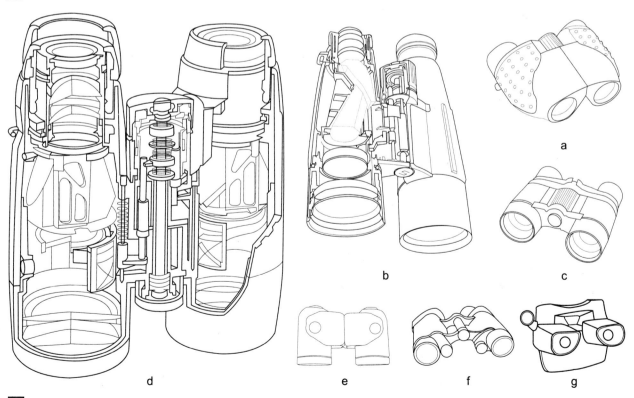

3 双筒望远镜造型

玩具 [5] 器物玩具

注：西洋镜是民间流传很广的玩具，是光学理论的早期实践。
根据光学原理进行暗箱操作匣子里面装着画片儿，匣子上放有放大镜，可以看放大的画面。因为最初画片多是西洋画，所以叫西洋镜。西洋镜不仅是玩具，也使更多的人了解陌生的光学世界

a

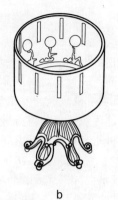
b

c

[1] 西洋镜

注：万花筒是一种光学玩具，是由英国物理学家大卫·布鲁斯特爵士于1816年发明的。依靠玻璃镜子反射作用，只要往筒眼里一看，就会出现一朵美丽的"花"样，将它稍微转一下，又会出现另一种花的图案，不断地转，图案也在不断变化，所以叫"万花筒"

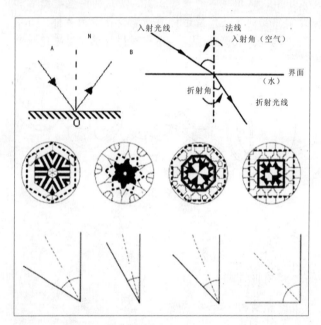

[2] 万花筒基本原理图

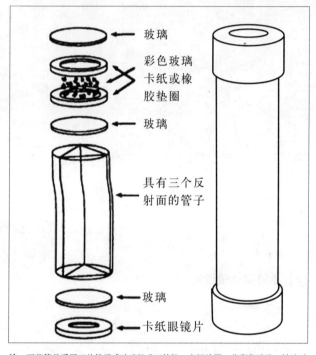

注：万花筒是采用三片镜子或玻璃组成三棱柱，中间放置一些彩色碎片，转动时由于镜面之间的影像相互反射，实物与镜中影像随着转动不停的组成不同对称的形状

[3] 万花筒基本结构

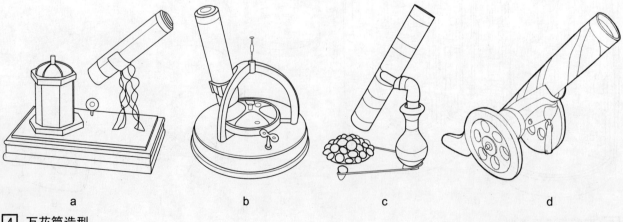
a　　　　　b　　　　　c　　　　　d

[4] 万花筒造型

198

器物玩具　[5] 玩具

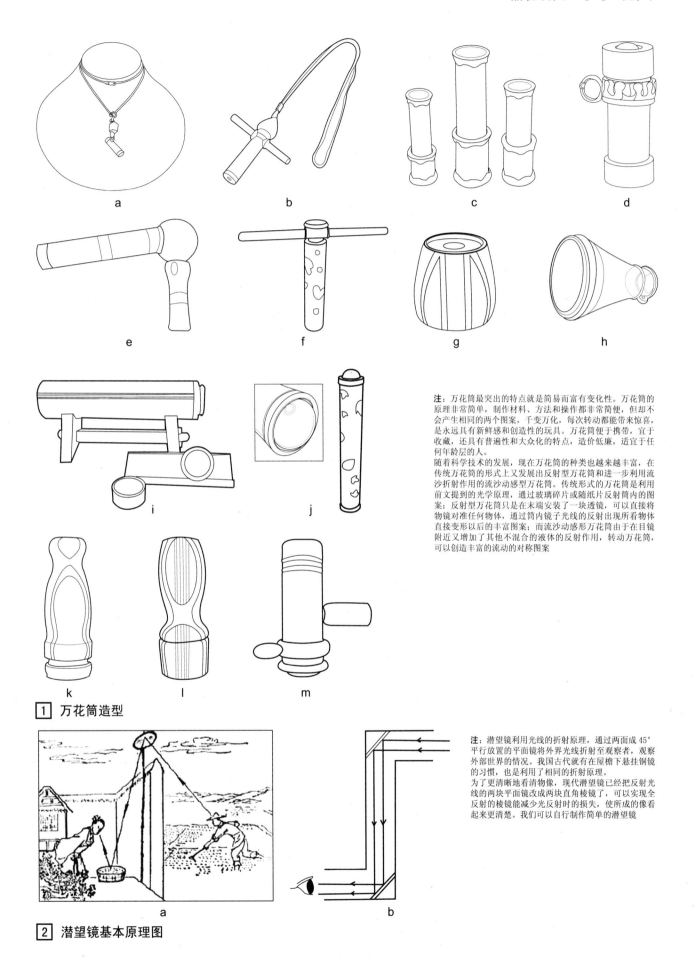

注：万花筒最突出的特点就是简易而富有变化性。万花筒的原理非常简单，制作材料、方法和操作都非常简便，但却不会产生相同的两个图案，千变万化，每次转动都能带来惊喜，是永远具有新鲜感和创造性的玩具。万花筒便于携带，宜于收藏，还具有普遍性和大众化的特点，造价低廉，适宜于任何年龄层的人。

随着科学技术的发展，现在万花筒的种类也越来越丰富，在传统万花筒的形式上又发展出反射型万花筒和进一步利用流沙折射作用的流沙动感型万花筒。传统形式的万花筒是利用前文提到的光学原理，通过玻璃碎片或随纸片反射筒内的图案；反射型万花筒只是在末端安装了一块透镜，可以直接将物镜对准任何物体，通过筒内镜子光线的反射出现所看物体直接变形以后的丰富图案；而流沙动感形万花筒由于在目镜附近又增加了其他不混合的液体的反射作用，转动万花筒，可以创造丰富的流动的对称图案

[1] 万花筒造型

注：潜望镜利用光线的折射原理，通过两面成45°平行放置的平面镜将外界光线折射至观察者，观察外部世界的情况。我国古代就有在屋檐下悬挂铜镜的习惯，也是利用了相同的折射原理。
为了更清晰地看清物像，现代潜望镜已经把反射光线的两块平面镜改成两块直角棱镜，可以实现全反射的棱镜能减少光反射时的损失，使所成的像看起来更清楚。我们可以自行制作简单的潜望镜

[2] 潜望镜基本原理图

玩具 [5]　器物玩具

玩具枪械

玩具枪械的种类非常丰富，如木枪、弹弓、竹水枪等是传统民间自制玩具枪械的典型代表。而利用现代机械、电子技术设计制作的各种枪械玩具非常具有时代感，这类玩具枪械的色彩鲜艳、造型夸张，呈现卡通化的特点，有很好的娱乐性，尤其受到男孩子的喜爱。还有一类玩具枪械是模拟真正武器枪支的各种造型，这类仿真模型枪械受到儿童和成人的欢迎，不仅具有娱乐性还具有装饰陈设和收藏价值。

不同功能和玩法的玩具枪械采用了不同的结构、原理和材质，有利用大气压强和水泵的水枪；有利用机械揿动式惯性设计制造的玩具枪，用手连续揿动扳手，玩具枪就会凭惯性发出声响、火花或做出相应动作；还有可以发声、发光电动枪。

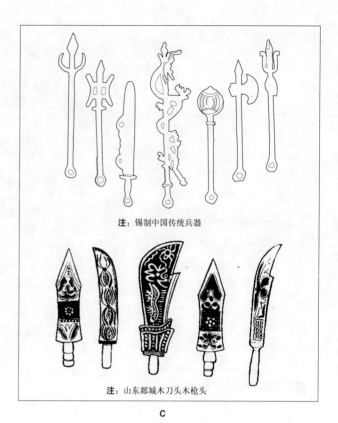

注：锡制中国传统兵器

注：山东郯城木刀头木枪头

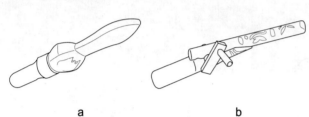

a　　　　　　　　b

1 传统自制枪械造型

注：外力作用于玩具的弹性介质上转化为弹性势能，再将能量转化为玩具本身或其他介质的动能，即依靠弹性介质的弹力导致玩具产生动作。早在我国古代就出现的兵器如弩、弓箭等以及经常使用的弹弓就是利用了这样的原理

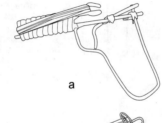

a

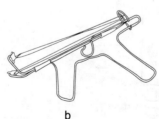

b

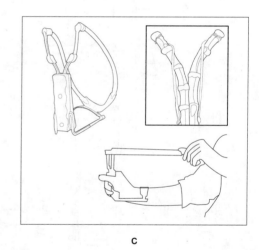

c

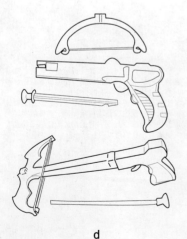

d

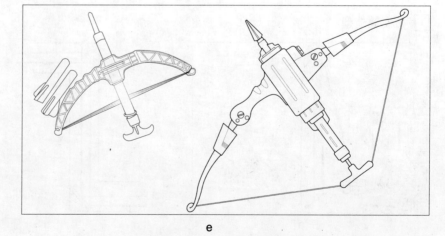

e

2 弹射枪造型

器物玩具 [5] 玩具

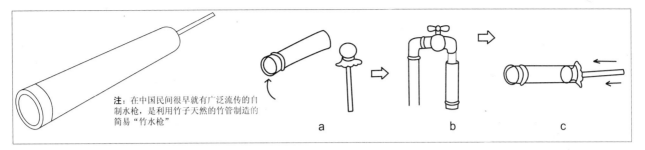

注：在中国民间很早就有广泛流传的自制水枪，是利用竹子天然的竹管制造的简易"竹水枪"

1 传统的简易自制竹水枪

水枪就是利用了大气压强和水泵的基本原理把水从水枪里射出来。

世界上第一把玩具水枪生产于20世纪60年代，当时喷射距离只有2~3m。20世纪80年代以前，水枪的性能相当有限。手持式水枪只能将水射出很短的距离。这些水枪射出的水流又细又弱，而且每次水射完之后都要跑到水龙头那里重新灌水。当然这些枪已经是很了不起的玩具了，并且完美体现了管道供水系统的基本原理。

传统水枪的主要问题是不能产生非常强劲的水流。这是因为每次射击必须由射击者或电动系统提供水压。然而，这种情况下产生高压水流是不可能的，因为这意味着要在短时间内施加很大的力。

1982年，一位名叫朗尼·约翰逊的核科学家提出了一个极具创意的解决方案。就是采用压缩空气为水枪的喷射水流提供压力，使水枪形成强劲的喷射水流。

20世纪90年代末，具有更高压力水平的新型水枪面世。这些水枪，都采用了独特的恒压系统。该系统的主要组件是一个简易水囊，以刚性更好的材料制成，可以泵进更多的水，水囊膨胀变长时，会产生一种恢复自然形状的要求，因此会对水产生很大的内向压力。此时拉动扳机，打开枪管通道，巨大的压力就会将所有水流推出枪外，这样就形成了比仅仅通过压缩空气所能得到水流更强劲的喷射效果。

水枪的造型大部分为仿枪支型，此种类型色彩鲜艳造型也呈现卡通化的特点；卡通角色造型则直接来源于卡通人物，还有一种是真实模拟武器的造型。

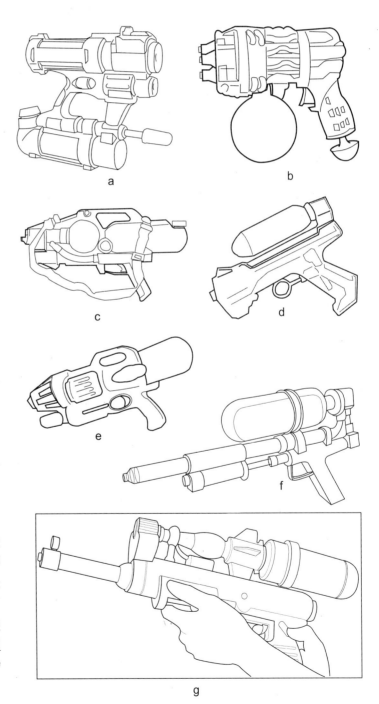

2 水枪造型

玩具 [5]　器物玩具

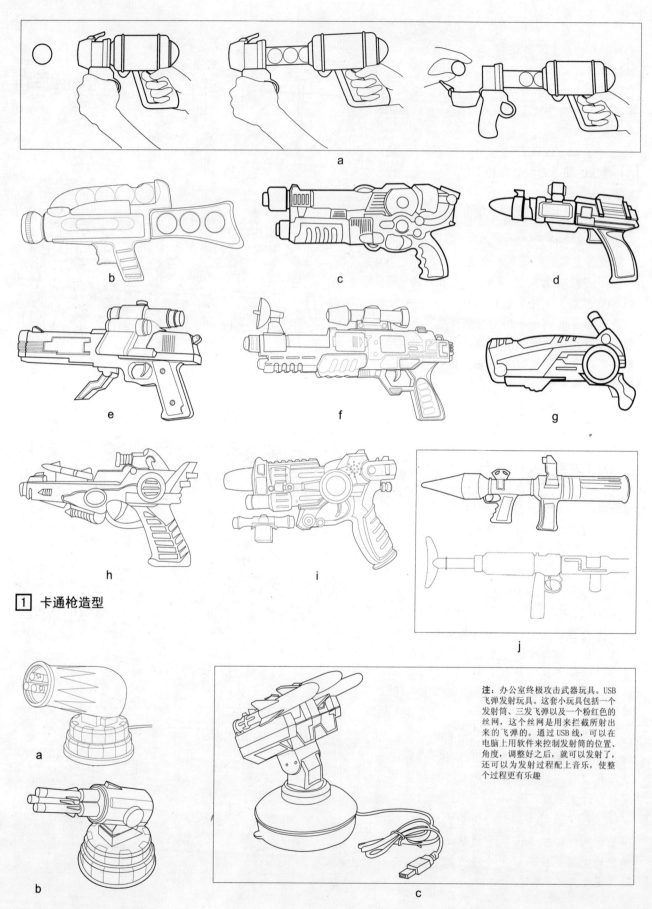

1 卡通枪造型

2 其他玩具枪械造型

注：办公室终极攻击武器玩具。USB飞弹发射玩具。这套小玩具包括一个发射筒、三发飞弹以及一个粉红色的丝网，这个丝网是用来拦截所射出来的飞弹的。通过USB线，可以在电脑上用软件来控制发射筒的位置、角度，调整好之后，就可以发射了，还可以为发射过程配上音乐，使整个过程更有乐趣

器物玩具 [5] 玩具

仿真枪的基本原理是利用气体膨胀产生的动力把弹头发射出去。仿真枪发射的是直径4～6mm的球形塑料颗粒，射程在2～10m左右，可以在目标上留下痕迹，虽然不能和真枪的杀伤力相比，但还是具有一定的冲击性，尤其是对一些强度小的材料和人的面部等比较脆弱的部位会造成伤害，所以对儿童来说应该谨慎对待。另外由于其他一些原因，不少国家和地区都对仿真枪的设计生产都制定了一些严格的规定和特别的限制以区别于真的枪械，以免带来危害。

目前的仿真枪可以分成单发式的手枪、半自动射击的手枪、全自动射击的气动枪、全自动射击的电动枪、手拉旋转枪、机步枪和一次发射多发子弹的霰弹枪等多种类型。

仿真枪往往通过模仿真枪的造型、结构、材质和专业标识，达到乱真的效果，在模拟野外枪战的游戏中是重要的道具，同时也是广大枪械爱好者了解相关知识媒介，也是很好的装饰品和收藏品。

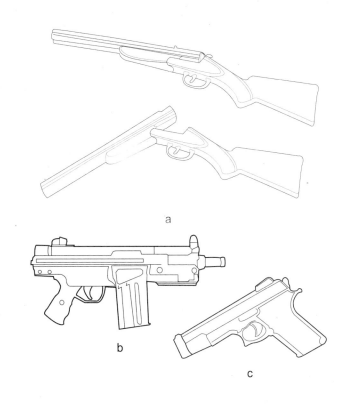

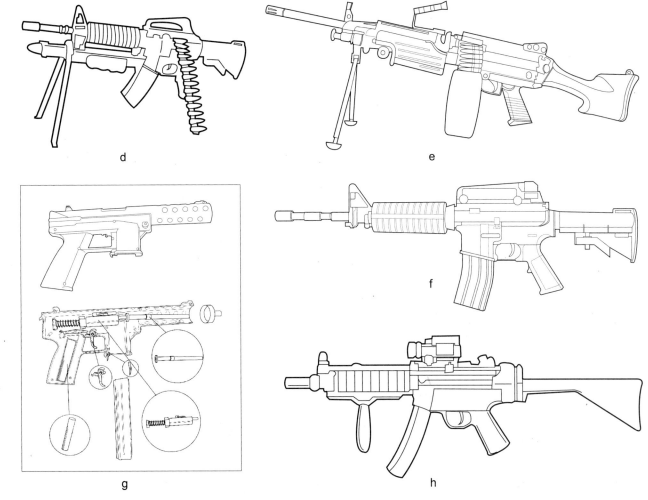

1 仿真枪造型

玩具 [5]　器物玩具

　　汽车、飞机、船等交通工具是器物玩具中为数众多、最为常见并受欢迎的玩具形象。这类玩具包括装饰陈设用的模拟或仿真模型和可以活动开行的机械或电动交通工具。

　　交通工具类玩具用纸、木、金属及综合性材料进行设计制作，造型各异、丰富，包括配套设计的交通标识、轨道等成为系列、成套玩具。

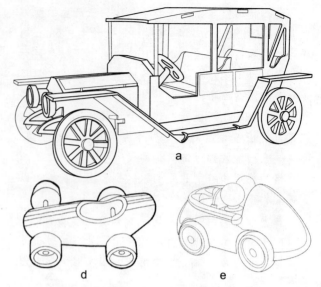

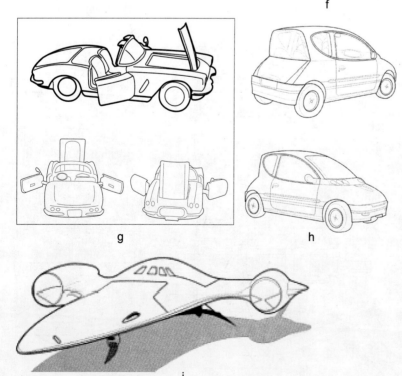

① 玩具模型汽车造型

器物玩具 [5] 玩具

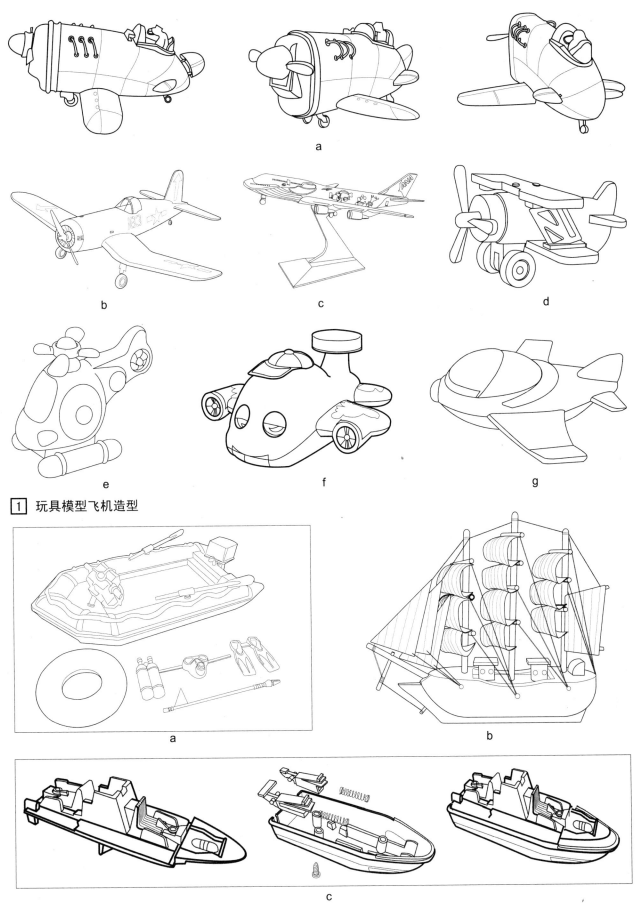

1 玩具模型飞机造型

2 玩具模型船造型

玩具 [5] 器物玩具

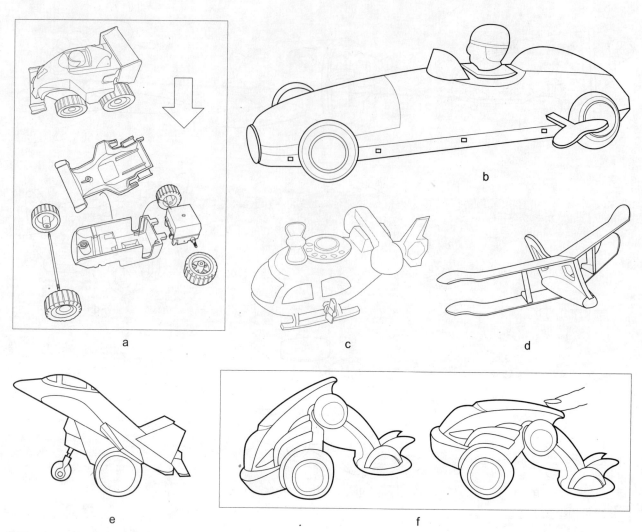

1 发条玩具交通工具造型

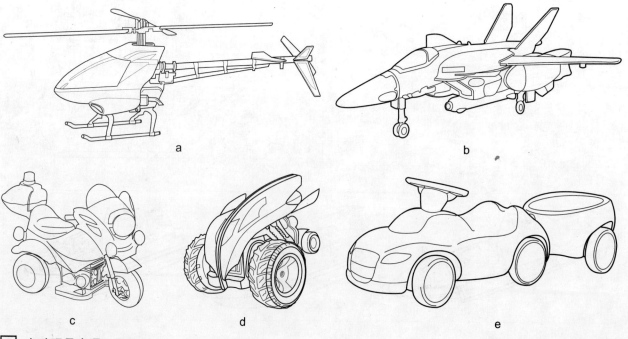

2 电动玩具交通工具造型

器物玩具 [5] 玩具

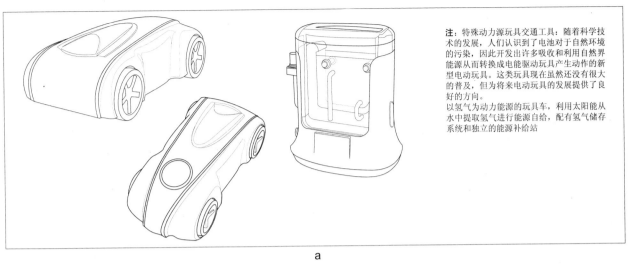

注：特殊动力源玩具交通工具：随着科学技术的发展，人们认识到了电池对于自然环境的污染，因此开发出许多吸收和利用自然界能源从而转换成电能驱动玩具产生动作的新型电动玩具。这类玩具现在虽然还没有很大的普及，但为将来电动玩具的发展提供了良好的方向。
以氢气为动力能源的玩具车，利用太阳能从水中提取氢气进行能源自给，配有氢气储存系统和独立的能源补给站

a

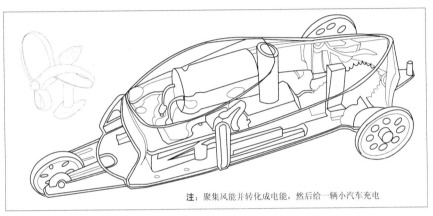

注：聚集风能并转化成电能，然后给一辆小汽车充电

b

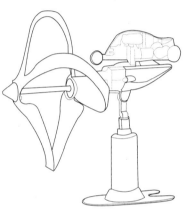

1 电动玩具交通工具造型

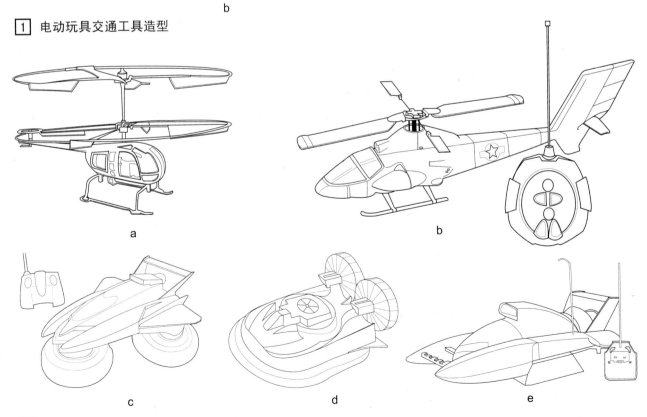

2 电动遥控玩具交通工具造型

207

玩具 [5]　器物玩具

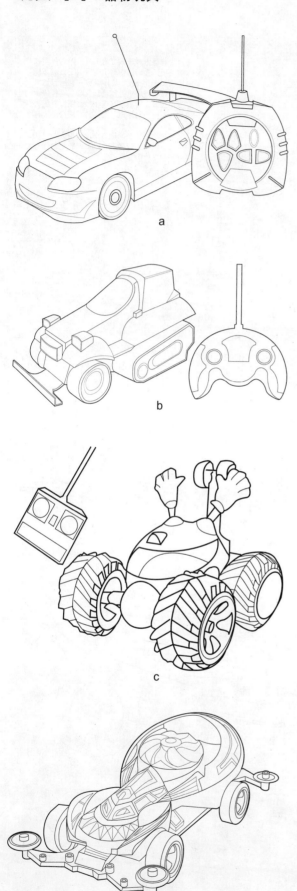

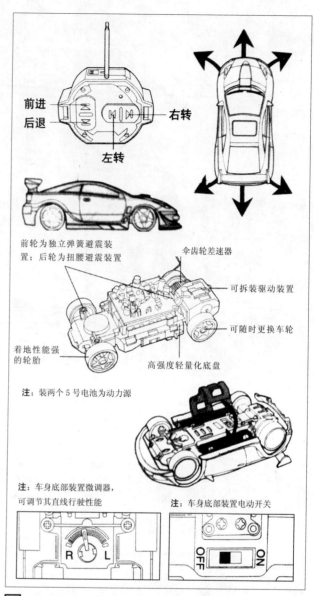

前进
后退
右转
左转

前轮为独立弹簧避震装置；后轮为扭腰避震装置
伞齿轮差速器
可拆装驱动装置
可随时更换车轮
着地性能强的轮胎
高强度轻量化底盘

注：装两个5号电池为动力源

注：车身底部装置微调器，可调节其直线行驶性能
注：车身底部装置电动开关

1 电动遥控汽车的结构、装置和操作

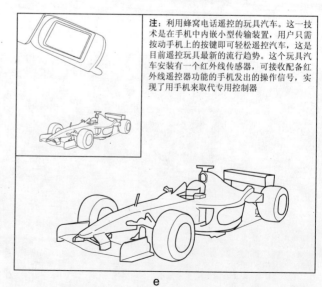

注：利用蜂窝电话遥控的玩具汽车。这一技术是在手机中内嵌小型传输装置，用户只需按动手机上的按键即可轻松遥控汽车，这是目前遥控玩具最新的流行趋势。这个玩具汽车安装有一个红外线传感器，可接收配备红外线遥控器功能的手机发出的操作信号，实现了用手机来取代专用控制器

2 电动遥控玩具交通工具造型

器物玩具 [5] 玩具

注：四驱轨道赛车是集力学、机械学、电学、电磁学、材料物理学、空气动力学、美学、行为学为一身的微型电动玩具车

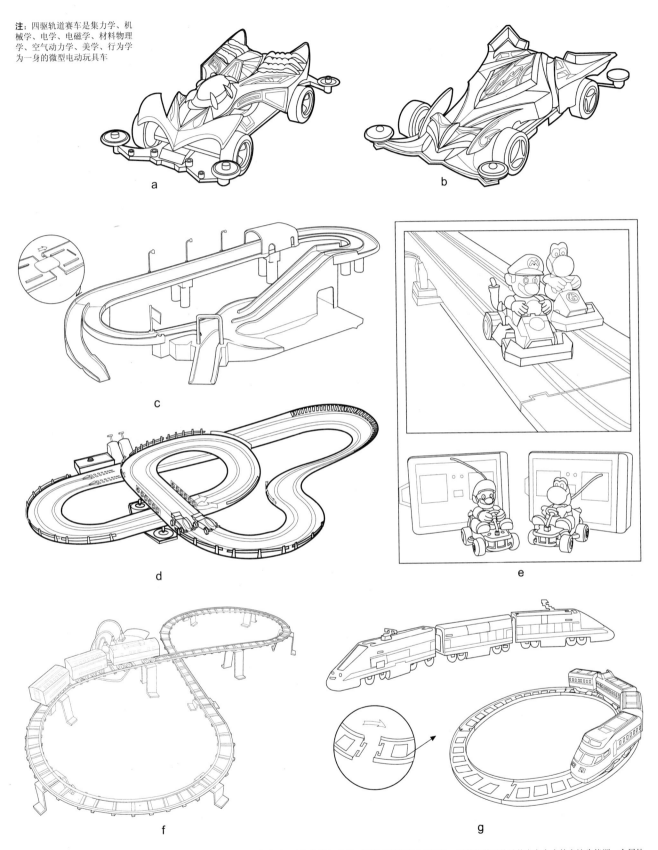

a　　b　　c　　d　　e　　f　　g

注：轨道类电动玩具车有火车、赛车等，沿轨道行驶，有些还有鸣叫、亮灯等附加功能。轨道有塑料和金属两种。塑料轨道玩具以装在车身内的电池为能源；金属轨道玩具以"工"字形金属路轨代替导线，通入低压直流电，依靠金属车轮与轨道接触后通电；另有一种轨道赛车，轨道可拼搭成各种形状，赛车由传动机构提升到一定高度，然后沿轨道滑下，滑行中能做出绕圈、滚翻等动作

1 轨道电动玩具交通工具造型

玩具 [5]　器物玩具

实用玩具

实用玩具是指具有实际使用功能的玩具化产品或者是产品化玩具。实用玩具涉及日常生活用品、家用电器、信息产等非常广泛的领域。这类玩具本身往往也是社会时尚、文化和科学的具体体现，并且体现使用者个人化风格，极大地满足了用户的心理、精神需求。

实用玩具的造型手法多样，主要特点有色彩鲜艳、明亮，图案丰富，多采用动画、漫画中的人物、场景作为装饰，形态局限性小，在满足功能要求的基础上，尽量突显其个性化差异，整体装饰感强。

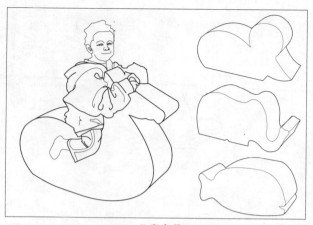

a 儿童家具

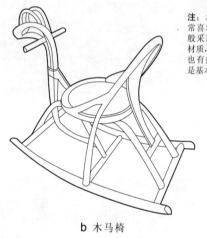

注：木马椅。这是儿童非常喜欢的家具和玩具，一般采用竹、木、藤等自然材质，造型有具象仿生的、也有抽象的，安全、耐用是基本要求

b 木马椅

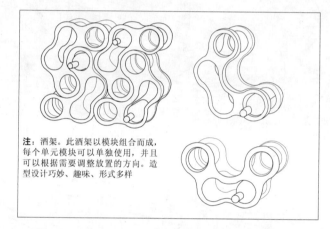

注：酒架。此酒架以模块组合而成，每个单元模块可以单独使用，并且可以根据需要调整放置的方向。造型设计巧妙、趣味、形式多样

c 酒架

注：七巧板置物架。将平面的七巧板进行创造性的立体化设计，使之具有一定的实用功能

d 七巧板置物架

1 家居用品造型

器物玩具　[5] 玩具

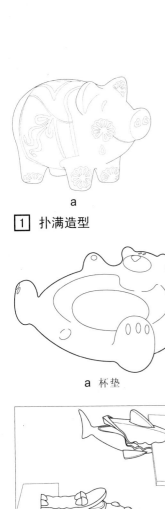

注：当你给他喂钱的时候他的眼睛和耳朵就会动起来，眼睛还会发出彩色的光芒，同时说上几句高兴的话，非常有趣。而且这个家伙不仅仅对硬币感兴趣，纸币也是来者不拒

a　　　　　　　　b　　　　　　　　c　　　　　　　　d

1 扑满造型

a 杯垫　　　　　　b 可拼接杯垫　　　　　　c 无钉订书机

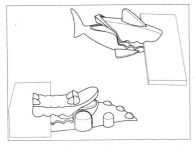
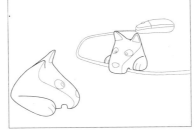
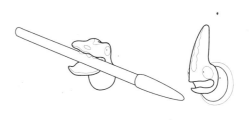

d 卡通夹子　　　　e 卡通集线器　　　　f 笔架

g 动物造型的锁　　　　　h 昆虫造型的USB接口震动按摩器

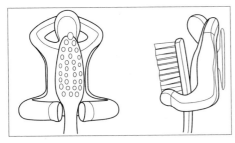
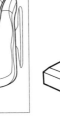

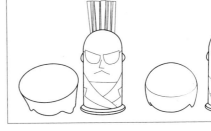

i 牙刷插座　　　　j 大鼻老筆座台　　　　k 人形刷子

2 小物品造型

211

玩具 [5]　器物玩具

a 人形书立　　b 趣味台钟　　c 卡通相架

d 电动食虫花　　e 双灯手电筒　　f 卡通造型手电筒

注：来电摩天轮。把手机放在上面，当有来电接入时，摩天轮就会开始转动，并伴随有MIDI音乐，同时摩天轮上的LED灯也会亮起，感觉就像是一款音乐盒一样

g　　h

i 儿童电视机　　j 儿童吸尘器

1 家用电器玩具造型

器物玩具 [5] 玩具

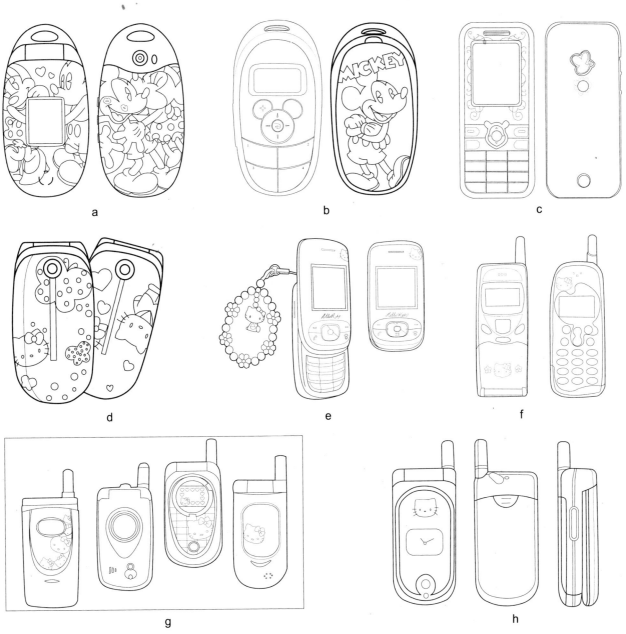

1 卡通主题儿童手机造型

a 令人乍舌的怪异玩具迷你音箱

2 电子音乐播放器造型

b 布绒熊儿童MP3

玩具 [5]　器物玩具

注：这些电子产品大多以动漫主题形象为原型，也称为动漫周边产品。有些是专门为儿童设计的，适合儿童的审美与操作，但同时也得到成人的喜爱

1　儿童电子摄影、摄像产品造型

器物玩具 [5] 玩具

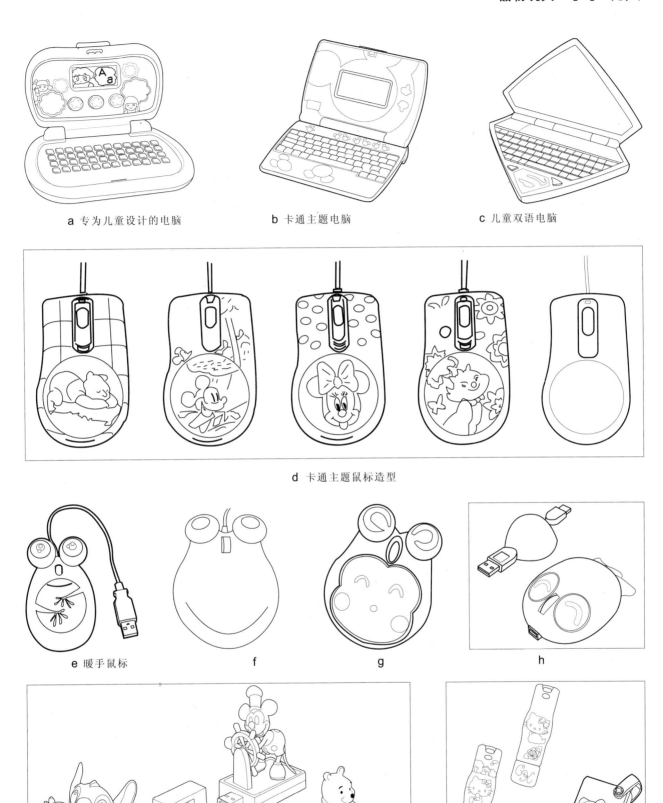

a 专为儿童设计的电脑　　b 卡通主题电脑　　c 儿童双语电脑

d 卡通主题鼠标造型

e 暖手鼠标　　f　　g　　h

i 限量版卡通明星U盘　　j 卡通明星U盘

1 电子产品玩具造型

玩具 [5]　器物玩具

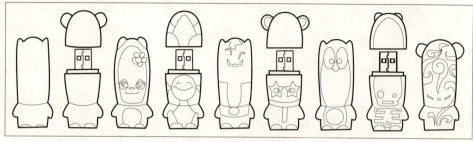
a 卡通造型U盘

b 仿真U盘

注：方便移动的存储器是具有非常丰富的造型，而玩具化、趣味化的设计风格是一个发展趋势，所以有许多迷你移动存储器兼有实用与玩具功能

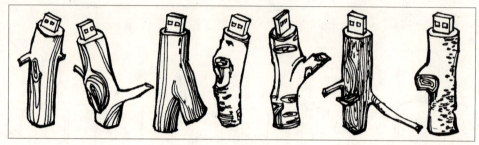
c 树桩U盘

d　　　e　　　f　　　g　　　h

[1] 卡通造型摄像头

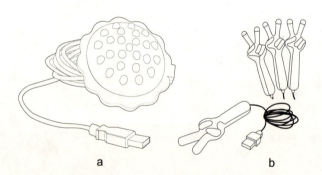

a　　　b　　　c

注：迷你鱼缸。以USB接口连同提供电能并通过专门的软件来控制水温、水量和过滤系统等，放置在办公桌上，是在工作之余休闲、娱乐，调节心情的时尚产品

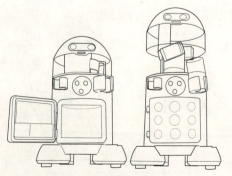
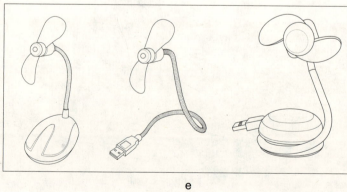

d 帮忙倒酒的迷你冰箱　　　e

[2] USB小型产品造型

器物玩具 [5] 玩具

注：三脚舞者MP3播放器。将功能与拟人化设计的玩偶造型完美结合，除发出音乐外，音箱功能的嘴巴可以发出不同的光，眼睛也会随着音乐而跳动，腹部会有7种不同的音调发出。敲击头部的触角更会有重金属的鼓声发出

a

b 卡通主题音响

c

d 可爱便携式音频播放器

e 小脚丫内部安装2W的扬声器单元，可以通过USB接口或者AC电源适配器供电

f 世界杯玩具

g

1 电子产品玩具造型

玩具 [5]　器物玩具

器物玩具类型非常多，几乎涉及生活中各个层面的器具和物品。除了生活用品、交通工具、家用电器类玩具，还有一些利用压力、热力、弹力、重力与平衡等原理设计制作的玩具。这些玩具有些是日常生活中儿童和成人喜闻乐见的玩伴，有些是在特别的节令、庆典等民俗、文化娱乐活动重要的组成部分，既是活动的道具也是玩具。如走马灯和孔明灯就是典型的代表。

走马灯和孔明灯这类玩具是最常见的、以热力学原理为基础的热力活动玩具，通过玩具内部的燃料燃烧产生热量，通过能量的转换从而带动玩具内部构件或玩具自身运动。这两种热力学玩具在我国有着悠久的历史，并且流传广泛，也是人们在逢年过节寄托美好祝愿的载体。

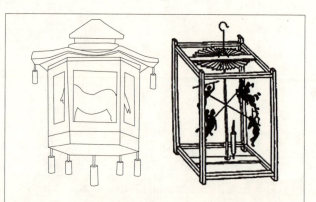

注：走马灯又叫"马骑灯"，最早出现在北宋时期。走马灯是用秫秸或竹篾扎成方形架子，形似小舞台，中央设立轴，轴的顶端安风轮，中间固定剪好的马形画面，利用蜡烛等热源燃烧的热气流作动力，使风轮装置带动轴上的马形画面转动，并投影到灯壁上。由于走马灯由于制作简易，在民众中得以接受、普及。现在走马灯的原理和结构广泛的应用于现代灯具设计中，而且走马灯的发明，启示了现代喷气式飞机发动机的发明

c 走马灯

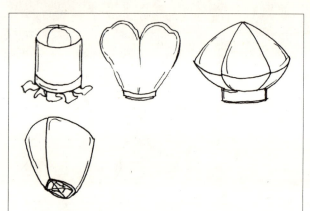

注：孔明灯又叫天灯，相传是三国时期诸葛孔明发明的。也有一说这类灯笼的外行酷似诸葛孔明的帽子，故而得名。
孔明灯的结构可分为主体与支架两部分，主体大都以竹篾编成，内用棉纸或纸糊成的灯罩，底部的支架则以竹削成的篾组成。一般的孔明灯是用竹片架成圆桶形，外面以薄白纸密密包围而开口朝下。点灯升空时，在底部的支架中间绑上一块沾有煤油或花生油的粗布或金纸，放飞前将灯点燃，灯内的火燃烧一阵后产生热空气，孔明灯便膨胀，放手后整个灯便会升空，底部的煤油烧完后孔明灯会自动下降。

a 孔明灯

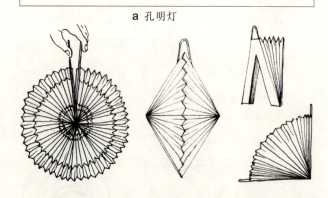

注：折纸灯笼。用棉纸、竹木等自然材质制作的折纸灯笼是中国传统民俗节日与庆祝活动的重要道具和符号，也是元宵节小朋友们最喜爱的玩具，现在还是一种代表中国传统文化的装饰品。折纸灯笼的制作非常简单，是儿童喜欢的手工制作活动之一

b

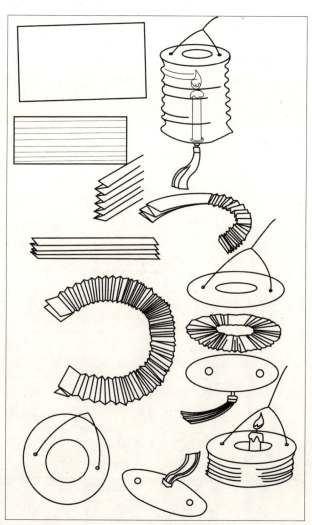

d 折纸灯笼的手工制作

① 灯笼的造型与制作

器物玩具 [5] 玩具

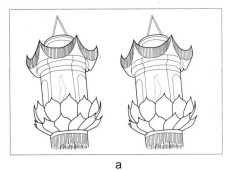
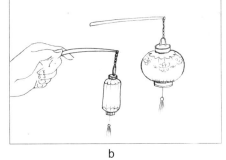

a　　　　　　　　　　　b　　　　　　　　　　　c

1 灯笼的造型

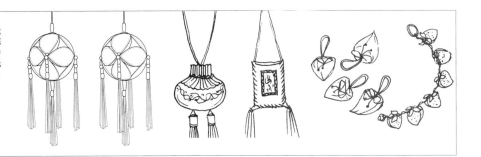

注：彩粽是端午节时女孩们的游戏和玩物，用五彩丝线缠绕而成。因其状如粽子而得名，又称作"五彩线粽"。我国传统民俗，农历五月初五称"端午节"，民间盛行佩戴香袋。香袋又名香囊、香缨，古称香缡

a

注：春节是中国民间最隆重的传统节日，俗称"过年"。春节起源于殷商时期年头岁尾的祭神祭祖活动。在新年到来之际，家家户户开门的第一件事就是燃放爆竹除旧迎新。爆竹是中国特产，亦称"爆仗"、"炮仗"、"鞭炮"，至今已有两千多年的历史

b　　　　　　　c　　　　　　　d

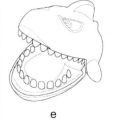
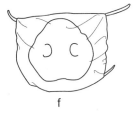
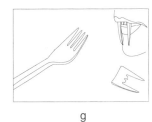

e　　　　　　　f　　　　　　　g

h

i

节令庆典玩具指特定节日和庆典中的应时玩具，通常具有较强的时间性，与民俗活动紧密结合，是民俗活动的重要组成部分。在各种节气节令民俗活动中，民间玩具是不可或缺的。

注：国外节令玩具。每年的12月25日的"圣诞节"是基督教历法的一个传统节日，是庆祝耶稣基督诞生的日子。圣诞树一般用杉柏之类的常绿树做成，象征生命长存。树上装饰着各种灯烛、彩花、玩具、星星、及各种圣诞礼物。
每年的10月31日是西方国家的传统节日"万圣节"，也叫"鬼节"。万圣节是儿童们纵情玩乐的好时候。夜幕降临，孩子们便迫不及待地穿上五颜六色的化妆服，戴上千奇百怪的面具，提上一盏"杰克灯"跑出去玩。"杰克灯"的做法是将南瓜掏空，外面刻上笑眯眯的眼睛和大嘴巴，然后在瓜中插上一支蜡烛，把它点燃，人们在很远的地方便看到这张憨态可掬的笑脸

2 其他节令玩具

玩具 [5]　器物玩具

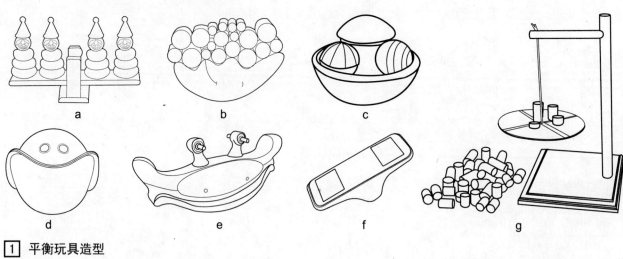

1 平衡玩具造型

重力惯性玩具依靠自身重力的作用产生动作。这类玩具的前身即是我国古代用来计量时间的沙漏，由此延伸出不同形态的玩具产品。还有一种是综合了多种动力因素的惯性玩具。

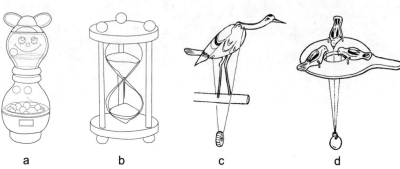

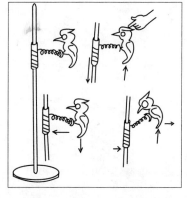

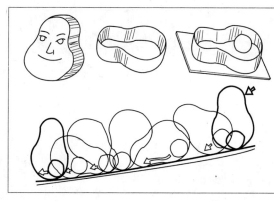

注：滚地葫芦是利用重力形成运动惯性的原理制成的。在一葫芦形的容器内放置一个圆形重物，把它放在一个倾斜的平面上，葫芦就会随着圆形重物的滚动而立起、躺倒、再立起地滚动起来

2 其他玩具造型

器物玩具 [5] 玩具

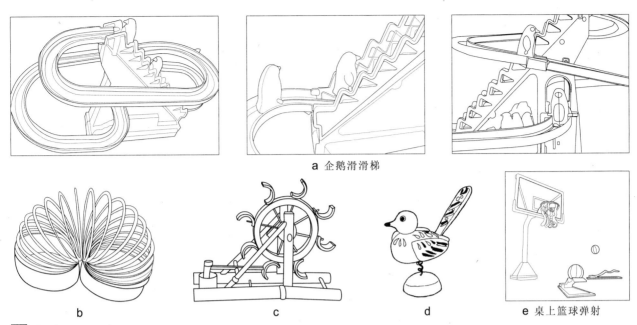

a 企鹅滑滑梯

b　　　c　　　d　　　e 桌上篮球弹射

[1] 其他玩具造型

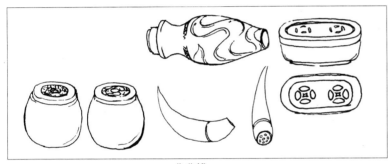

a 曲曲罐

注：素来有"北人养蝈蝈，南人养黄铃"之说，听的是叫唤，玩的则是器皿，以前很早的时候，市场上就有用各种高档材质加工制作的虫盒子。而随着人民生活水准的日益提高，社会环境的日益开放，这种老行当和各种"玩艺"市场又开始被激活了，各种虫盒子的设计成为商家推动鸣虫盒市场的出发点

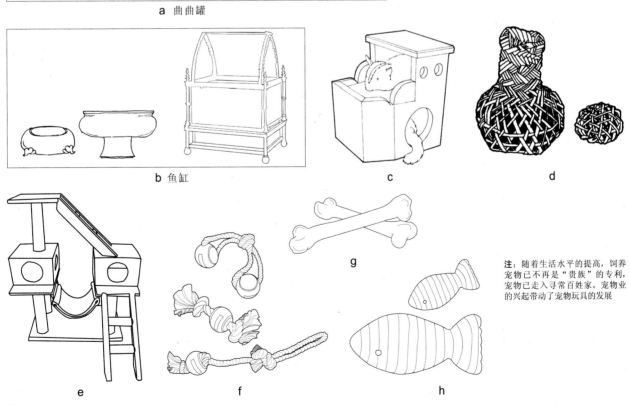

b 鱼缸　　　c　　　d

e　　　f　　　g　　　h

[2] 宠物玩具造型

注：随着生活水平的提高，饲养宠物已不再是"贵族"的专利，宠物已走入寻常百姓家。宠物业的兴起带动了宠物玩具的发展

221

玩具 [5] 手工制作玩具

手工制作玩具
变形玩具

变形玩具是一类具有现代创新设计思想与理念的玩具，从角色、造型的设计，材料，结构和制造技术的运用等都具有鲜明的个性特征和现代感，对现代玩具的设计、制作和研究都具有重要意义。变形玩具的形象以机器人为主，结构灵活多变，造型夸张、勇猛，具有突出的机械感。

变形金刚是变形玩具的代表。日本人最初创造了变形金刚的玩具雏形，美国人则彻底改造了它。自它诞生之日起，影响力就已远远超乎了始创的预想，整整影响了一代青少年，遍及世界各个角落，成为有史以来最成功的玩具之一。时至今日，变形金刚玩具的新作、续作层出不穷，赋予了它与众不同的灵魂、超凡脱俗的魅力。

变形玩具的设计制作过程也反映了现代玩具设计、制造的特点。首先绘制草图，再根据动画原稿作为基本设定，修改不合理的地方。然后深入绘制内构，设定内构草图基本内构剖面图，并通过3D建模作出效果设定。接着刻制模板、机械加工、做出模型雏形，并手工刻制细节、机械着色、水床冷却、打制模具，最后成型。

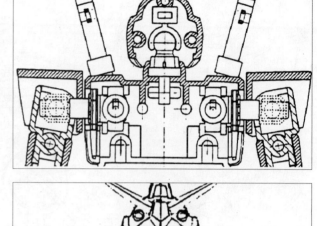

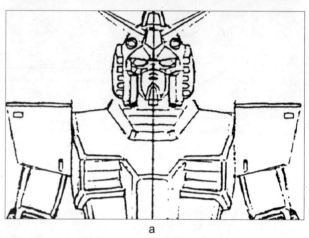

a

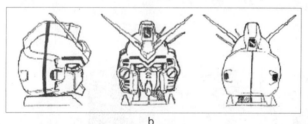

b

注：几乎每一款变形金刚玩具都发行美国版本和日本版本，这也是变形金刚玩具爱好者收集的重要区别。最初两种版本的外形和变形装置设计大体相同，但是为了控制成本，开始设计和采用一次性压铸部件，车轮也开始用塑料替代橡胶，还有一些使用的是完全相同的模具，只不过使用不同颜色塑料和不干胶贴纸加以区分

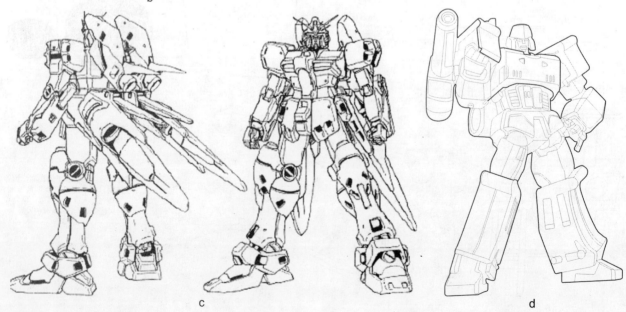

c   d

1 变形玩具零件与制作

手工制作玩具 [5] 玩具

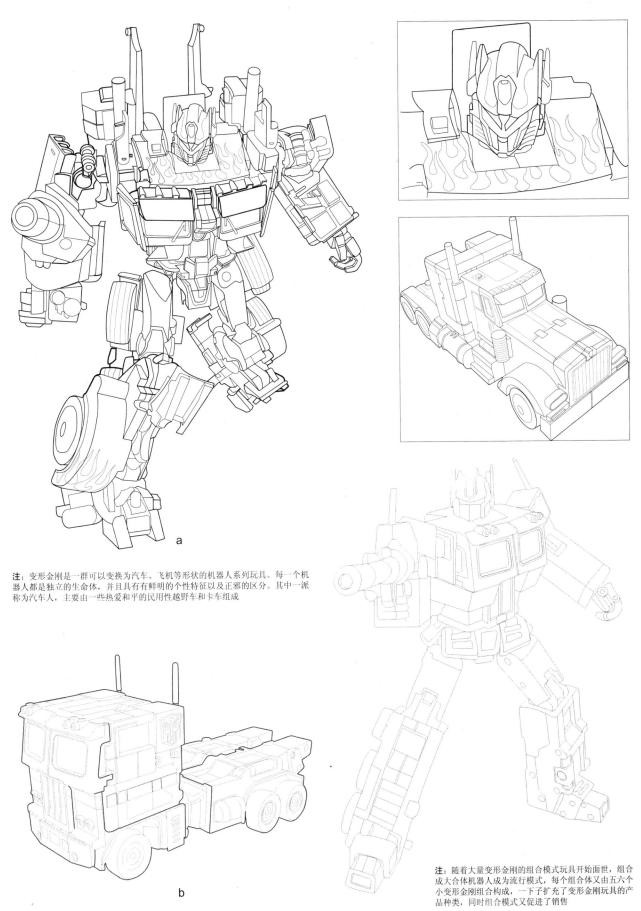

a

注：变形金刚是一群可以变换为汽车、飞机等形状的机器人系列玩具。每一个机器人都是独立的生命体，并具有有鲜明的个性特征以及正邪的区分。其中一派称为汽车人，主要由一些热爱和平的民用性越野车和卡车组成

b

1 变形玩具造型

注：随着大量变形金刚的组合模式玩具开始面世，组合成大合体机器人成为流行模式，每个组合体又由五六个小变形金刚组合构成，一下子扩充了变形金刚玩具的产品种类，同时组合模式又促进了销售

玩具 [5] 手工制作玩具

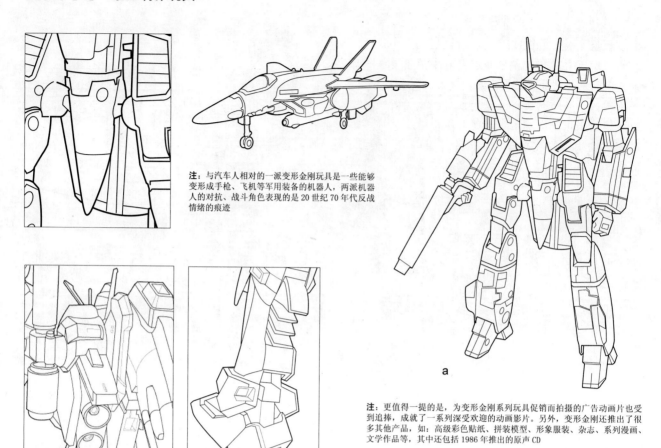

注：与汽车人相对的一派变形金刚玩具是一些能够变形成手枪、飞机等军用装备的机器人，两派机器人的对抗、战斗角色表现的是20世纪70年代反战情绪的痕迹

a

注：更值得一提的是，为变形金刚系列玩具促销而拍摄的广告动画片也受到追捧，成就了一系列深受欢迎的动画影片。另外，变形金刚还推出了很多其他产品，如：高级彩色贴纸、拼装模型、形象服装、杂志、系列漫画、文学作品等，其中还包括1986年推出的原声CD

b

1 变形玩具造型

拆解玩具

拆解玩具是传统健脑益智玩具中的重要组成部分。多利用物体的连续变形来改变物体的相对位置，将不同的形态结构拆解开来。如摘环玩具是将其中的环解出来；解绳玩具是要将其中绳结中的环解出来。连续状态的转移，包含极为深奥的数列原理，而环、绳游戏实际上就是一种拓扑学现象。拆解玩具按结构可分为摘套、摘环、解绳、交错、翻花和综合等六大类。

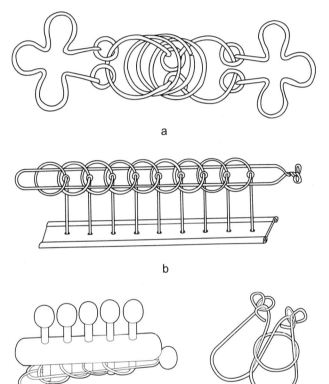

1 解环玩具

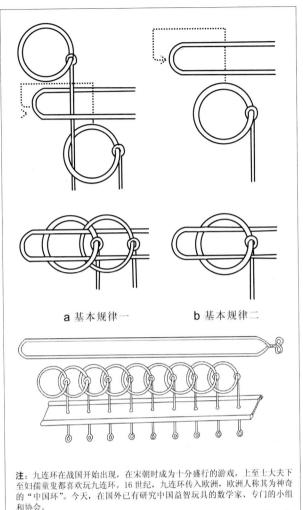

注：九连环在战国开始出现，在宋朝时成为十分盛行的游戏，上至士大夫下至妇孺童叟都喜欢玩九连环。16世纪，九连环传入欧洲，欧洲人称其为神奇的"中国环"。今天，在国外已有研究中国益智玩具的数学家、专门的小组和协会。
以金属丝制成9个圆环，将圆环套装在横板或各式框架上，并贯以环柄，按照一定的程序反复操作，可使9个圆环分别解开，或合而为一。解九连环脱步数计算法：Rn=3(2-1)，其中n代表环数，Rn代表脱步数

2 九连环与解法基本规律

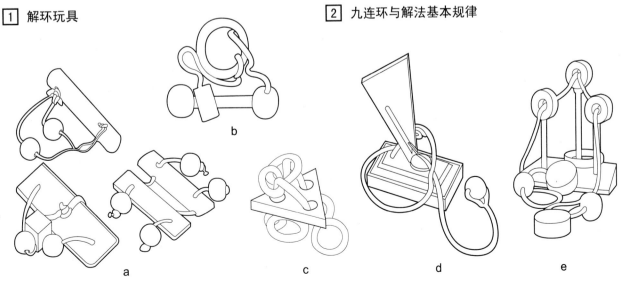

3 解绳玩具造型

玩具 [5]　手工制作玩具

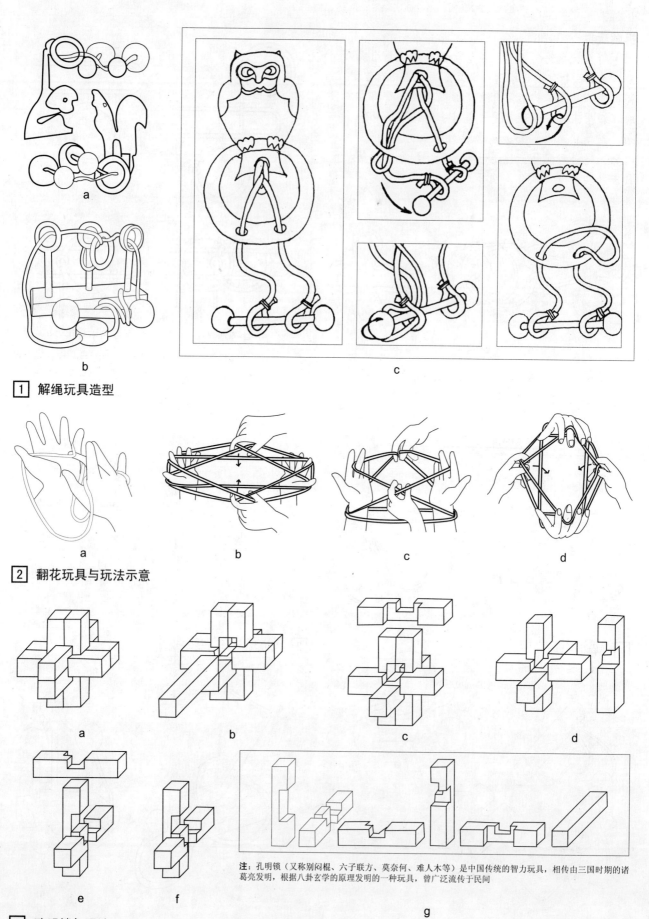

1 解绳玩具造型

2 翻花玩具与玩法示意

注：孔明锁（又称别闷棍、六子联方、莫奈何、难人木等）是中国传统的智力玩具，相传由三国时期的诸葛亮发明，根据八卦玄学的原理发明的一种玩具，曾广泛流传于民间

3 孔明锁与玩法

手工制作玩具 [5] 玩具

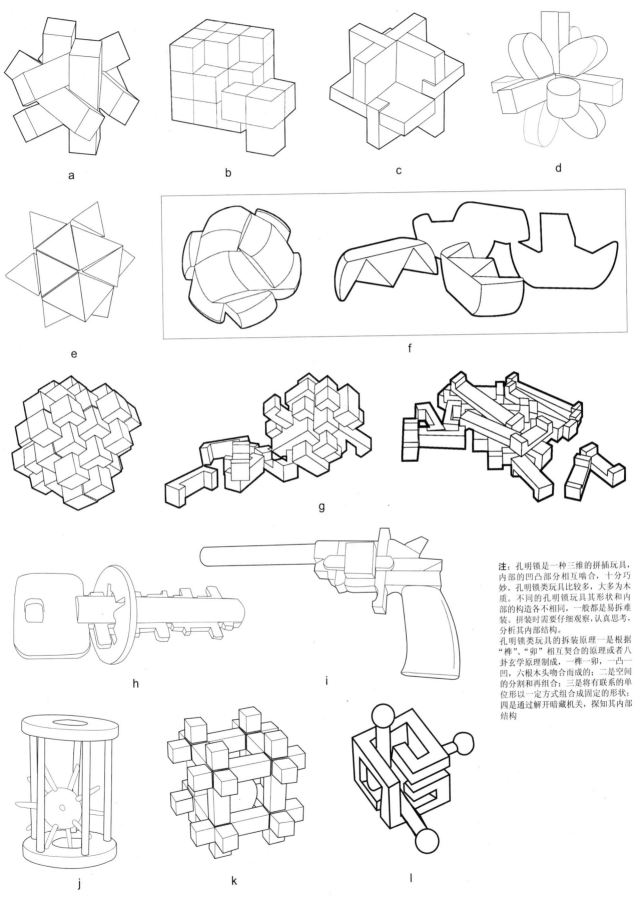

注：孔明锁是一种三维的拼插玩具，内部的凹凸部分相互啮合，十分巧妙。孔明锁类玩具比较多，大多为木质。不同的孔明锁玩具其形状和内部的构造各不相同，一般都是易拆难装。拼装时需要仔细观察，认真思考，分析其内部结构。
孔明锁类玩具的拆装原理一是根据"榫"、"卯"相互契合的原理或者八卦玄学原理制成，一榫一卯，一凸一凹，六根木头吻合而成的；二是空间的分割和再组合；三是将有联系的单位形以一定方式组合成固定的形状；四是通过解开暗藏机关，探知其内部结构

1 拆块玩具造型

227

玩具 [5]　手工制作玩具

手工模型玩具

手工模型玩具包括动态和静态两大主要类型，并且根据制作材料和技术的不同分简易模拟类和仿真还原类。简易模拟的模型玩具是低龄儿童手工制作活动的主要内容。仿真模型玩具着重于对真实器物的精确模拟与还原，制作此类模型玩具需要有关模型的详细资料以及历史，制作难度较高，需要具备一定的制作知识和技能，尽量使模型玩具真实准确。

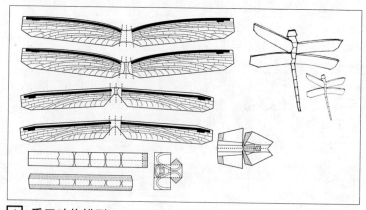

1　手工动物模型

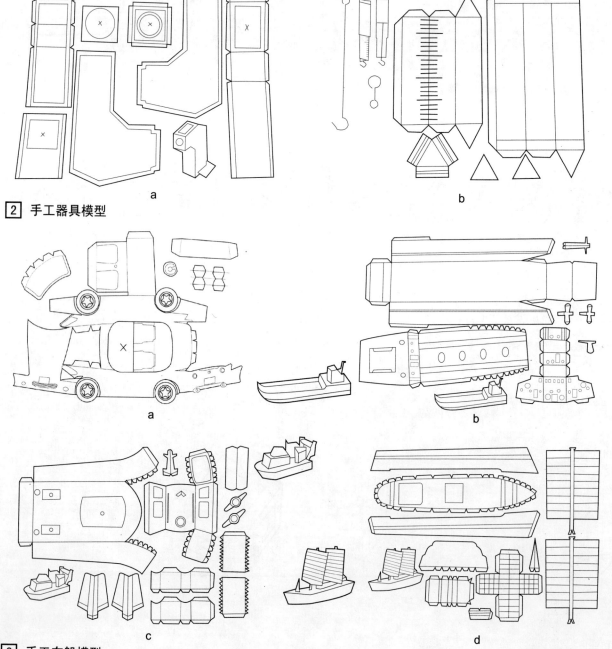

2　手工器具模型

3　手工车船模型

手工制作玩具　[5] 玩具

手工航空模型是手工模型玩具中一个主要类型。航空模型中飞机模型和模型飞机不同，飞机模型一般属于装饰、陈设的静态玩具，以飞机为形象按一定比例缩小的仿真模型，不能飞行；模型飞机可以飞行且可以通过遥控等方式实现对飞机的控制，是动态的仿真玩具。手工航空模型玩具的制作不仅是青少年喜爱的手工制作活动，也是许多成年人的业余爱好。

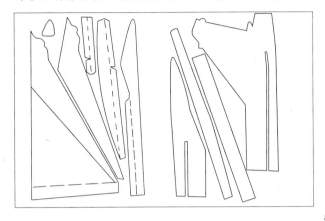

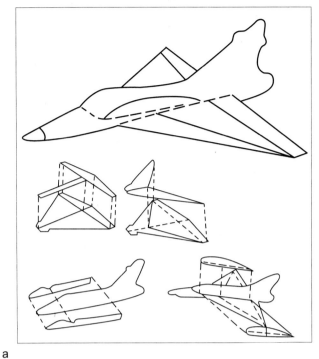

a

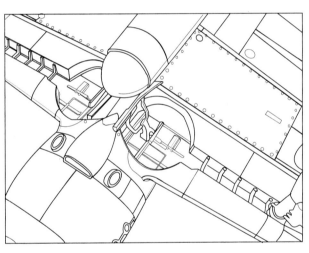

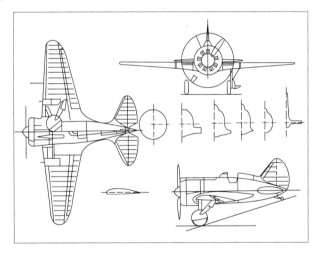

注：制作模型飞机一般从机翼开始。首先制作翼肋样板，进行裁剪、两侧机翼对接、翼梁加强、局部蒙板加强等加工组装，再制作副翼组装，接下来制作机身、平尾、垂尾、机轮，最后总体组装、蒙皮、图装完工

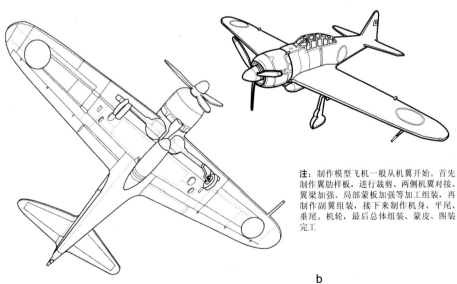

b

|1| 手工航空模型

玩具 [5] 手工制作玩具

拼搭玩具

拼搭玩具运用几何分割和拼接原理，将相同或具有差异性的模块进行自由组合、随意拼接或者通过一定规则进行重组，没有特定形态的约束，可以组合、拼接出多种形态生动、传神的造型。拼搭玩具不仅结构简单、容易发挥想象力，而且节约材料、便于加工。玩拼搭玩具动手、动脑、益智，有很强的娱乐性、趣味性和造型感。

传统拼搭玩具以木制为主，现代材料更多样化，有塑料、金属、磁性材料等。

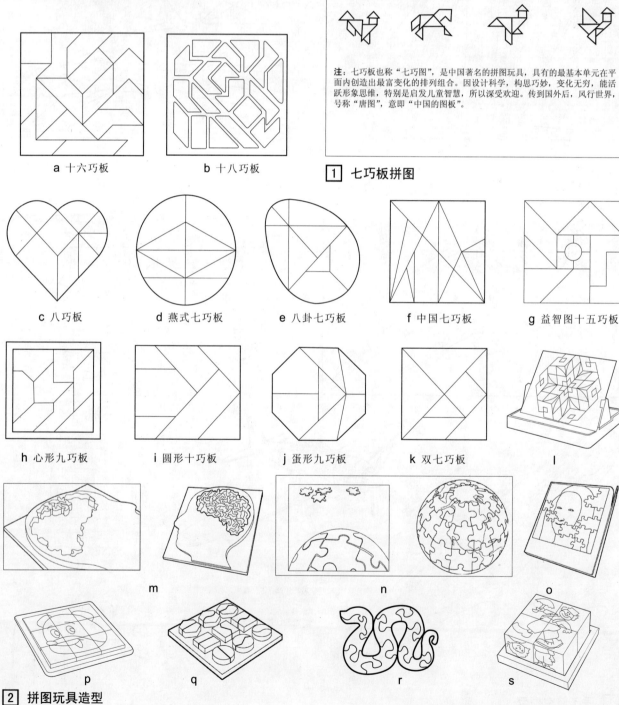

注：七巧板也称"七巧图"，是中国著名的拼图玩具，具有的最基本单元在平面内创造出最富变化的排列组合。因设计科学，构思巧妙，变化无穷，能活跃形象思维，特别是启发儿童智慧，所以深受欢迎。传到国外后，风行世界，号称"唐图"，意即"中国的图板"。

a 十六巧板　b 十八巧板

1 七巧板拼图

c 八巧板　d 燕式七巧板　e 八卦七巧板　f 中国七巧板　g 益智图十五巧板

h 心形九巧板　i 圆形十巧板　j 蛋形九巧板　k 双七巧板　l

m　n　o

p　q　r　s

2 拼图玩具造型

手工制作玩具　[5] 玩具

魔方又叫魔术方块，全称鲁毕克魔方，是匈牙利布达佩斯建筑学院鲁比克（Rubik）教授在 1974 年发明的，不久风靡世界，人们发现这个小方块组成的玩意实在奥妙无穷，社会学家将魔方列入 20 世纪对人类影响较大的 100 项发明之列。魔方种类较多，平常说的都是最常见的三阶立方体魔方。其实，也有二阶、四阶、五阶等各种立方体魔方。还有其他的多面体魔方，面也可以是其他多边形。

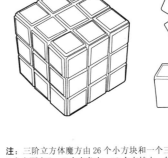
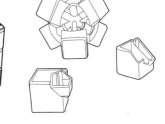

注：三阶立方体魔方由 26 个小方块和一个三维十字连接轴组成，小方块有 6 个在面中心，8 个在角上，12 个在棱上，物理结构非常巧妙。它每个面纵横都分为 3 层，每层都可自由转动，通过层的转动改变小方块在立方体上的位置，各部分之间存在着制约关系，没有两个小块是完全相同的。立方体各个面上有颜色，同一个面的各个方块的颜色相同，面与面之间颜色都不相同。这种最初状态就是魔方的原始状态

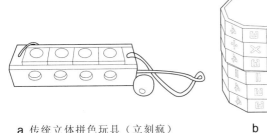

a 传统立体拼色玩具（立刻疯）　　　b

1 魔方结构

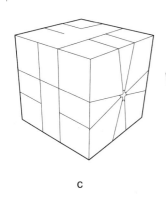
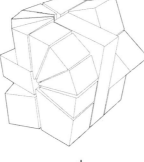
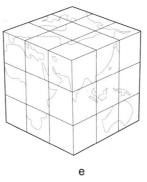
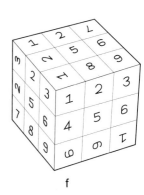

c　　　　　d　　　　　e　　　　　f

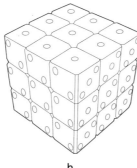
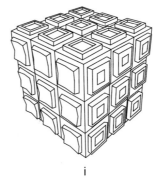
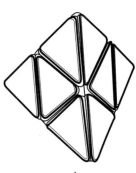

g　　　　　h　　　　　i　　　　　j

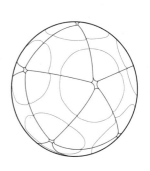

k　　　　　l　　　　　m　　　　　n

2 魔方造型

玩具 [5] 手工制作玩具

积木玩具在单独一个人的娱乐、游戏中扮演重要角色。积木玩具素材简单，但能给孩子们带来很高的成就感，其想象力及幻想的空间也能无限延展。弗罗贝尔则是进一步定出积木游戏理论的教育家，他设计的积木至今仍是许多国家孩子们喜欢的玩具。弗罗贝尔积木由圆形、三角形和四角形三种基本形状组成。

传统积木以木质为材料，表面还涂饰各种色彩或图案，现代积木的形态更加丰富，而且材料也更加多样化。这些积木玩具设计巧妙，可以堆叠拼出成城堡、房屋等多种不同图案，能变换出无数种玩法。但其规格是固定的，将全部积木收起来便可以形成一个漂亮的立方体，方便收纳、整理。

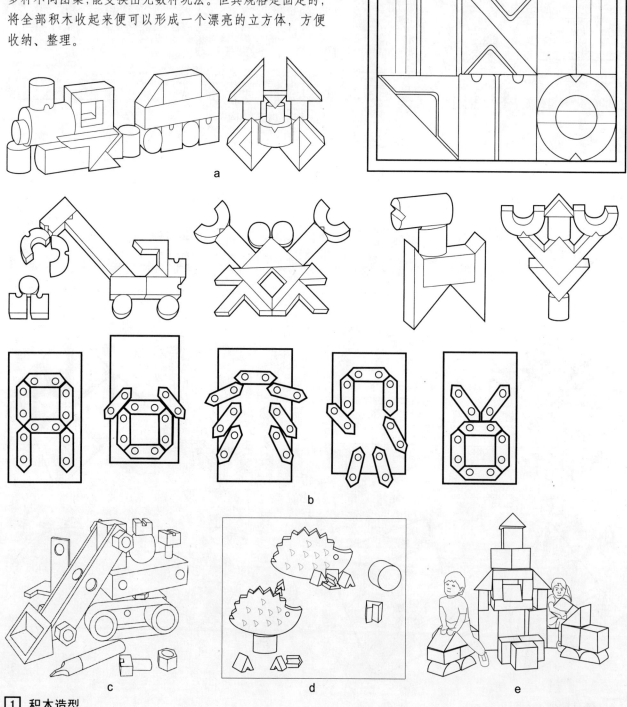

1 积木造型

手工制作玩具 [5] 玩具

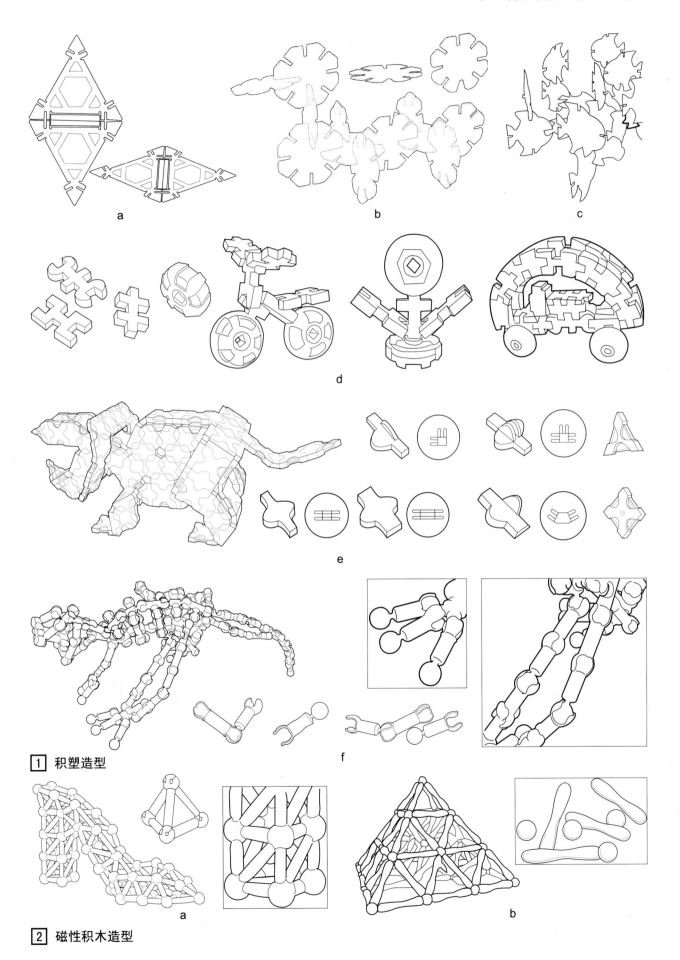

1 积塑造型

2 磁性积木造型

233

玩具 [5] 手工制作玩具

乐高公司创办于丹麦,至今已有 65 年的发展历史。乐高立体积木利用简单的模块通过不同人的不同组合,甚至同一人的不同巧思,可以为孩子们构建一个个生动奇妙的世界。

乐高模块包括尺寸为 $1\times1\times1$ 的乐高积木砖、带 1 孔的 1×1 梁和带两孔的 1×2 的梁、单凸点 1×2 的板、铰链等,其中三块板的高度等于一块砖的高度。

现在乐高立体积木还被用在虚拟的 3D 游戏中。例如乐高立体积木赛车游戏,可以按照乐高积木的使用方法设计自己的角色和赛车,实现人和游戏的互动。

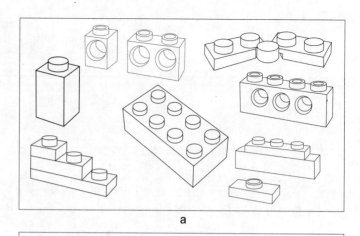

a

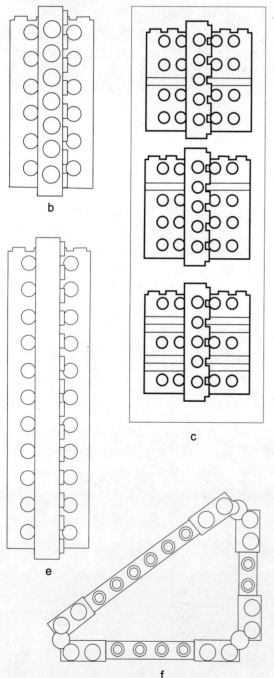

b

c

e

f

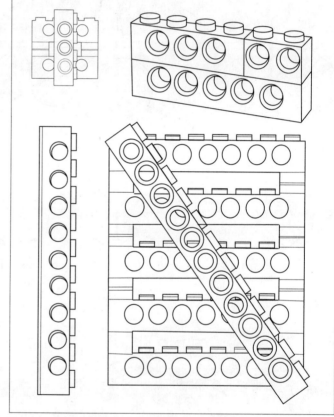

d

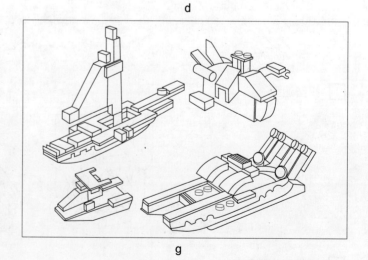

g

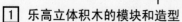

1 乐高立体积木的模块和造型

折纸玩具

早在几千年前就已有了折纸这一娱乐活动,千年的传承和发展,折纸成为一门具有艺术性、创造性的娱乐活动。纸质玩具具有环保简易的特点。

折纸玩具可以分为半立体和立体两大类。以纸为素材,利用纸张的转、折、凹、凸、弯、剪、割、揉等特性来构成所需要的半立体或立体造型。

立体类纸质玩具比较复杂,草图阶段主要是设计展开图;然后把展开平面的图纸落实在模型材料上,并注意节约用纸;最后完成粘贴。

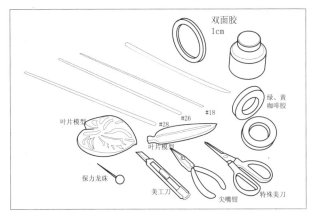

1 折纸工具、辅助材料和基本技法

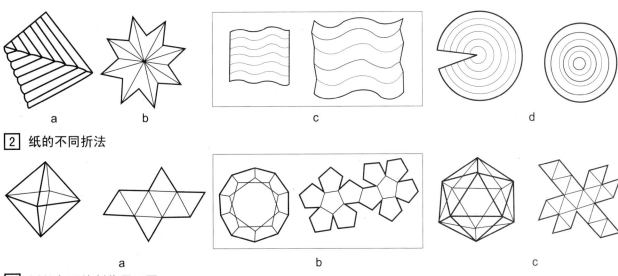

2 纸的不同折法

3 纸的多面体制作展开图

4 半立体折纸造型

玩具 [5] 手工制作玩具

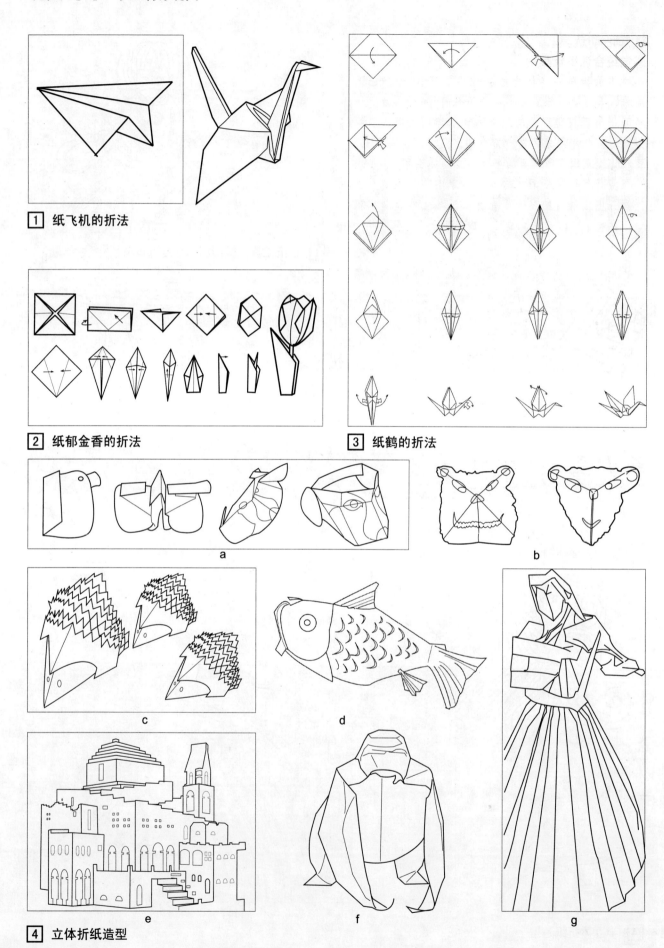

1 纸飞机的折法

2 纸郁金香的折法

3 纸鹤的折法

4 立体折纸造型

认知活动玩具
感觉统合训练玩具

人的大脑将身体上的各种感觉器官（如眼睛、耳朵、鼻子、皮肤、肌肉、关节等）受到刺激后传来的信息进行组织、分析、综合处理的功能，叫作"感觉统合"。如果大脑对感觉信息的整合发生了问题，不能够作出适当的反应，人的机体就不能有效和谐地运作，即产生了失调，此时大脑的高级认知活动如注意力、组织力、控制力、协调力、感受力、判断力等都会受到影响。因此，感觉统合能力是儿童学习生活能力的重要基础，对孩子的全面健康发展至关重要。

感觉统合训练是一种科学的儿童训练兼游戏系统，让孩子们通过各种专门的器械，如大滑板、小滑板、趴地推球、大陀螺游戏、吊缆系统、平衡踩踏车、蜗牛平衡板、小触觉球、羊角球、跳袋、跳床、脚踏石等，同时利用音乐、动作、游戏、识图等方法，在有计划、有指导、有针对性的游戏运动中，提高儿童的多感觉配合协调能力，整合左右脑优势让它们有效地合作，从而改善儿童存在的不同程度的感觉统合失调问题，属于儿童早期教育的一部分。

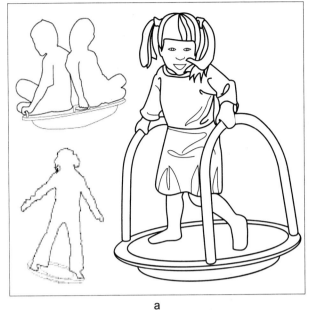

a

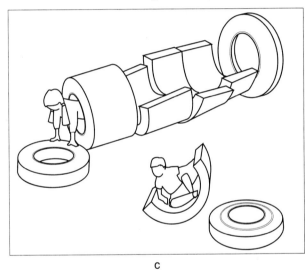

c

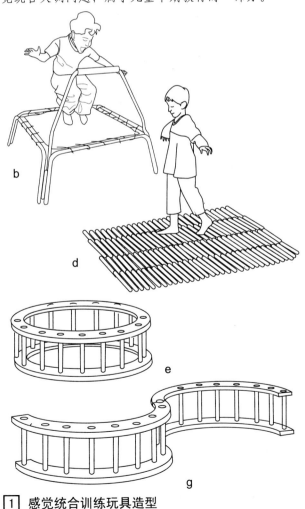

b

d

e

g

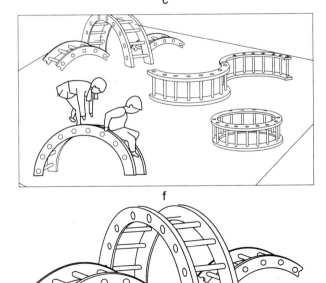

f

h

[1] 感觉统合训练玩具造型

玩具 [5]　认知活动玩具

娃娃家玩具

当幼儿的体力与智力都有了进一步的发展，其兴趣逐渐转移到带有简单情节的、能模仿大人生活和动作的玩具上，这些玩具可以扩大幼儿的生活环境、满足儿童的好奇心及喜欢模仿的天性。娃娃家成为这一年龄阶段幼儿成长过程中重要的游戏活动。

娃娃家游戏通过角色的扮演，借助各种玩具培养幼儿的独立性、自信心以及健康的情绪、情感和社会适应、交往能力、合作意识。娃娃家玩具是类别众多、形式多样化的玩具大家族。

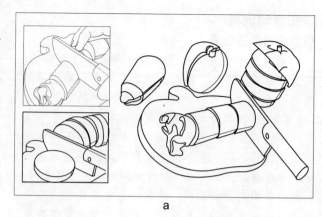

a

b　　　　　　　　　　　c

d

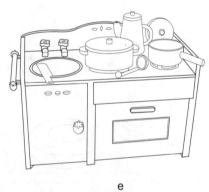

e

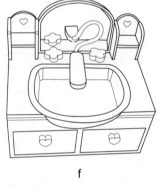

f

g

幼儿在娃娃家游戏中开始会商量着分配并假扮角色（你来当……我来当……），提出游戏主题和情节（妈妈"今天孩子过生日，我来打扮孩子"，爸爸"我来做饭"）。幼儿们还会在游戏主题下延伸、丰富情节，大致合乎情理地再现生活情境和过程，较恰当而延续地表现角色语言和行为，并通过娃娃家的主要活动来反映平时的生活内容，以至扩展到相关社会生活的主题和情节，如带孩子看病，去超市购物，去照相馆照相等。

幼儿在娃娃家游戏中，更多地以较恰当的伙伴交际性与角色交际性语言围绕主题发起、推进情节，相互应答，表现出自己对生活的认知和对角色的体验，并相互激发各方角色的想象与创造性表达。在游戏中，孩子开始学习表达、协商、分工、合作，并在假扮中担当角色，在此过程中，体验自信、友爱和快乐。

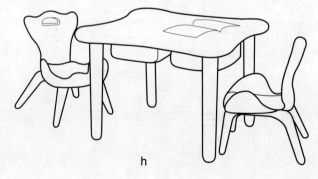

h

[1] 娃娃家玩具日常生活用品造型

认知活动玩具 [5] 玩具

1 娃娃家玩具日常生活工具造型

玩具 [5] 认知活动玩具

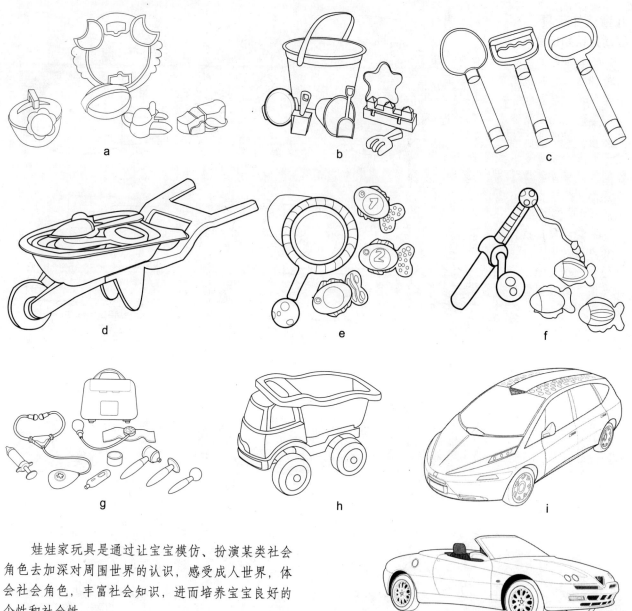

娃娃家玩具是通过让宝宝模仿、扮演某类社会角色去加深对周围世界的认识,感受成人世界,体会社会角色,丰富社会知识,进而培养宝宝良好的个性和社会性。

这类玩具包括各种娃娃家小餐具、小家具、小衣服等,宝宝可以模仿大人做娃娃的妈妈或爸爸,像父母照料自己那样"照料"他的"宝贝"。

还有一些物品玩具如一套塑料木工工具玩具,里面包括小锤子、小改锥、小电钻、小锯、小尺等;一套医生用具玩具,里面有小听诊器、小注射器等。现实生活中这些真的东西不可能让宝宝动,但娃娃家玩具可以给宝宝提供一个安全的机会和环境。

娃娃家玩具具有虚拟性或象征性的普遍特征,并以"假装"为标志,给宝宝提供了想象的充分自由或空间。宝宝与玩具接触的过程中经常发生以物代物或以物代人的现象,即把玩具作为现实生活中真实存在的物品或人。

注:给宝宝准备的双层情景式电子加油站,里面配备了两辆玩具小车,其中设置电子音效,包括:汽车升降机提示声、红绿灯放行声、洗车声、加油声。给多人提供玩加油站的娃娃家游戏。不仅可以用来训练宝宝声音、颜色的认知及手眼协调能力,还可以培养宝宝社交能力和社会感

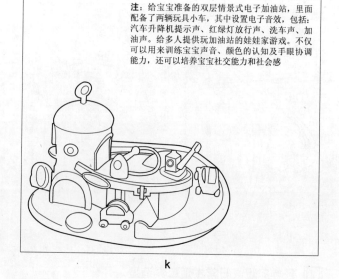

1 其他娃娃家玩具造型

儿童认知玩具 [5] 玩具

儿童认知玩具
婴幼儿认知玩具

玩具是婴幼儿生活的伴侣，也是他们认识世界的教科书。它是把想象、思维等心理过程转向行动的媒介物，为婴幼儿身心的发展提供了物质条件。

婴幼儿玩具能满足其好奇心和探索活动的愿望，可以调节婴幼儿活动的积极性，通过刺激婴幼儿视觉、听觉、触觉等感官促进婴幼儿的肌体健康、动作能力提高和智力的发展，开发培养儿童的观察力、注意力、想象力和创造力，有助于培养婴幼儿良好生活和学习习惯。

此类玩具的设计要求符合年龄特征，不同生长发育阶段对玩具种类有不同需求。一般初生至4个月的婴儿需要有利于发展视听感觉及动作的玩具，如可以悬吊在摇篮周围的体积稍大、色泽鲜艳、可发声音的玩具；5至10个月的婴儿需要会活动、有声音、能抓在手里的玩具，如摇铃、积木等来锻炼手的抓、捏能力，一岁至一岁半的儿童已能站立，并开始学走路，需要一些机动的、带声响的较大型的玩具，如学步车、拖拉玩具、积木等。

总的来说，婴幼儿玩具的设计应具有鲜艳的色彩、悦耳的声音、优美的造型、丰富的形象及精巧的结构，能反映事物的典型特征，活动多变，有助于鼓励学习，锻炼思维、反应能力和基本肢体技能等，并且应符合卫生要求，无毒、无害、无不良刺激与安全隐患，易于清洁、消毒；符合行业、国家的安全标准和相关规定、要求。

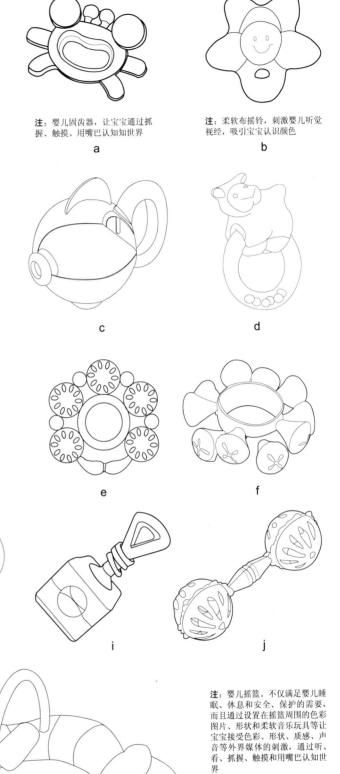

注：婴儿固齿器，让宝宝通过抓握、触摸、用嘴巴认知世界
a

注：柔软布摇铃，刺激婴儿听觉视经，吸引宝宝认识颜色
b

c d e f g h i j

注：婴儿摇篮。不仅满足婴儿睡眠、休息和安全、保护的需要，而且通过设置在摇篮周围的色彩图片、形状和柔软音乐玩具等让宝宝接受色彩、形状、质感、声音等外界媒体的刺激，通过听、看、抓握、触摸和用嘴巴认知世界

k l

[1] 婴幼儿认知玩具造型

玩具 [5]　儿童认知玩具

注：为 18 个月大的孩子提供一系列培养探索和求知欲望的玩具，让他们在走、爬的学习过程中感受音乐的魅力，帮助培育儿童视听能力的发展。借此玩具的独特设计，宝宝完成了由坐着到站起来的飞跃

注：不同的放置方式适合不同年龄阶段的儿童玩，此类玩具已经成为了家居的一部分

1　其他娃娃家玩具造型

儿童认知玩具 [5] 玩具

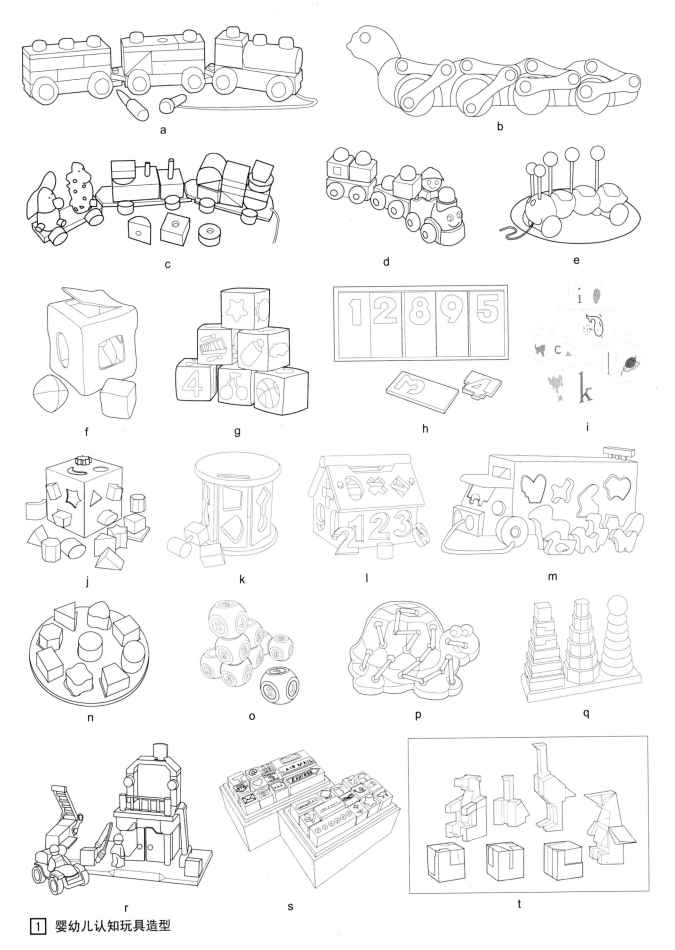

1 婴幼儿认知玩具造型

玩具 [5]　儿童认知玩具

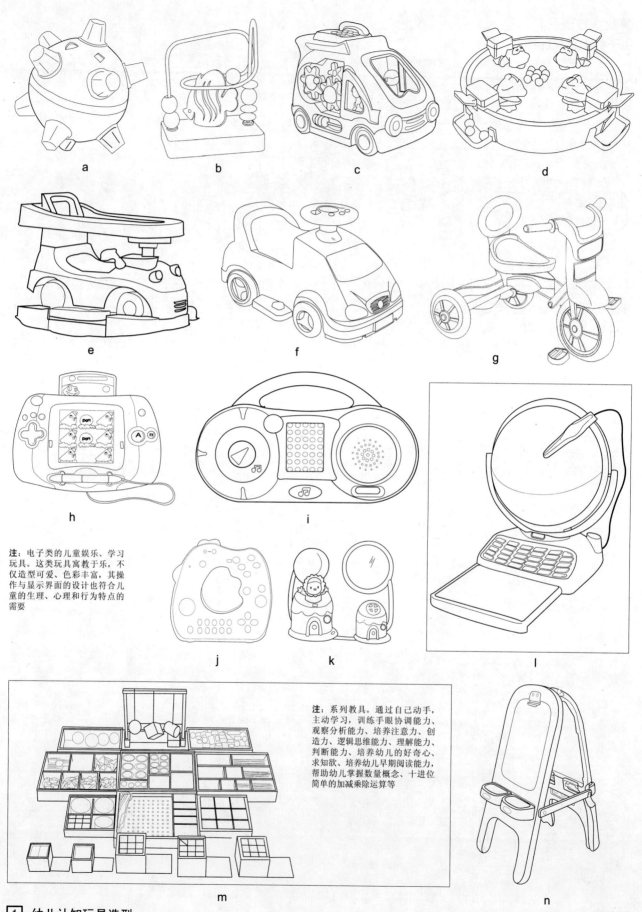

注：电子类的儿童娱乐、学习玩具。这类玩具寓教于乐，不仅造型可爱、色彩丰富，其操作与显示界面的设计也符合儿童的生理、心理和行为特点的需要

注：系列教具。通过自己动手，主动学习，训练手眼协调能力、观察分析能力、培养注意力、创造力、逻辑思维能力、理解能力、判断能力、培养幼儿的好奇心、求知欲、培养幼儿早期阅读能力、帮助幼儿掌握数量概念、十进位简单的加减乘除运算等

① 幼儿认知玩具造型

游戏竞技玩具 [5] 玩具

游戏竞技玩具
电子数字游戏玩具

电子数字游戏玩具是运用大规模集成电路和多媒体、交互技术,具有信号储存、逻辑运算等功能。其硬件一般由信号发生器、逻辑储存器、显示器、操作控制装置组成,软件包括虚拟场景、角色、动作、情节和程序等,其中完成人机交互实现娱乐功能的人机界面是设计的重点。

高新技术和人性化设计的使玩具得以实现更多的娱乐功能,电子数字游戏包括个体育、竞技、赛车、动作、情节、情感等多种类型,带给玩家各种各样的游戏概念和感受,它不仅受到儿童的喜爱,更受到众多成年人的青睐。

注:电子宠物是很特殊的一类电子游戏类玩具。游戏内容多为抚养一只虚拟的小动物,它体积小巧,方便携带,在20世纪80～90年代曾风靡一时,深受人们喜爱。早期的电子宠物只限于单机版,现在电子宠物也逐渐发展成为通过红外线可以相互联机的游戏玩具,使玩具的使用或宠物的喂养更加人性化

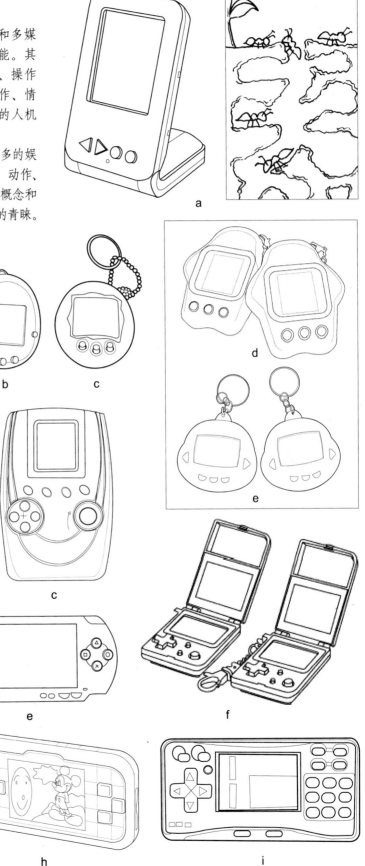

1 电子宠物游戏机

2 掌上电子游戏机造型

245

玩具 [5] 游戏竞技玩具

a

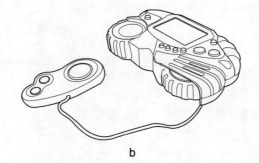
b

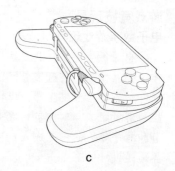
c

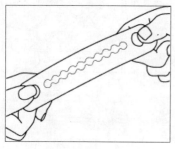

注：口袋里的乒乓球游戏机

d

袖珍电子游戏机体积小巧、价格适中，随时可用，且有些机型还具有其他辅助功能，因而颇受青少年的喜爱，近年来其社会拥有量也越来越大。

早期的袖珍电子游戏机内部结构简单而经济，外观朴素、简洁，其游戏内容和形式都比较单一，并且图像和操作简易、单调，形象也比较粗糙，虽然容易掌握上手，但也容易乏味。

随着软、硬件技术的更新换代，处理动画和图像的能力大为增强，所以袖珍电子游戏机不断推陈出新、迅速发展。其游戏容量更大、内容丰富多样，画面具有明显的立体感，音源逼真丰富，效果令人陶醉，并且袖珍电子游戏机的外观造型也更加精致、时尚和多样化，给不同年龄的玩家提供更多的选择。在操作使用的人机界面设计上更注重人机关系的协调和互动的实现。

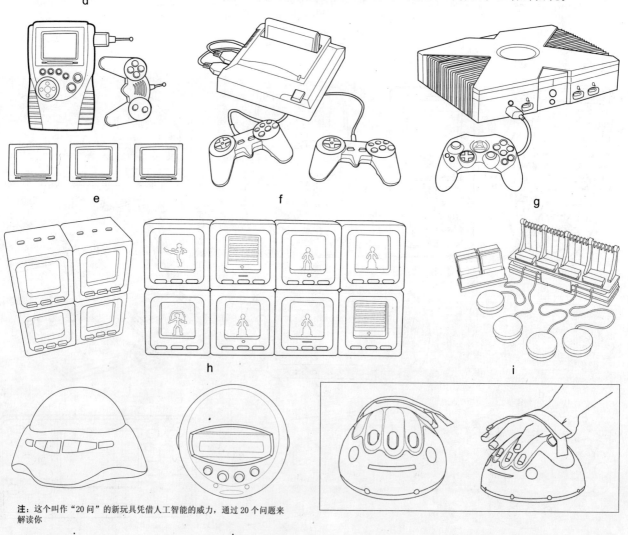

e　　　　　f　　　　　g

h　　　　　i

j　　　　　k　　　　　l

注：这个叫作"20问"的新玩具凭借人工智能的威力，通过20个问题来解读你

1 电子数字游戏机

游戏竞技玩具　[5] 玩具

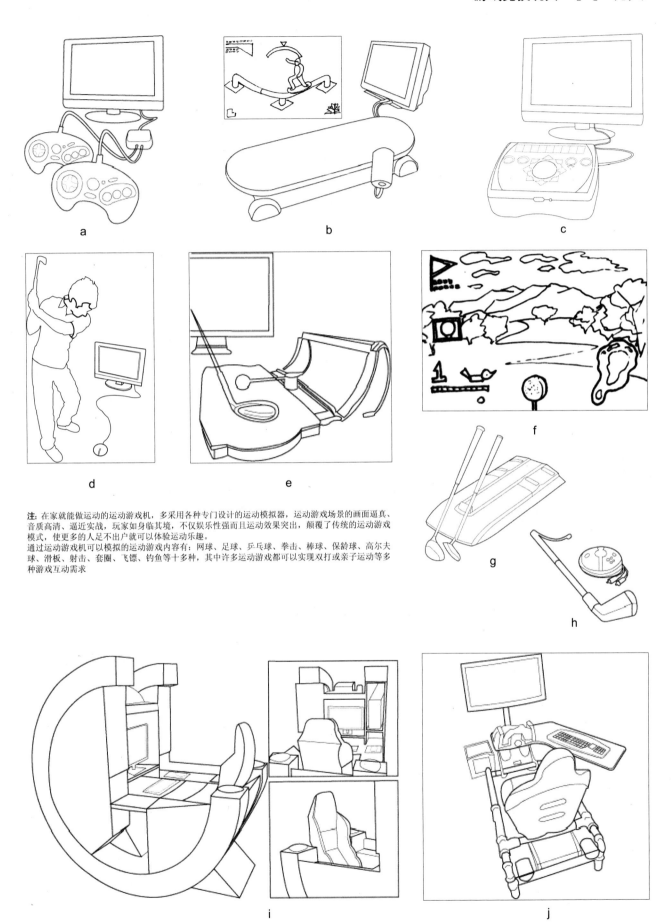

注：在家就能做运动的运动游戏机，多采用各种专门设计的运动模拟器，运动游戏场景的画面逼真、音质高清、逼近实战，玩家如身临其境，不仅娱乐性强而且运动效果突出，颠覆了传统的运动游戏模式，使更多的人足不出户就可以体验运动乐趣。
通过运动游戏机可以模拟的运动游戏内容有：网球、足球、乒乓球、拳击、棒球、保龄球、高尔夫球、滑板、射击、套圈、飞镖、钓鱼等十多种，其中许多运动游戏都可以实现双打或亲子运动等多种游戏互动需求

1　掌上电子游戏机造型

247

玩具 [5] 游戏竞技玩具

电子数字游戏控制器，也称游戏手柄，但根据游戏内容和操控方式的不同，其造型会有差异。一般电子数字游戏控制器采用符合人体工程学的流线型设计，握把圆滑，与手的结合紧密，手感非常舒适，给人很强的"掌握感"，有些在手握处还特意采用了橡胶材质的防滑设计。通常游戏手柄正面有方向键、功能按键和其他标准按键，有些在背面还提供操控游戏需要的其他功能键，如扳机键、操纵杆等。

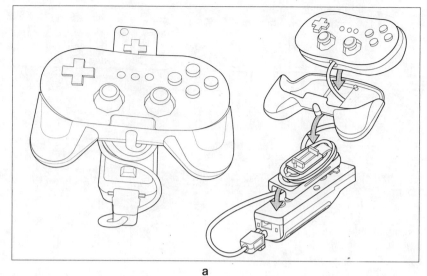

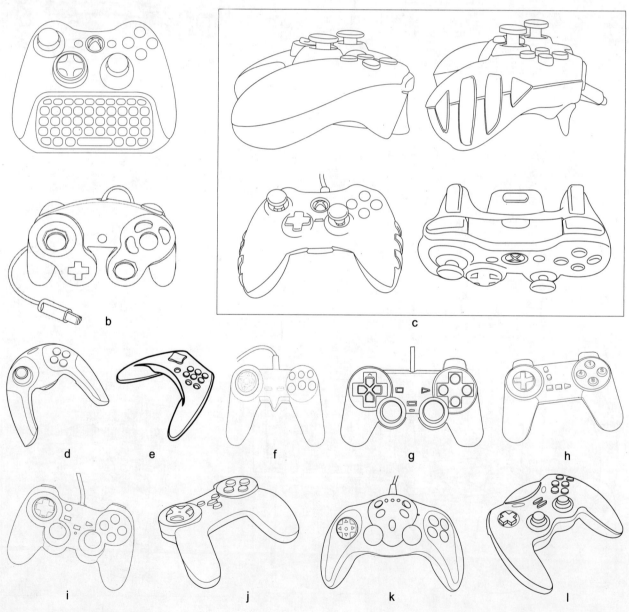

① 电子数字游戏控制器造型

游戏竞技玩具 [5] 玩具

1 掌上电子游戏机造型

玩具 [5]　游戏竞技玩具

有些电子数字游戏控制器是专门针对枪战、赛车、飞行器等游戏设计的综合性系统控制器，使玩家能身临其境，更好地进行人机互动。

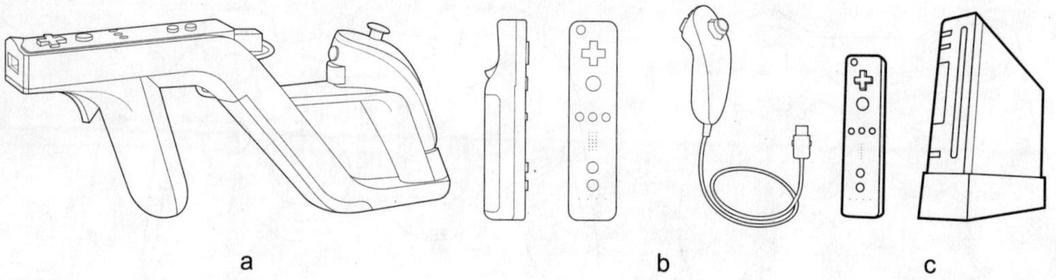

a

b

c

d

e

f

g

h

i

j

k

l

m

[1] 电子数字游戏控制器造型

棋牌玩具

棋牌玩具是重要的益智游戏道具，棋牌游戏以推理为主，知识性和机智性为辅按照事先制定的游戏规则由个人或几人进行游戏活动。棋牌游戏和玩具的种类繁多，其中围棋、象棋、麻将牌等是中国传统的棋牌玩具，国外也有路径棋、动物棋、飞行棋等。

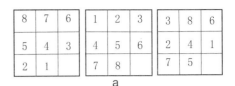

注："九宫格"最早起源于中国，是现在数独游戏的前身，儒家典籍《易经》中的"九宫图"也源于此。"九宫格"游戏要求纵向、横向、斜向上的三个数字之和等于15，而非简单的九个数字不能重复。

注：华容道又名"捉放曹"，由经典的故事发展成益智玩具，是一种移动策略游戏玩具，可一人玩，在一定的规则下移动方块，使其到达特定位置或实现某种既定目的。
棋子共10枚，最大的一枚棋子被命名为曹操，中号的5枚棋子为刘备的"五虎上将"，小号的4枚棋子是兵。游戏的目的是通过棋盘的2个空格以最少的步数将曹操调出出口。

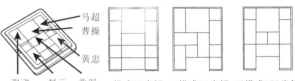

b 华容道

注：中国象棋具有悠久的历史，战国时期已经有了关于象棋的正式记载，早期的象棋，是象征当时战斗的一种游戏，宋代的《事林广记》中就记载着中国目前所能看到的最早的象棋谱。象棋是中华民族的传统文化，现在中国象棋已流传到十几个国家和地区。
象棋是由两人轮流走子，以"将死"或"困毙"对方将（帅）为胜，象棋游戏有数以亿计的爱好者，它不仅能丰富文化生活、陶冶情操、更有助于开发智力、启迪思维，锻炼辨证分析能力和培养顽强的意志

c 中国象棋

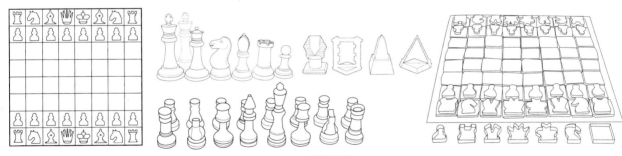

d 国际象棋

注：围棋是一个智力游戏，起源于中国，有超过三千年的历史。围棋的规则十分简单，却拥有十分广大的空间可以落子，使围棋的变化多得数不清，比中国象棋还复杂。这就是围棋的魅力。
标准的围棋盘略呈长方形，棋盘盘面有纵横各19条等距离、垂直交叉的平行线，共构成361个交叉点，横线的等距离为2.25～2.35cm，纵线的等距离2.4～2.5cm，盘面外侧留有2cm。在盘面上标有几个小圆点，称为星位，中央的星位又称"天元"；棋子分黑白两色，均为扁圆形。棋子的数量以黑子180、白子181个为宜。标准围棋子的直径2.2～2.3cm，厚度不超过1cm。围棋的基本术语包括气、提子等，围棋的规则为：①双方各执一色棋子，黑先白后，交替下子，每次只能下一子；②子下在棋盘的点上；③子下定后，不得向其他点移动；④流下子是双方的权利，但允许任何一方放弃下子权

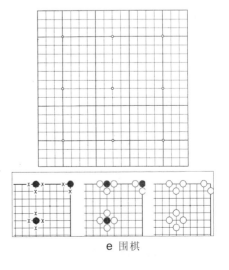

e 围棋

1 棋牌玩具造型

玩具 [5]　游戏竞技玩具

《大不列颠百科全书》中这样定义：军棋是国际象棋的变种，1900前后首先流行于英国，军棋又被称为陆战棋。军旗游戏由对弈双方展开，并有第三方作为裁判根据双方各自的意见代为走棋，双方根据裁判所提供的有限情报进行决策并着棋。

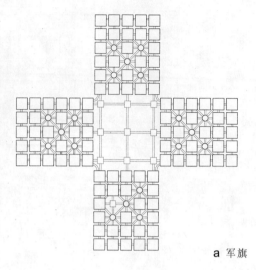
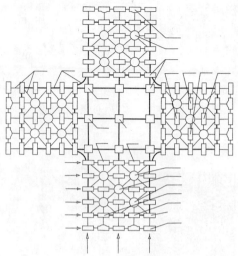

a 军旗

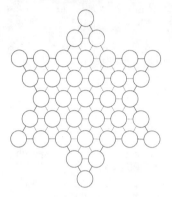

b 跳棋

注：跳棋又被称为"波子棋"，是一种可以由二至六人同时进行的棋类游戏。跳棋的棋盘为六星型，棋子分为六种颜色，每种颜色10枚棋子，一种颜色的棋子刚好可以放满一个角，每一位玩家占一个角，拥有一种颜色的棋子

c 飞行棋

注：飞行棋是由四种颜色组成，游戏最多可以同时由四个人各执一种颜色的棋子一起玩。飞行棋游戏先从掷骰子开始，骰子停下来显示的数字决定可以走几步。但是刚开始时一定要投出六，飞机才能起飞，并且投出六时还拥有再投一次机会

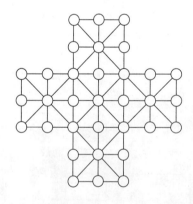

d 独立钻石棋（单身贵族）

注：独立钻石，即"单身贵族"起源于18世纪法国宫廷贵族，是一种挑战自我的游戏，锻炼以少数图像进行逻辑推理的能力。游戏开始将棋子摆满棋盘，只留下中心一个空白。任选一棋子横向或竖向（不可斜向）跳过另一枚棋子，被越过的棋子即可被取下，最后剩下一子并留在中心

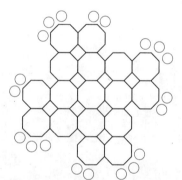

e 路径棋

注：是现在成年人最喜欢的游戏之一，可以开拓思维，丰富想象力，提高智力。路径棋属于战略游戏，八角形的路径牌变化多端，平均游戏时间为30～90分钟，在变化多端的游戏中获得竞技娱乐和自信

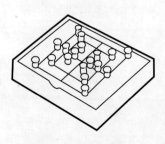

f 九子棋

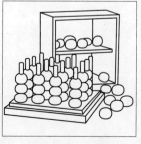

g 立体四字棋

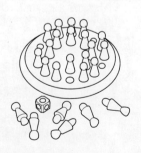

h

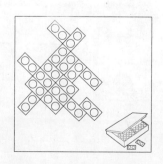

i

1 棋牌玩具造型

游戏竞技玩具 [5] 玩具

注：扑克共有54张牌，有红桃、方块、梅花、黑桃四种花色。各地有不同的玩法和规则。近年来许多国家都把反映本国文化、民俗和风貌的有代表性的画面印在扑克上，将知识性、娱乐性、观赏性融为一体，堪称小百科全书

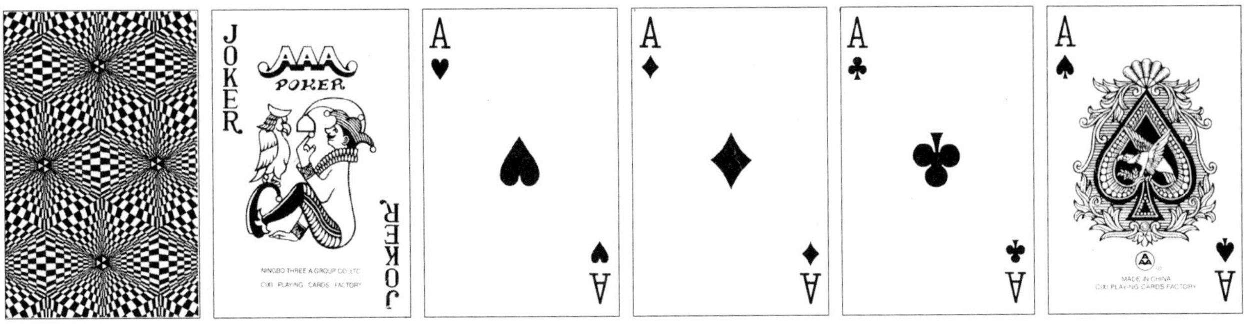

① 扑克牌玩具造型

注：麻将是我国民间广泛流行的一种娱乐游戏。不同地域不同规则也产生不同的玩法，有北京麻将、上海麻将等。麻将牌共计144张，造型和表面的图形符号大同小异，材料有骨、木、竹、塑料等。现在已开发出"麻将软件"。在计算机前，按动键盘，就可以同计算机打起"雀战"，其乐无穷

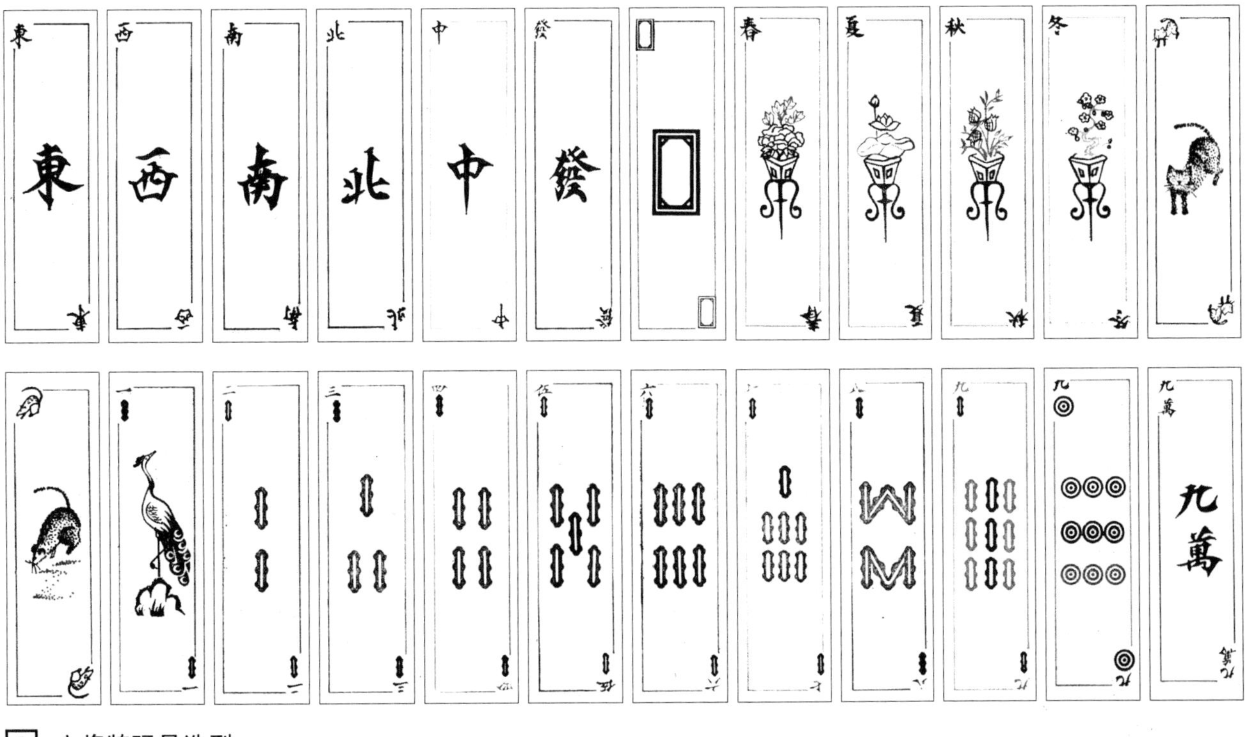

② 麻将牌玩具造型

玩具 [5]　游戏竞技玩具

中国有许多在民间南北通行的传统运动游戏，如跳方格、跳皮筋、跳绳、踢毽、打砂包、滚铁环、捉迷藏等。这些传统运动游戏不仅有利于身体运动能力与技巧的提高，促进身心协调发展，而且运动过程中相伴的情节、歌谣等体现的是文化传统和民俗民风的传承。传统运动游戏大多因地制宜，利用户外真实的自然游戏环境和简便易得的自然材料，创造自然、愉悦、合作的游戏氛围，具有很好的灵活性、趣味性、竞争性和无限的再造性，能充分实现人、物、环境的自主交互，并且不受时间、空间条件的限制，是成本低而效益高的游戏形式，在现在也具有非常重要的意义和价值。

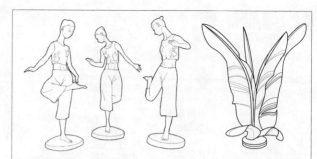

注：生活中喜闻乐见的踢毽子有"膝若轴，腰如绵，纵身猿，着地燕"这四字口诀的要求，动作中有单脚踢、双脚踢、还有俗称的"翻花"等，踢法有里外廉、拖枪、耸、佛顶珠等技法。清末时期，北京民间踢毽子艺人甚至发展成四大流派，各有绝活

a 踢毽子

b 跳房子　　　　c 踩高跷　　　　d 踢毽子

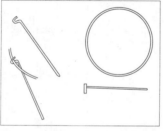

注：传统民间运动游戏"滚铁环"曾经是孩子们上学路途上最好的游戏，有些地方也称为"摇铁箍"。玩法为：手持一顶端被弯成槽形的粗铁丝，利用凹槽推着一个直径约30～40厘米的铁环向前跑，运用技巧保持运动平衡使铁环向前滚动并不偏倒，滚动的铁环和手持的粗铁丝摩擦会发出"哗啷哗啷"声响。废旧的粗铁丝，或旧木桶、木盆上的铁箍都可以做铁环

e 推铁环

注：投壶是古代士大夫宴饮时做的一种投掷游戏，是一种从容安详、讲究礼节的活动，后来投壶在民间也得到普及。宋代司马光著有《投壶新格》，详细记载了壶具的尺寸、投矢的名目和计分方法

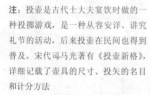

f 投壶游戏与壶具造型

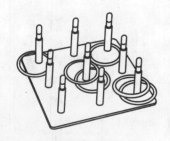

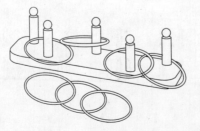

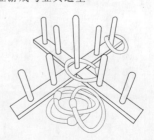

g 套圈游戏与玩具造型

[1] 传统运动游戏与玩具

陀螺是我国一种古老的动平衡玩具,仰韶文化遗址出土过四千多年前的石制陀螺,宋代称陀螺为千千。传统陀螺有陶制、石制、木制、竹制及砖瓦等磨成,呈倒圆锥形,上端为圆柱体,下端为半圆球体,中心点突出,用鞭抽打,使之旋转。打陀螺用的鞭子也很讲究,鞭杆或用竹或用荆条,鞭梢有用柔韧结实的细皮条扭成的,也有用光滑矛柔软的麻皮搓成的,以弹性好为佳。其造型以及玩法一直延续至今,是老少皆宜的娱乐玩具。

现代陀螺与科学技术相结合,造型、工艺和玩法发生了变化,如音乐陀螺、旋爆陀螺、镭射陀螺等,但是依靠外力及本身惯性力的作用保持动平衡的状态没变。

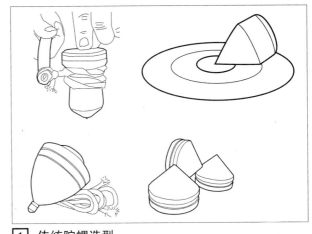

1 传统陀螺造型

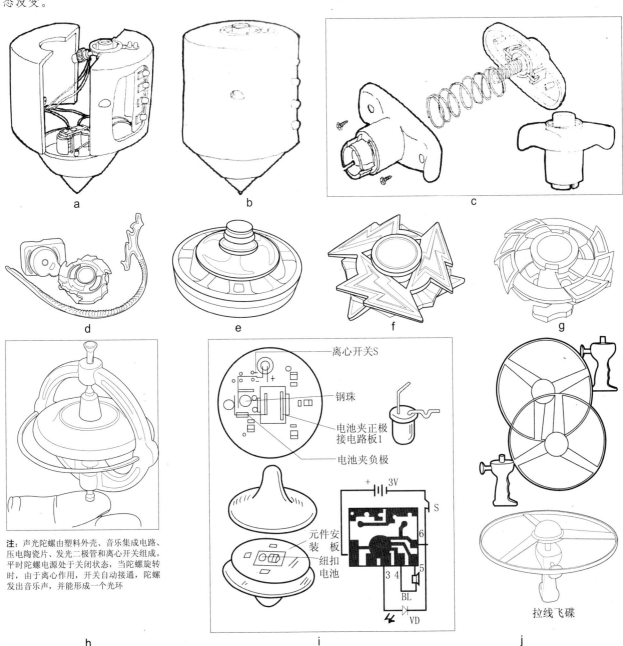

注:声光陀螺由塑料外壳、音乐集成电路、压电陶瓷片、发光二极管和离心开关组成。平时陀螺电源处于关闭状态,当陀螺旋转时,由于离心作用,开关自动接通,陀螺发出音乐声,并能形成一个光环

2 现代陀螺造型

玩具 [5] 游戏竞技玩具

溜溜球的记录最早出现于500年前的希腊，20世纪80年代开始风靡欧美、日本等地。根据基本构造不同可分为整体型、轴承型、离合型三大类，不同类别有不同的技巧和玩法。

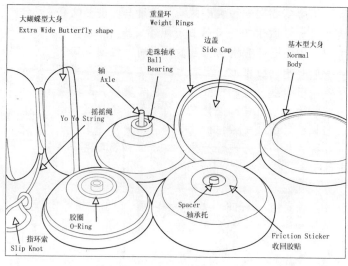

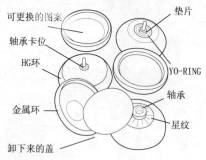

1 溜溜球结构

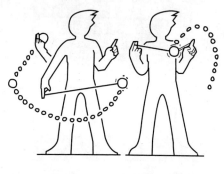

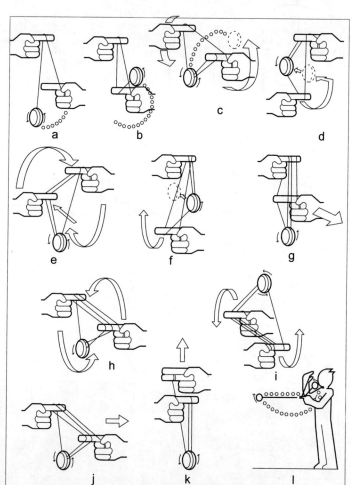

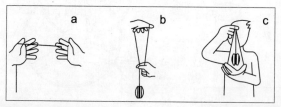

2 溜溜球玩法

标准型　蝶型　超宽蝶型　离线型　皇帝型

a　b　c　d　e

3 溜溜球造型

注：溜溜球的造型与风格多表现在材质和表面装饰上，有一些用特种木材或金属设计制造的全能型、纪念版具有很高的收藏价值。有些采用高科技材料和技术，球体表面质感突出、空转平衡感好，稳定持久，不仅适合玩线上技也适合玩回旋技上技，兼具美观、性能与可纪念收藏的特点。还有的带有特殊的自动回收系统，具有优秀的技术性能。有些为木质轴心、透明球体，有些内置精密电子装置，能测出球的自转时间、圈数、每分钟转数等。

游戏竞技玩具 [5] 玩具

风筝又名"纸鸢",或"风鸢",风筝是现代飞机的最早雏形,早在公元前1000年的中国就发明了风筝,到16世纪得到普及,成为一种玩具。放风筝是我国历史悠久、家喻户晓,并且寄予美好希望的娱乐形式。

根据构造的不同,风筝分为串式、桶式、板子、硬翅、软翅、自由类和现代类等几种。硬翅风筝占较大比重。京津地区的沙燕风筝,潍坊地区的硬翅人物类风筝等,都具有代表性。

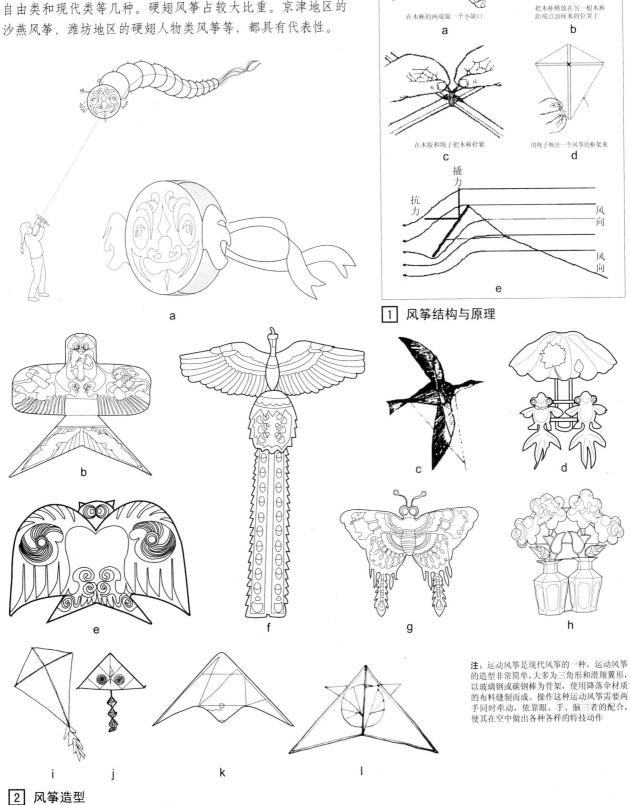

1 风筝结构与原理

2 风筝造型

注:运动风筝是现代风筝的一种,运动风筝的造型非常简单,大多为三角形和滑翔翼形,以玻璃钢或碳钢棒为骨架,使用降落伞材质的布料缝制而成。操作这种运动风筝需要两手同时牵动,依靠眼、手、脑三者的配合,使其在空中做出各种各样的特技动作

玩具 [5]　游戏竞技玩具

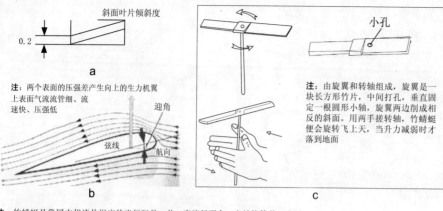

注：两个表面的压强差产生向上的生力机翼
上表面气流流管细、流
速快、压强低

注：由旋翼和转轴组成，旋翼是一
块长方形竹片，中间打孔，垂直固
定一根圆形小轴，旋翼两边削成相
反的斜面。用两手搓转轴，竹蜻蜓
便会旋转飞上天，当升力减弱时才
落到地面

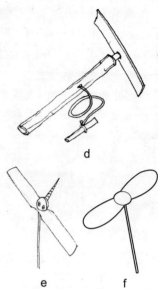

注：竹蜻蜓是我国古代流传很广的飞行玩具，并一直流行至今。它结构简单，由于
多采用竹质材料和两翼以及长长的"尾巴"（转轴），故而得名"竹蜻蜓"。它本身就
是一种典型的空气螺旋桨，飞艇和飞机的成功正是采用了竹蜻蜓的原理

1　竹蜻蜓结构、原理与造型

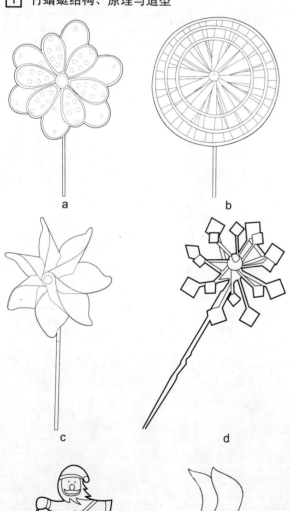

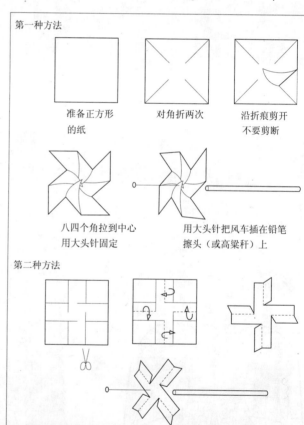

第一种方法

准备正方形　对角折两次　沿折痕剪开
的纸　　　　　　　　　　不要剪断

八四个角拉到中心　用大头针把风车插在铅笔
用大头针固定　　　擦头（或高粱秆）上

第二种方法

2　风车基本制作方法

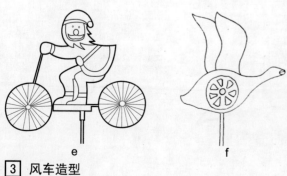

注：风车是宋代就有的玩具，其原理与荷兰用于
动力驱动的大风车相似，在结构上分为叶片、回
转体和支架三个部分，风吹来产生向上合力，使
叶片转动。风车的造型非常多，简单的风车完全
可以自己制作，但复杂造型的风车需要具有丰富
经验和较高的技巧

3　风车造型

游戏竞技玩具 [5] 玩具

抖空竹是在我国流传广泛、历史悠久的健身娱乐活动。空竹以竹木为材料制成，中空，因而得名。清代曾与空钟混称，俗称响葫芦，江南又称之为扯铃。以北京、天津所产的最为著名。

空竹分为单轮和双轮空竹更容易操作。圆盘四周有哨口，抖动时，各哨同时发音。抖空竹的技巧有"仙人跳"、"鸡上架"、"放捻转"、"满天飞"等诸般名目。抖杆一般直径约 8～12mm，特殊需要也有更细或更粗的，长度为 450～550mm 为佳。

形态：整体呈沙漏状，外形简洁；结构：硬塑制成，构造比较简单，两个转轮中心用金属棒连接，反向紧扣；色彩：鲜亮的红黄绿的搭配，纯色的色彩也体现了玩具的纯粹。

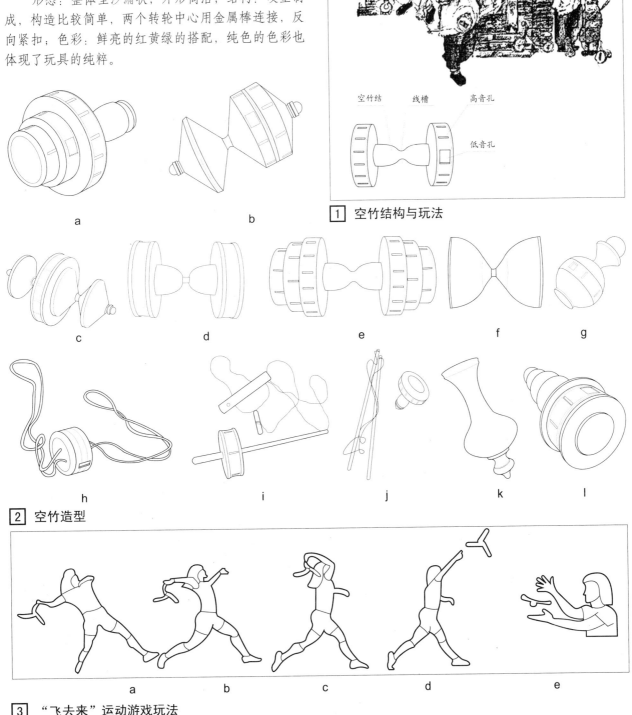

1 空竹结构与玩法

2 空竹造型

3 "飞去来"运动游戏玩法

玩具 [5]　游戏竞技玩具

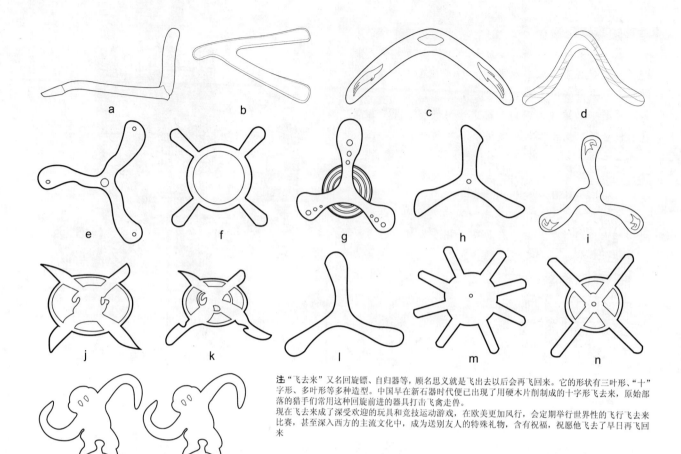

注："飞去来"又名回旋镖、自归器等，顾名思义就是飞出去以后会再飞回来。它的形状有三叶形、"十"字形、多叶形等多种造型。中国早在新石器时代便已出现了用硬木片削制成的十字形飞去来，原始部落的猎手们常用这种回旋前进的器具打击飞禽走兽。

现在飞去来成了深受欢迎的玩具和竞技运动游戏，在欧美更加风行，会定期举行世界性的飞行飞去来比赛，甚至深入西方的主流文化中，成为送别友人的特殊礼物，含有祝福，祝愿他飞去了早日再飞回来。

1　"飞去来"玩具造型

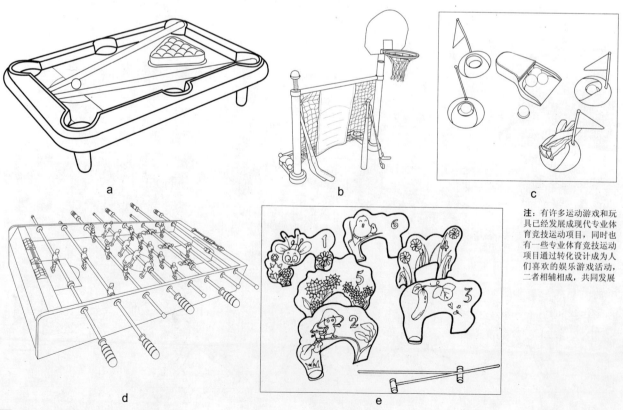

注：有许多运动游戏和玩具已经发展成现代专业体育竞技运动项目，同时也有一些专业体育竞技运动项目通过转化设计成为人们喜欢的娱乐游戏活动，二者相辅相成，共同发展。

2　其他现代运动游戏玩具造型

260

垂直轴类娱乐设施　[6] 娱乐设施

垂直轴类娱乐设施

垂直轴类娱乐设施是指主轴方向垂直于地面，通过主轴的旋转带动乘客座舱旋转，并且在水平旋转的同时上升下降，甚至倾斜座舱的设施。此类娱乐设施刺激度适中，适合家庭和儿童乘坐。典型的垂直轴类娱乐设施有：旋转木马、旋转杯、跳跃船等。

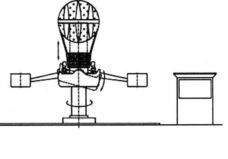

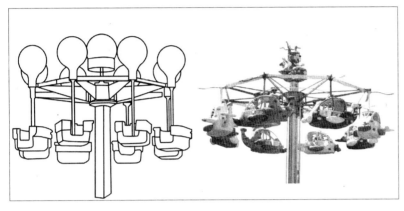

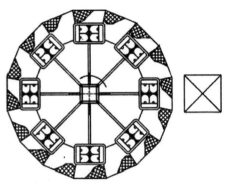

a

升降类垂直轴娱乐设施

为了增加娱乐性，此类游乐设施在围绕垂直轴做旋转运动的同时还可以升高或降低轿厢，改变视角，追求更强的生理和心理感受。

1　升降类垂直轴娱乐设施

b

卡通形象类垂直轴娱乐设施

以卡通形象为主的设计是为了更好地吸引小朋友的注意。具体形象的选择和游乐场所的主题有一定的关系，如无特殊要求一般为飞行器和动物卡通为主。

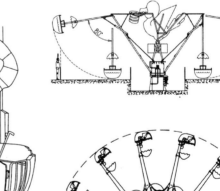

c

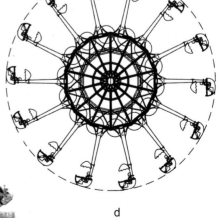

d

2　卡通形象类垂直轴娱乐设施

e

娱乐设施 [6] 垂直轴类娱乐设施

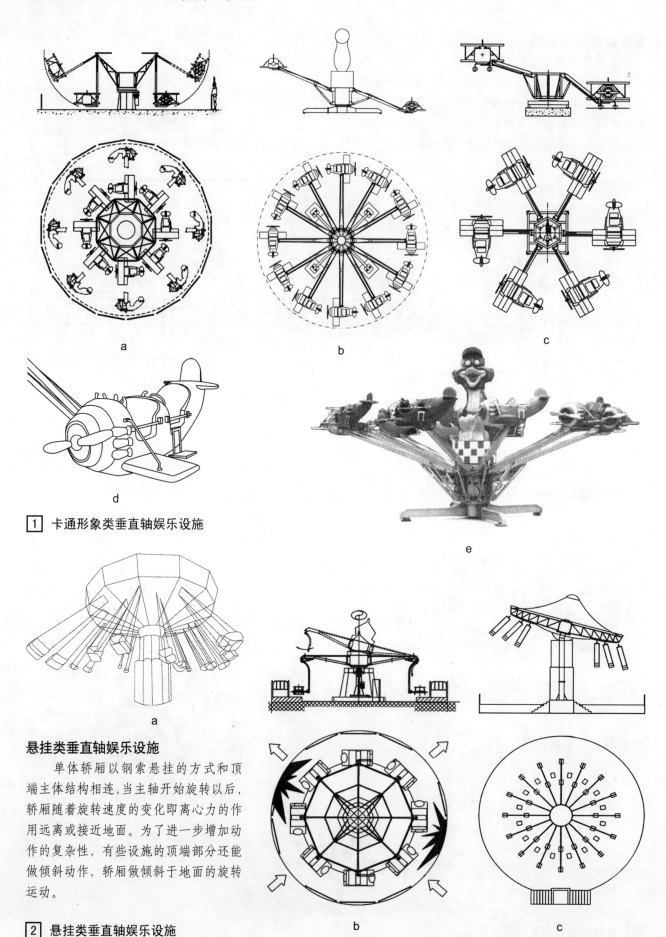

[1] 卡通形象类垂直轴娱乐设施

悬挂类垂直轴娱乐设施

单体轿厢以钢索悬挂的方式和顶端主体结构相连，当主轴开始旋转以后，轿厢随着旋转速度的变化即离心力的作用远离或接近地面。为了进一步增加动作的复杂性，有些设施的顶端部分还能做倾斜动作，轿厢做倾斜于地面的旋转运动。

[2] 悬挂类垂直轴娱乐设施

262

垂直轴类娱乐设施　[6] 娱乐设施

旋转马车

　　旋转马车是典型的垂直轴娱乐设施，因其较高的安全性和华丽装饰所表现出的浪漫氛围吸引了不同年龄层的游客，是游乐场所必不可少的象征性设施。旋转马车的运转原理较为简单，一般以垂直主轴为中心做水平旋转运动，并同时在单体马车做上下运动。旋转马车主要特点表现在其装饰上，在统一的主题下追求造型、色彩和材质的丰富与多样。

注：旋转马车主要特点表现在其装饰上，在统一的主题下追求造型、色彩和材质的丰富与多样，营造浪漫氛围。深受情侣、儿童和家庭的喜爱

[1] 旋转马车

娱乐设施 [6] 垂直轴类娱乐设施

跳跃船

跳跃船通常有 20 个左右的乘员舱，每个乘员舱有两张座位。当乘员舱开始缓缓地旋转时有三个连续的高低起伏，结合水景特效会给乘坐者留下在水中颠簸的愉快感受。此类设施结构简单，安全性高，并且在最新的设施中增加了乘客利用船舱中的水枪向中心卡通动物射水的环节，增加了乘客的参与度，深受小朋友的喜欢。其样式可根据主题作较多的变化。

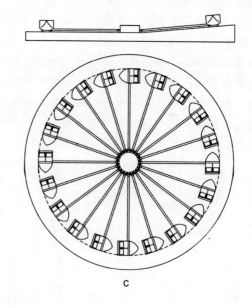

a

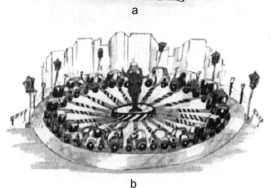

b

注：乘员舱的样式变化较多，也可以根据主题要求正对性的设计制作

① 跳跃船

旋转杯

旋转杯具有较高的安全性，虽然惊险程度不高但变化较多。整个大盘在作非匀速水平旋转的同时，由三个杯子单体组成的小盘也在作水平旋转运动，并且旋转的方向和速度和大盘是不同的，由此引起的变化和感受是不可预计的。此类游乐设施适合的游客年龄层较大。

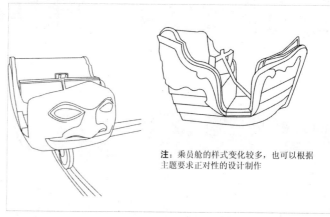

a

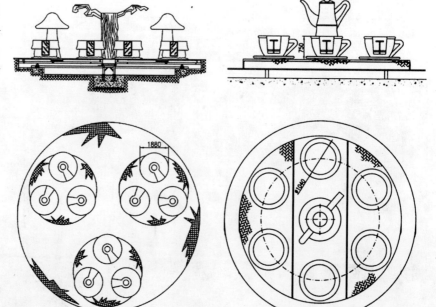

b c

② 旋转杯

水平轴类娱乐设施

水平轴类娱乐设施是指该类娱乐设施的主轴方向和地面水平，主要运动方式为绕水平主轴的旋转运动，一般在主轴旋转的同时连接在主轴上的座舱做不同方向旋转。由于水平轴类娱乐设施结构稳定的原因，该类设施可以达到较大的离地高度，在建的北京朝阳公园摩天轮高达208m，由此带给乘坐者不同的视觉感受。水平轴类娱乐设施主要包括：摩天轮、海盗船、双臂飞旋、空中之鹰等。

摩天轮

摩天轮是一种大型转轮状的机械建筑设施，上面挂在轮边缘的是供乘客乘搭的座舱。乘客坐在摩天轮慢慢地往上转，可以从高处俯瞰四周景色。最常见到摩天轮存在的场合是游乐园（或主题公园）与园游会，作为一种游乐场机动游戏，与云霄飞车、旋转木马合称是"乐园三宝"。但摩天轮也经常单独存在于其他的场合，通常被用来作为会活动的观景台使用。

根据运作机构的差异，摩天轮可分为重力式摩天轮和观景摩天轮两种。重力式摩天轮的座舱是挂在轮上，以重力维持水平；而观景摩天轮上的座舱则是悬在轮的外面，需要较复杂的连杆类机械结构，随着车厢绕转的位置来同步调整，使其保持水平。

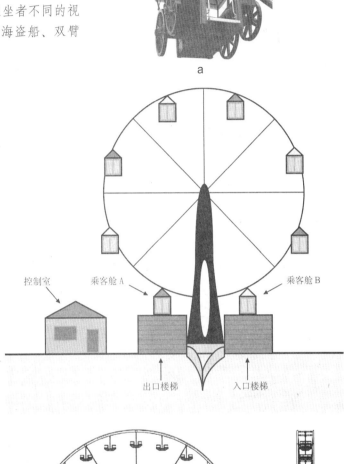

a

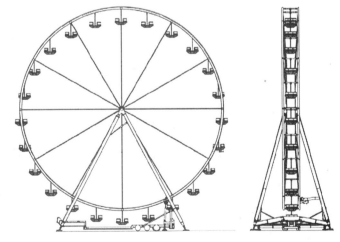

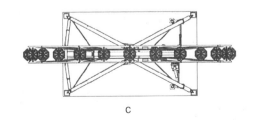

b

c

[1] 摩天轮

娱乐设施 [6] 水平轴类娱乐设施

[1] 摩天轮

水平轴类娱乐设施　　[6] 娱乐设施

双臂飞旋

该产品中心转轴呈"T"字形，侧边设置 2 个平行独立的旋转机臂，一次最多承载 8 人，可 360°自由旋转，旋转速度为 7.5～17 转 / 分，加速度最大值为 5G。机台安全系数高，具有超强的刺激性和挑战性。

注：旋转座舱　　注：旋转主轴

注：增加了乘坐者参与控制设施旋转的部件，使得娱乐效果更佳。不同乘坐者可以根据自己的喜好控制座舱的旋转方向、速度和时间

① 双臂飞转

娱乐设施 [6] 水平轴类娱乐设施

街头霸王

街头霸王拥有强力的结构、安全的保护装置和先进的电子装备。架空钢架外包聚氨酯泡沫的坐椅安全锁止机构不仅使乘坐者乘坐者舒适，更重要的是提供双安全锁止机构以确保安全。该设施主轴可作120°旋转，连接座舱的旋转轴可作顺时针和逆时针旋转，带给乘客惊险刺激的感受。

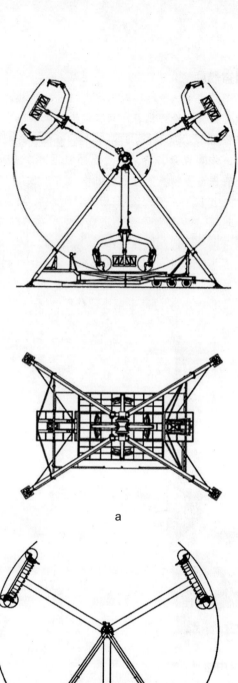

a

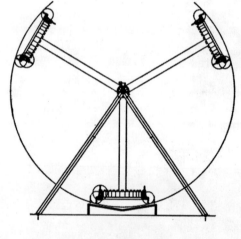

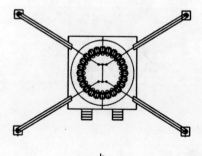

b

街头霸王

水平轴类娱乐设施　[6] 娱乐设施

海盗船

海盗船，是机动游乐场内常见的机动游戏之一。此实物游戏设施，是一只装饰模仿童话故事式的古代海盗船只，它有趟开的座舱，机械动作钟摆式前后摆动，乘客置身其中，感受不同程度的重力及向心力，还有周遭景物高速往返的刺激效果。

传统的海盗船最多只作180°的摆动，乘客最多与地面成直角而不会上下反过来，亦不需系上安全带。部分新的海盗船摆动时，会接近360°完全倒转，乘客虽然是以安全带固定在座位之上，也感受到危险边缘来回的视觉刺激及尖叫。

180°摆动的海盗船座位选择，位于"船首"及"船尾"的因为摆得最高，下降时有"失重"效应，因此亦是最刺激的。

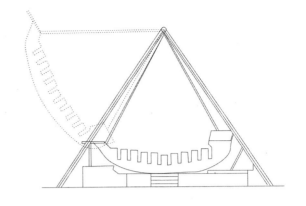

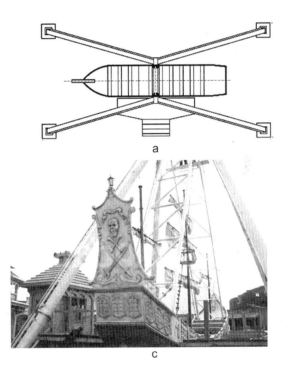

1　海盗船

空中之鹰

空中之鹰两个巨大的摇臂上可同时乘坐40个游客。舒适的塑料坐椅在大腿上部有安全的限位装置。运转后乘客将体会到每小时60英里、100英尺高度、120°夹角带来的强烈刺激。特殊的是这种坐椅提供给乘坐者上身和下肢足够的自由空间。

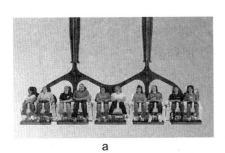

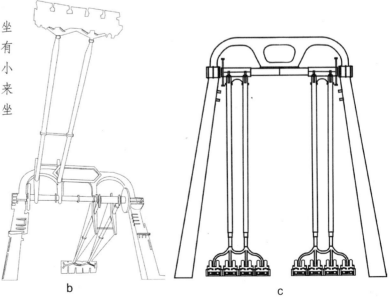

2　空中之鹰

娱乐设施 [6]　倾斜轴类娱乐设施

倾斜轴类娱乐设施

倾斜轴类娱乐设施是指该设施主臂为可倾斜伸缩装置，可以带动安装在主臂上的座舱和地面呈一定夹角，同时该主臂可以带动座舱上升到离地一定距离，直接连接座舱的转轴还可作不同方向的旋转运动。倾斜、高度、旋转是倾斜轴类娱乐设施最大的特征。该类设施主要包括：空中之鹰、超越巅峰、月亮之舞、漩涡探险、挑战者、探险之岛等。

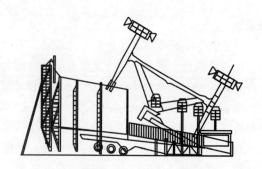

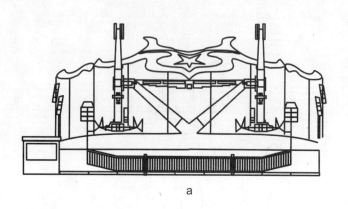
a

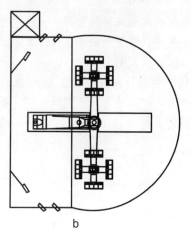
b

漩涡探险

当乘客安坐就绪，被紧紧包裹，装置主臂由液压向上提升与地面成30°角，V形中心开始顺时针或逆时针旋转。同时，车厢和座位按不同的方向开始旋转。

1　漩涡探险

c

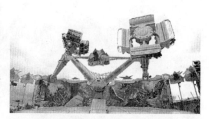
d

超越巅峰

该装置固定于一个混凝土座基上，主臂绞合于座基的最前端，并通过一个圆柱体的液压装置升降。

平台位于主臂的顶端，安置16个座位，座位通过小型旋转轴承绕轴旋转。

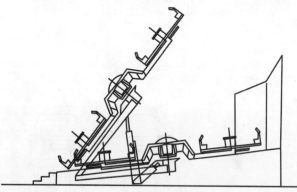

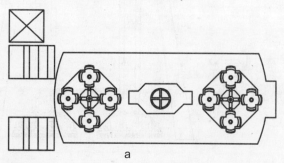
a

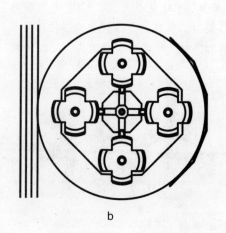
b

2　超越巅峰

倾斜轴类娱乐设施　[6] 娱乐设施

注：月亮之舞是完全为全家提供娱乐的新兴娱乐项目。该装置中聚氨酯座位舒适豪华，可供24位乘客同时面向外乘坐。座位轻微倾斜，能有效缓解乘客肩部和背部的压力。
平台在主臂支撑下可以倾斜上升到15m的高空，同时带给乘客集合各种旋转方式所带来的奇妙感受

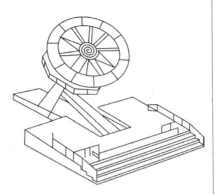
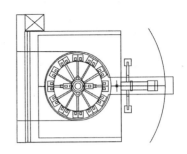
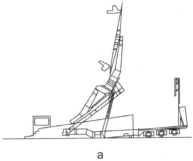

1　月亮之舞

a

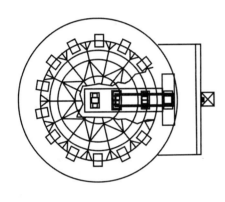

注：螺旋升空是为家庭娱乐设置的传统项目，它有143个座位，悬挂在一个有轴的圆形框架上。这个有轴圆形装置以11圈/分的速度旋转，并最大能与地面成45°角，将乘客带离至离地12m的高空。给乘客带来不一般的感受

2　螺旋升空

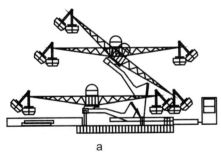

a

注：挑战者从航天飞机中汲取灵感。它能模仿真实的失重效应。当乘客登机坐稳，装置的主臂开始缓慢上升至离地面1m处，以安全的旋转两个客舱。当客舱开始旋转，主臂上升至离地13m的最高处，并倾斜呈45°角

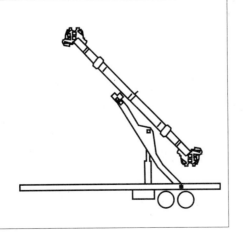
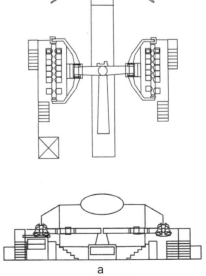

a

3　挑战者

271

娱乐设施 [6]　轨道类娱乐设施

轨道类娱乐设施

轨道类娱乐设施是以已建轨道为运动轨迹，通过轨道设置的不同位置及构造带给乘坐者不同的感受。主要的轨道类游乐设施包括：过山车、游览轨道车、自旋滑车、弯月飞车等。从动力输出属性上分为机动和人力两种，前者多为速度快、追求刺激的娱乐项目，后者主要应用于速度较慢，自主性较高的观览项目。

a

过山车

过山车（Roller Coaster，又称云霄飞车）是一种机动游乐设施，常见于游乐园和主题乐园中。拉马库斯·阿德纳·汤普森（LaMarcus Adna Thompson）是第一个注册过山车相关专利技术的人（1865年1月20日），并曾制造过数十个过山车设施，因此被誉称为"重力之父"。

一个基本的过山车构造中，包含了爬升、滑落、倒转，其轨道的设计不一定是一个完整的回圈，也可以设计为车体在轨道上的运行方式为来回移动。大部分过山车的每个乘坐车厢可容纳2人、4人或6人，这些车厢利用勾子相互连接起来，就像火车一样。

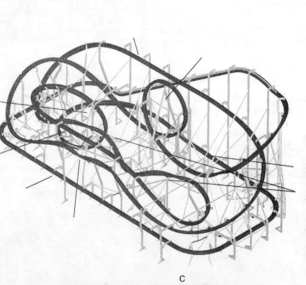

d

e

f

g

h

b　　　　　　　　　　　c

1　过山车

轨道类娱乐设施　[6] 娱乐设施

过山车分类

1. 牵引过山车

这类过山车从车站出发以后靠牵引锁链爬坡，然后再从顶端俯冲。

2. 弹射过山车

与牵引过山车不同的是，这类过山车直接用马达加速冲出车站，冲上坡道，再迅速下滑。其刺激程度胜于前一种。

3. 悬吊过山车

悬吊过山车的车厢是吊在轨道上的，让乘客感觉像是在飞翔。

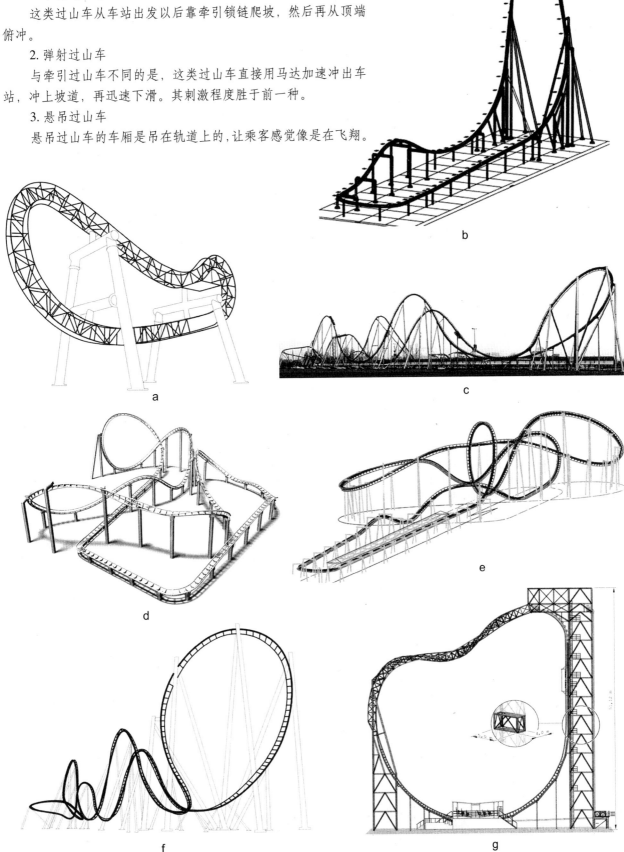

1 过山车

娱乐设施 [6]　轨道类娱乐设施

多样的轨道路径

各式各样的过山车其关键的设计是轨道路径，在最大限度确保安全的前提下，配合适当的情景渲染达到给乘坐者极大刺激和非同一般的感受。

a

b

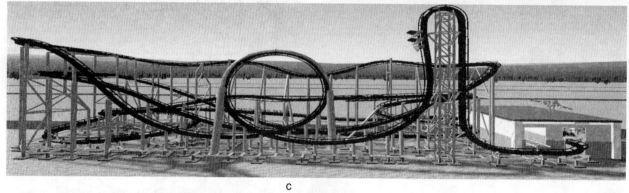
c

d

e

f

不同的坐椅固定方式

过山车的坐椅主要分为下部固定、上部固定和背部固定。前者较为传统应用也较为普遍，上部和背部固定式坐椅乘坐者腿部具有较大自由灵活度，整个人被悬吊在空中，在过山车运转的过程中对乘坐者具有更大的刺激性。

g 背部固定式

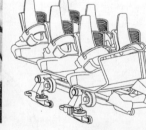
h 下部固定式

下部固定式

i

j

k

[1] 过山车

轨道类娱乐设施　[6] 娱乐设施

上部固定式

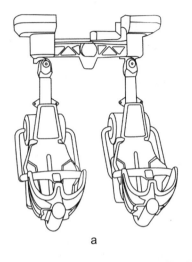
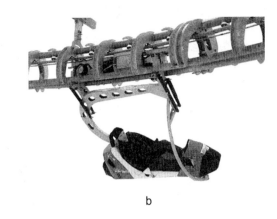

a　　　　　　　　　　　　b

c　　　　　　　d　　　　　　　e

[1] 过山车

探空飞梭

探空飞梭包含一个塔架以及其中上升的冠状装置，该装置能够顺时针或逆时针旋转，并带动乘人的吊舱。每个吊舱能够容纳4个乘客，上升至离地12m处。探空飞梭对于那些想要节省体力又想看到公园全景的人来说实在是一个好方法。

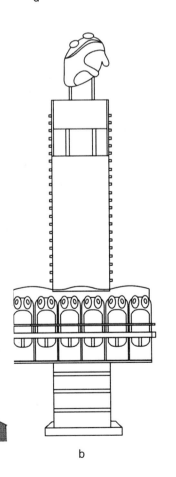
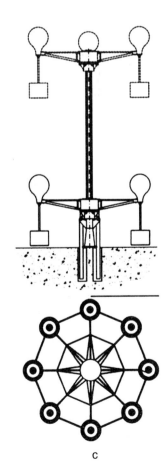

a　　　　　　　b　　　　　　　c

[2] 探空飞梭

275

娱乐设施 [6] 轨道类娱乐设施

观览类轨道娱乐设施

观览类轨道娱乐设施。这类设施有机动和人力两种，普遍运转速度较慢，安全系数高，刺激性不强，比较适合儿童及家庭乘坐。

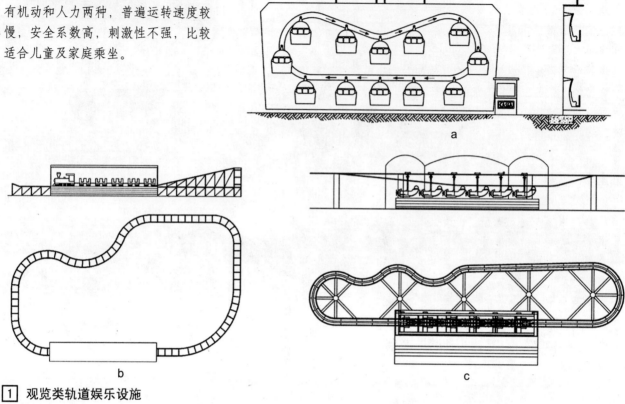

1 观览类轨道娱乐设施

注：坐椅方向分类
用于观览的轨道娱乐设施坐椅主要分为双人同向、四人背向、多人同向等。

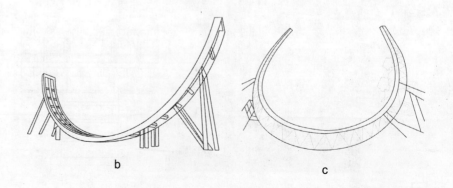

UFO非封闭轨道游乐设施

UFO非封闭轨道游乐设施。中心转盘在沿着轨道运转的同时作自转运动。适合乘客范围较广。

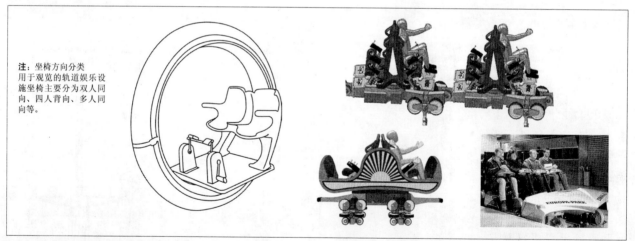

2 UFO非封闭轨道游乐设施

儿童娱乐设施　[6] 娱乐设施

儿童娱乐设施

儿童娱乐设施是针对儿童设计制造的一系列游玩娱乐设施。儿童娱乐设施对于训练儿童的身体机能，培养情感有积极有效的作用。对于儿童来说学习和娱乐并没有明显的界限，儿童在娱乐中可以更直接地达到学习和经验积累的目的。通过娱乐，儿童可以锻炼身体，训练各项身体机能，锻炼平衡和协调能力，也可以在和其他小朋友共同玩耍的过程中学会沟通交流，增加协作精神，增进语言和组织能力。尤其是在玩一些难度较高项目时，可以培养儿童对于设定目标根据自己积累经验所产生判断的能力。在家长或其他小朋友的鼓励和示范下，激发自身的潜能，超越自我，达成目标。

由于不同年龄段儿童存在较大的差异性，因此需要针对不同年龄段儿童设计适合的娱乐设施，同时也由于儿童的自我保护能力较弱，在相关设施的设计制造上要特别注意安全问题。

儿童车

儿童车是应用广泛的儿童娱乐设施，一般采用金属框架，优质高抗冲塑料为外壳，是一种安全的乘骑玩具。

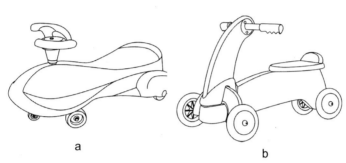

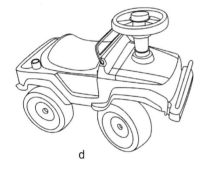
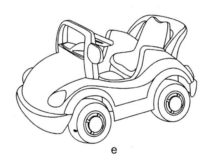
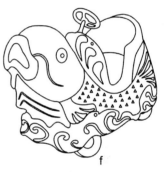

a　　b　　c
d　　e　　f

1 儿童车

跷跷板

跷跷板利用简单的杠杆原理，乘坐在两头的人通过在不同时间施加给跷跷板压力以改变重力加速度使得跷跷板上下翘动。

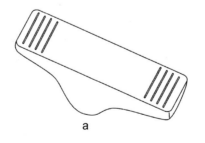
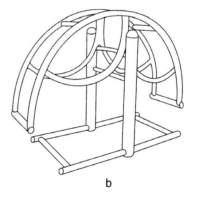

a　　b

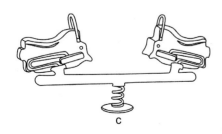
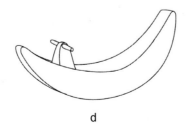
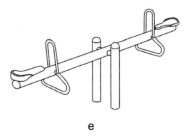

c　　d　　e

2 跷跷板

娱乐设施 [6]　儿童娱乐设施

滑梯

滑梯是一种常见的儿童娱乐设施，一般适合 3～7 岁儿童使用。滑梯是在高架子上一面装上梯子或其他攀爬物，另一面装上向下倾斜的滑板（有平直和弯曲两种）。

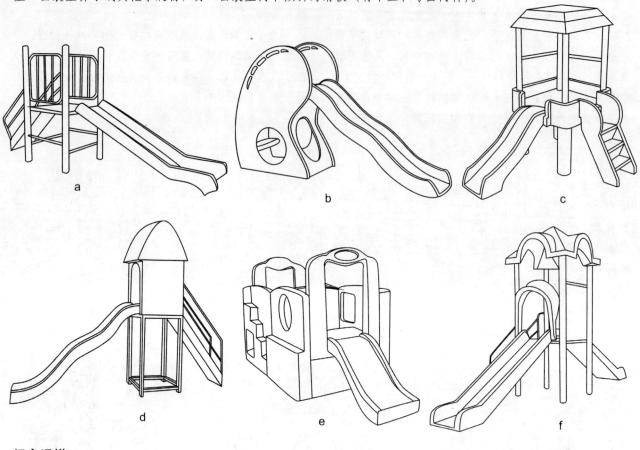

组合滑梯

组合滑梯可同时容纳多个小朋友进行玩耍。小朋友可以从不同方位爬上中心平台，再沿滑梯、滑筒或滑竿滑下。通过不同的设置感受钻、攀、爬、滑、跳、荡等带来的不同乐趣，体验探险、挑战的刺激，锻炼协调、平衡、力量和耐力等素质。

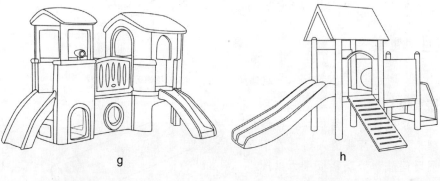

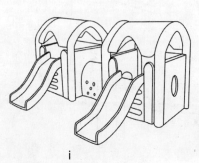
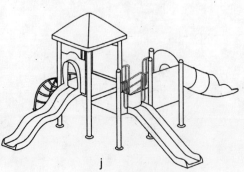

1　滑梯

278

儿童娱乐设施　[6] 娱乐设施

秋千

结构简单，占地小，维护成本低深受欢迎的一种儿童娱乐设施。一般将圆心固定在架子上部，下挂蹬板或坐具，人前后摇摆，摇摆幅度越大刺激越大。

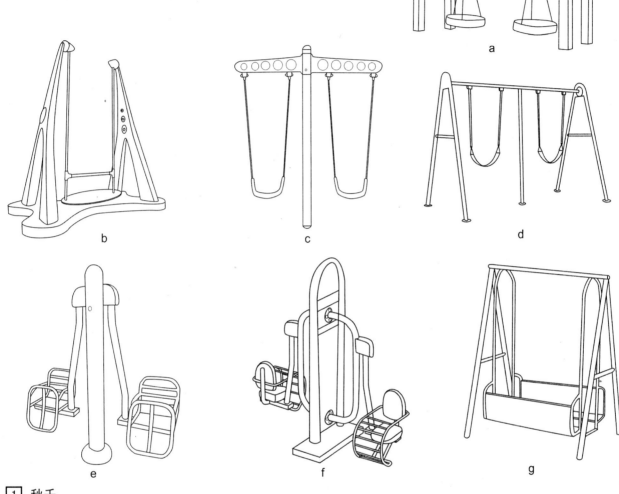

[1] 秋千

摇摇乐

摇摇乐下部用弹簧和地面连接，上部造型以动植物卡通形象为主，色彩艳丽，结构简单。儿童乘坐其上可以在一定幅度内前后左右摇晃。

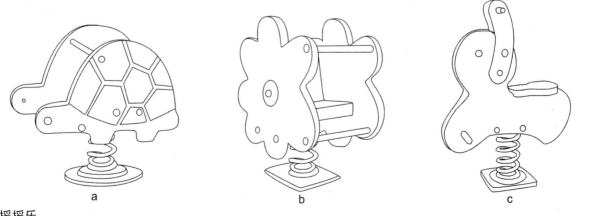

[2] 摇摇乐

娱乐设施 [6]　儿童娱乐设施

气模乐园

气模乐园是一种结构简单，机动性高，安全性高，维护成本低，深受欢迎的儿童娱乐设施。气模乐园多以卡通造型为主，配合不同游乐方式，可骑、可滑、可蹦、可钻，深受小朋友和家长的欢迎。值得一提的是由于采用充气方式，可有效避免伤害事故的发生，安全性高。

1　气模乐园

戏水类娱乐设施 [6] 娱乐设施

戏水类娱乐设施

戏水类娱乐设施，是满足人们回归自然、亲水、戏水、游水需求的一类娱乐设施。一般游乐场所只要条件许可都会设置此类游乐设施，在暑期吸引大量的游客消暑游玩。一般游玩此类设施要求穿戴必要的救生衣物，小朋友需要有成人陪同监护，以确保安全。

水道观览船

此类设施多在人工或半人工建设的水道上漂游，沿途设计有引人入胜的景点，偶尔有湍急的水流以增加刺激感受。

1 水道观览船

娱乐设施 [6]　戏水类娱乐设施

水上大型滑梯

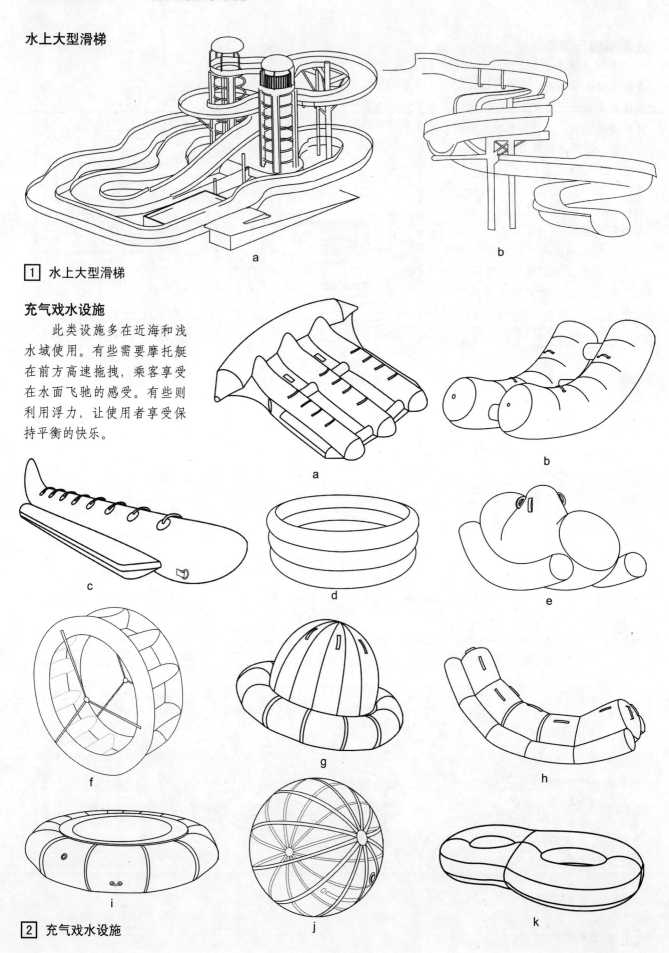

1　水上大型滑梯

充气戏水设施

此类设施多在近海和浅水域使用。有些需要摩托艇在前方高速拖拽，乘客享受在水面飞驰的感受。有些则利用浮力，让使用者享受保持平衡的快乐。

2　充气戏水设施

弦鸣乐器　[7] 中国乐器

弦鸣乐器

古琴，古代称琴或瑶琴，现代称古琴或七弦琴。是我国最早的民族弹弦乐器之一，是中华传统文化的瑰宝。它以历史悠久，文献瀚浩，内涵丰富和影响深远而为世人所珍视。

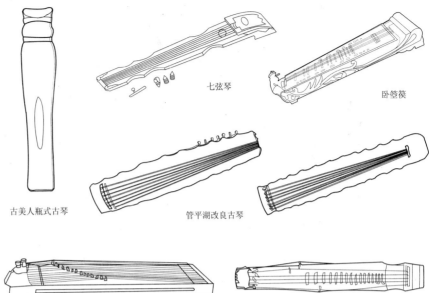

七弦琴　　卧箜篌

古美人瓶式古琴　　管平湖改良古琴

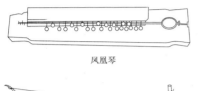

凤凰琴

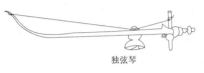

独弦琴

战国瑟　　玄琴

古筝是我国古老的民族弹弦乐器，古代称筝，又称秦筝，历史悠久，音域宽广，音色优美醇厚，音量洪大，表现力丰富，流行广泛。

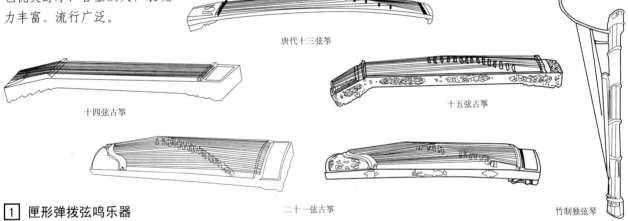

唐代十三弦筝

十四弦古筝　　十五弦古筝

二十一弦古筝　　竹制独弦琴

1 匣形弹拨弦鸣乐器

琵琶，是我国重要的民族弹拨弦鸣乐器，被誉为中国民族乐器之王。古代曾写作"批把"或"枇杷"，后人从琴字头才写成琵琶。其名称琵和琶，是源于两种弹奏手法。历史悠久，构造复杂，音域宽广，音色清脆、明亮而淳厚，具有丰富和独特的表现力。经过长期的流传、融合及改革，演奏技法不断丰富，艺术水平逐步提高，演奏名家层出不穷。已成为深受我国各族人民喜爱的弹弦乐器之一，常用于独奏、重奏、合奏、协奏和为歌唱、戏剧、曲艺及歌舞伴奏。流行于全国各地。

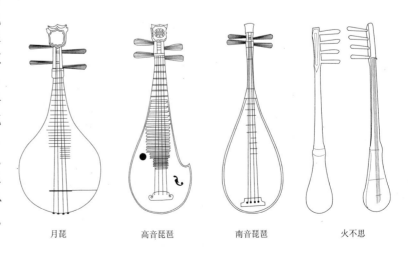

月琴　　高音琵琶　　南音琵琶　　火不思

2 梨形弹拨弦鸣乐器

中国乐器 [7] 弦鸣乐器

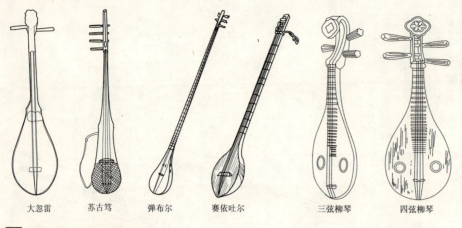

柳琴,我国民族弹拨弦鸣乐器。因使用柳木制作、琴形与柳叶相似而得名。民间也有柳叶琴、金刚腿、土琵琶和柳月琴之称。原用于柳琴戏、泗州戏等地方戏曲伴奏,只流行于鲁、苏、皖毗邻地区广大农村。经过改革,音域宽广、音色清亮,已用于民族乐队合奏中,并发展成为独奏乐器,流行于全国各地。

大忽雷　苏古笃　弹布尔　赛依吐尔　三弦柳琴　四弦柳琴

1 梨形弹拨弦鸣乐器

  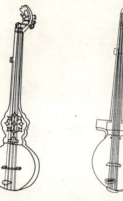  

喀什热瓦普　巴朗孜库木　库木日依　曼多林　阿肯东布拉

2 瓢形弹拨弦鸣乐器

阮,我国历史最悠久的民族弹拨弦乐器,两千多年来一直保持着古制,新中国成立后,阮才得到发展和创新,成为既有高音,又有低音的一族系列乐器。音域宽广,音色动听,表现力强,可用于独奏,重奏,阮乐队合奏及歌舞,戏剧,说唱等伴奏并成为民族乐编制中不可缺少的重要成员。

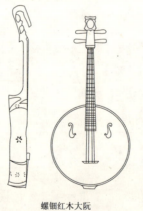  

螺钿红木大阮　高音阮　双弦高音阮

   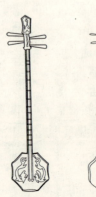 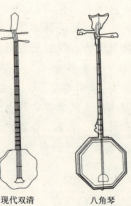 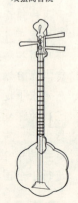

仿唐式双凤朝阳阮（左：正面／右：背面）　清代阮　清代双清　现代双清　八角琴　秦琴

3 饼形弹拨弦鸣乐器

弦鸣乐器 [7] 中国乐器

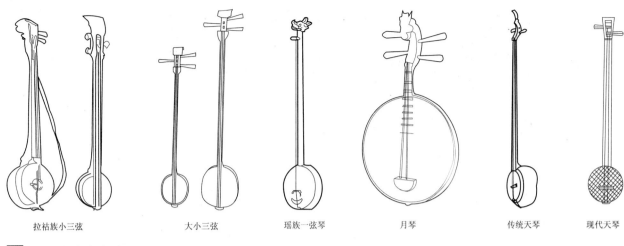

拉祜族小三弦　　大小三弦　　瑶族一弦琴　　月琴　　传统天琴　　现代天琴

1 饼形弹拨弦鸣乐器

竖箜篌，我国古代北方少数民族弹拨弦鸣乐器。又称竖头箜篌、胡箜篌，现简称箜篌。形制多样，既有外形和西洋乐器竖琴相像的角形箜篌，也有琴头加饰的凤首箜篌和龙首箜篌。历史悠久，源远流长，音域宽广，音色柔美清澈，表现力强。隋唐时期曾用于西凉、龟兹、疏勒、高丽、天竺诸乐中，并东传日本。明代渐少使用，

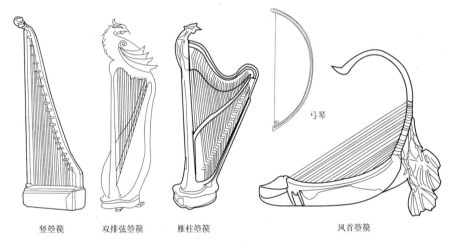

竖箜篌　　双排弦箜篌　　雁柱箜篌　　弓琴　　凤首箜篌

后失传达 300 年之久。20 世纪 30 年代以后，我国音乐界、乐器界有识之士竭力复兴这项古老的乐器艺术。20 世纪 70 年代后期开始走上历程艰辛的现代箜篌探索之路。1984 年喜结硕果，我国研制成功攀登乐器科技高峰的转调箜篌。如今，千年古乐变奇葩，各种新式的竖箜篌已用于独奏、重奏、器乐合奏、歌舞伴奏或与乐队协奏。

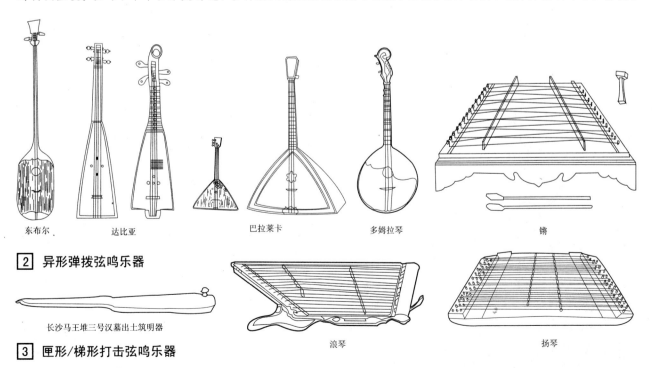

东布尔　　达比亚　　巴拉莱卡　　多姆拉琴　　锵

2 异形弹拨弦鸣乐器

长沙马王堆三号汉墓出土筑明器　　浪琴　　扬琴

3 匣形/梯形打击弦鸣乐器

中国乐器 [7] 弦鸣乐器

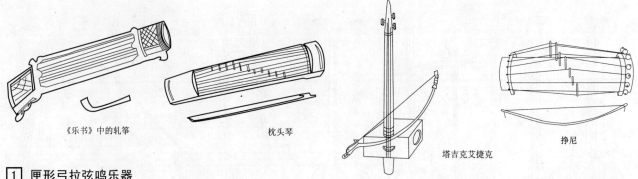

《乐书》中的轧筝　　枕头琴　　塔吉克艾捷克　　挣尼

1 匣形弓拉弦鸣乐器

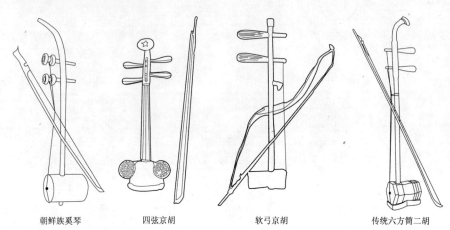

朝鲜族奚琴　　四弦京胡　　软弓京胡　　传统六方筒二胡

二胡，二弦胡琴的简称，又名南胡、嗡子、胡胡。我国重要的民族弓拉弦鸣乐器。它是由奚琴发展而成的。在南方，它专指独奏和民族乐队使用的一种，北方人称为其"南胡"。由于全国各地不同的习惯，还有称为"二弦"、"嗡子"和"胡胡"的。二胡音色优美、表现力强，是我国主要的拉弦乐器之一，在独奏、民族器乐合奏以及戏剧、歌舞和声乐伴奏中，都占有重要地位。流行于全国各地。

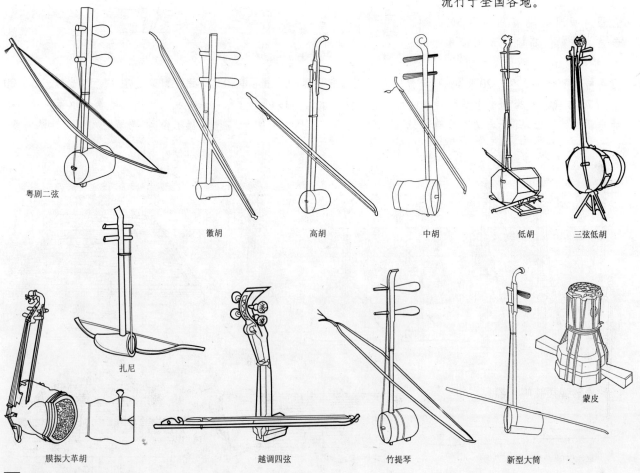

粤剧二弦　　徽胡　　高胡　　中胡　　低胡　　三弦低胡

膜振大革胡　　扎尼　　越调四弦　　竹提琴　　新型大筒　　蒙皮

2 筒形弓拉弦鸣乐器

286

弦鸣乐器　[7] 中国乐器

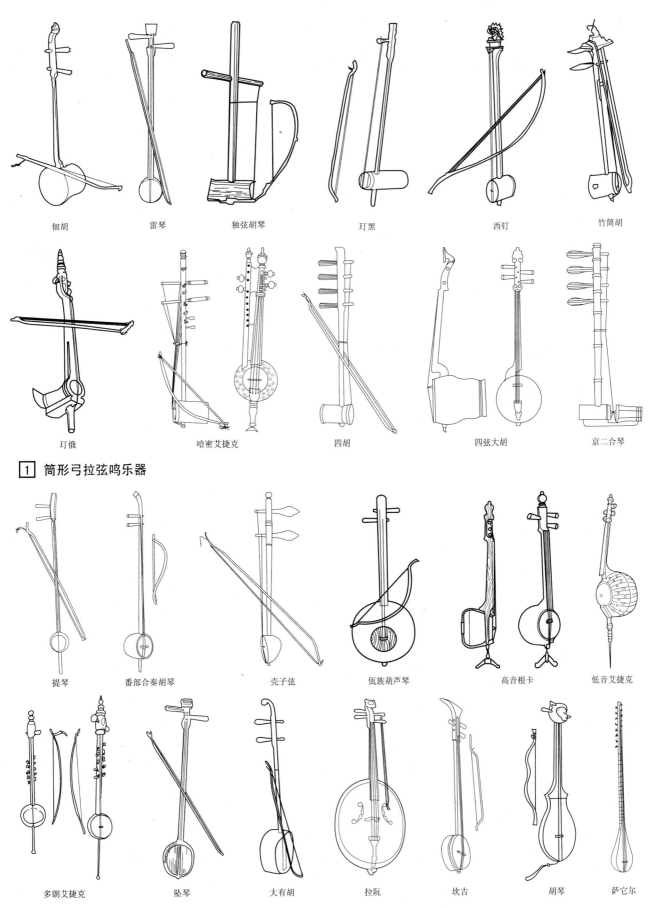

佤胡　　雷琴　　独弦胡琴　　玎黑　　西钉　　竹筒胡

玎俄　　哈密艾捷克　　四胡　　四弦大胡　　京二合琴

1 筒形弓拉弦鸣乐器

提琴　　番部合奏胡琴　　壳子弦　　佤族葫芦琴　　高音根卡　　低音艾捷克

多朗艾捷克　　坠琴　　大有胡　　拉阮　　坎吉　　胡琴　　萨它尔

2 球形/饼形/梨形弓拉弦鸣乐器

287

中国乐器 [7] 弦鸣乐器

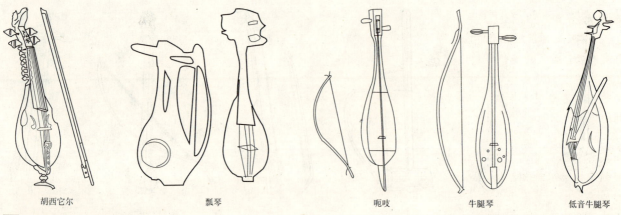

胡西它尔　　瓢琴　　呃吱　　牛腿琴　　低音牛腿琴

1 梨形弓拉弦鸣乐器

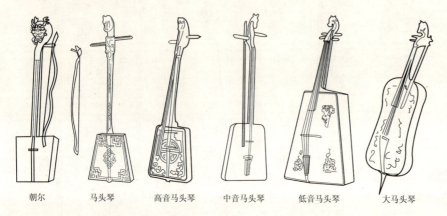

朝尔　　马头琴　　高音马头琴　　中音马头琴　　低音马头琴　　大马头琴

马头琴，蒙古族弓拉弦鸣乐器。因琴杆上端雕有马头而得名。蒙古语称胡兀尔、莫林胡兀尔（马头胡琴）。汉语俗称胡琴、马尾胡琴、弓弦胡琴等。历史较短，是朝尔革新的产物。音色柔和、浑厚、淳美、深沉，富有浓郁的草原特色，深受人民喜爱。常用于独奏、器乐合奏或为民间歌舞、说唱伴奏。流行于内蒙古自治区以及北京、辽宁、吉林、黑龙江、甘肃、青海、云南和新疆维吾尔自治区等蒙古族人民聚居地区。

2 梯形弓拉弦鸣乐器

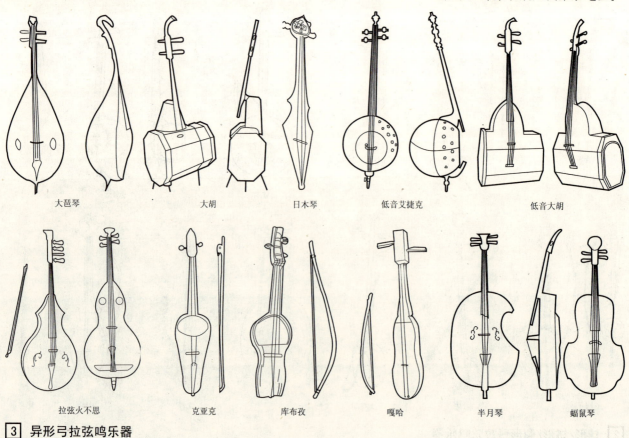

大琶琴　　大胡　　日木琴　　低音艾捷克　　低音大胡

拉弦火不思　　克亚克　　库布孜　　嘎哈　　半月琴　　蝠鼠琴

3 异形弓拉弦鸣乐器

体鸣乐器　[7] 中国乐器

体鸣乐器

编钟，我国民族敲击体鸣乐器，又称歌钟、乐钟。历史悠久，音色清脆、悠扬，穿透力强。可以独奏、合奏或为歌唱、舞蹈伴奏。在奴隶和封建社会，编钟是统治者专用的乐器，也是反映名分、等级和权利的象征，只有在天子、诸侯行礼作乐时方能演奏。

古代常用于宫廷雅乐，每逢征战、宴享、朝聘和祭祀，都要使用编钟。20世纪80年代以来，我国制成多种编钟，并且登上国内外乐坛，在各种形式的演出中竞放异彩，使中华民族灿烂的音乐文化传统得以发扬光大，创造出东方文明的宏伟气魄。

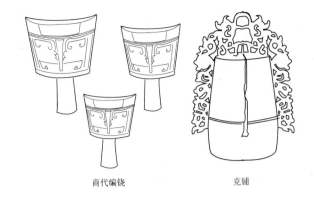

商代编铙　　　　克镈

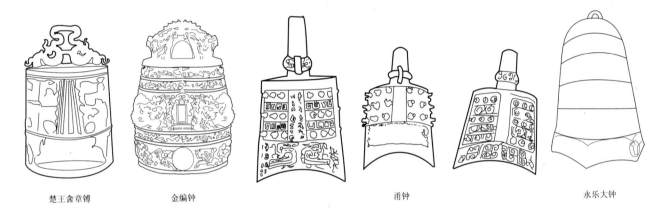

楚王酓章镈　　金编钟　　　　甬钟　　　　　　永乐大钟

铜钮编钟　　　　　　　　羊角钮编钟

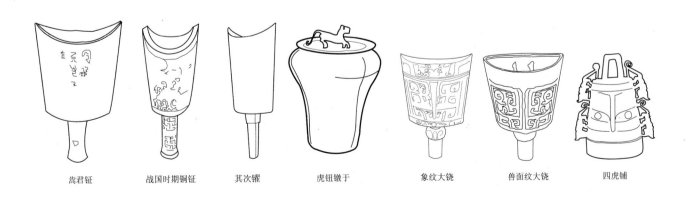

嵩君钲　战国时期铜钲　其次镯　虎钮錞于　象纹大铙　兽面纹大铙　四虎镈

1 钟形敲击体鸣乐器

中国乐器 [7] 体鸣乐器

锣，是中华各族人民常用的敲击体鸣乐器。历史悠久，种类繁多，音响洪亮，各具特色，主要用于民间器乐合奏或为地方戏曲、民间歌舞伴奏，以及民族节日、宗教仪式和民间体育、娱乐等活动中，流行于全国各地。我国的大锣，还是西洋交响乐队中唯一的中国乐器，已被世界各国所采用。

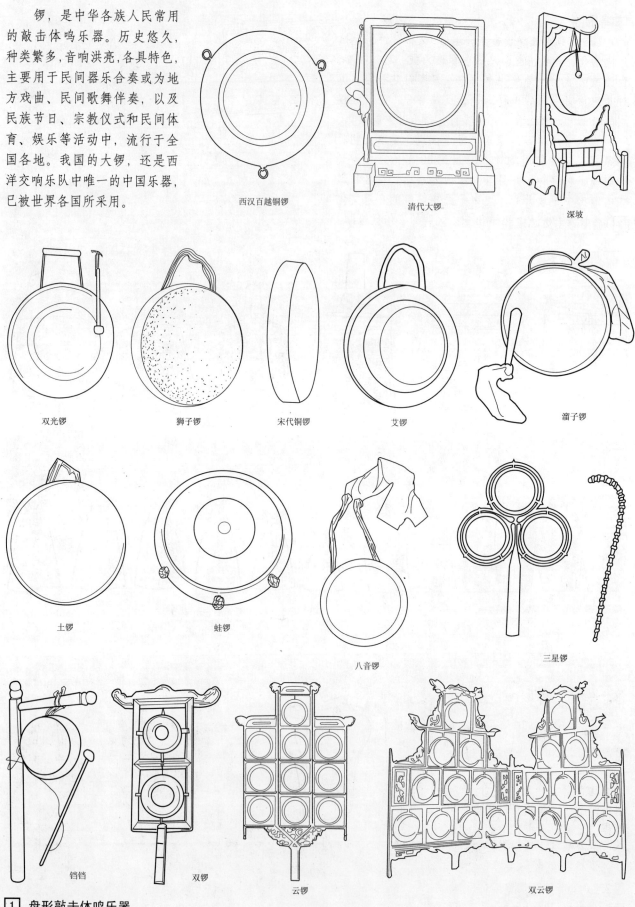

西汉百越铜锣　清代大锣　深坡

双光锣　狮子锣　宋代铜锣　艾锣　溜子锣

土锣　蛙锣　八音锣　三星锣

铛铛　双锣　云锣　双云锣

1 盘形敲击体鸣乐器

体鸣乐器 [7] 中国乐器

二十九音云锣　　舟山锣　　编铦　　排铦

1 盘形敲击体鸣乐器

夏代东下冯遗址石磬　　商代大墓出土虎纹石磬　　周雷磬

曾侯乙墓编磬

清代特磬　　清代方响

五十一音方响

韵板，傣、布朗、德昂、阿昌、壮、汉等族敲击体鸣乐器。圆形的傣语称镉丹，三角形的傣语称敢、腊敢、姐借、抵递。壮族、汉族称韵板、云磬、云板、铜片钟等。流行于全国各地佛教寺院，尤以云南省西双版纳、德宏、临沧等地区最为盛行。

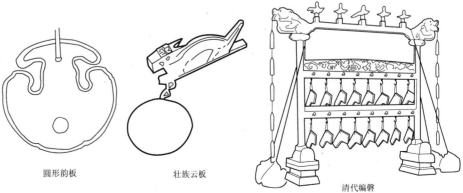

圆形韵板　　壮族云板　　清代编磬

2 板形敲击体鸣乐器

中国乐器 [7] 体鸣乐器

水盏　　铁磬　　碗碗　　麻江型铜鼓　　铜磬　　大金　　引磬

1 钵形敲击体鸣乐器

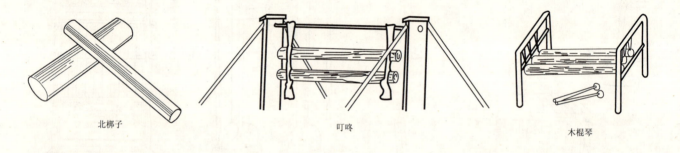

北梆子　　叮咚　　木棍琴

2 棒形敲击体鸣乐器

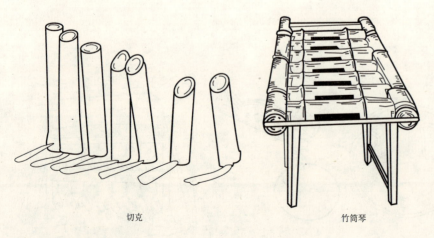

切克　　竹筒琴

3 管形敲击体鸣乐器

北梆子，我国民族敲击体鸣乐器。又称梆板、梆子。用于河北梆子、豫剧、秦腔、评剧、川剧弹戏等剧种、曲艺伴奏及民间器乐合奏。流行于河北、河南、山东、山西、陕西、四川等省。

叮咚，是黎族特有的敲击体鸣乐器，以乐器的发声命名。黎语称朗桢。流行于海南省东方、保亭、白沙、乐东等地。

木棍琴，是高山族敲击体鸣乐器。阿美部族称阔康。流行于台湾省中部地区。

体鸣乐器 [7] 中国乐器

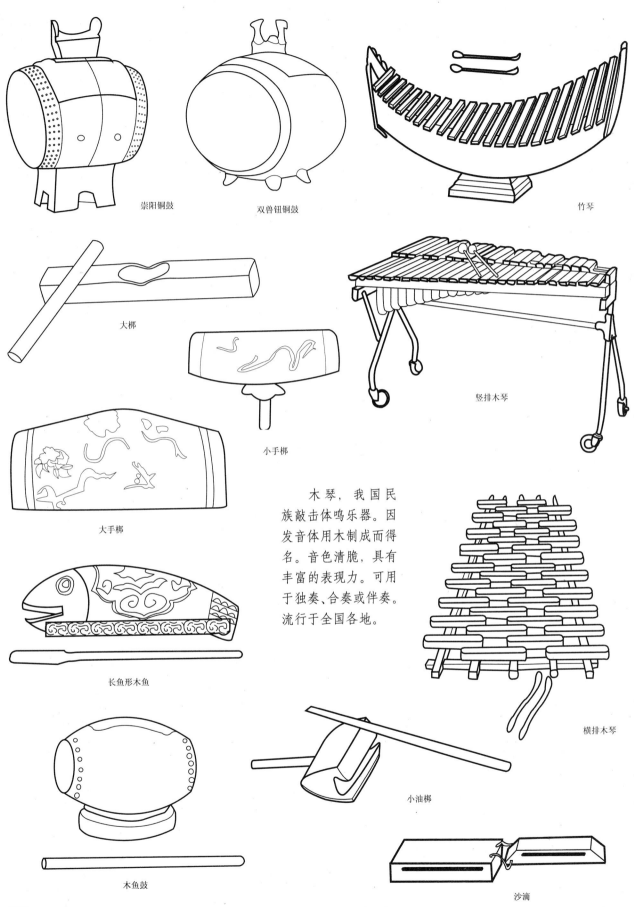

崇阳铜鼓　双兽钮铜鼓　竹琴

大梆　小手梆　竖排木琴

大手梆

长鱼形木鱼

木琴，我国民族敲击体鸣乐器。因发音体用木制成而得名。音色清脆，具有丰富的表现力。可用于独奏、合奏或伴奏。流行于全国各地。

横排木琴

木鱼鼓　小油梆　沙滴

1 异形敲击体鸣乐器

中国乐器 [7] 体鸣乐器

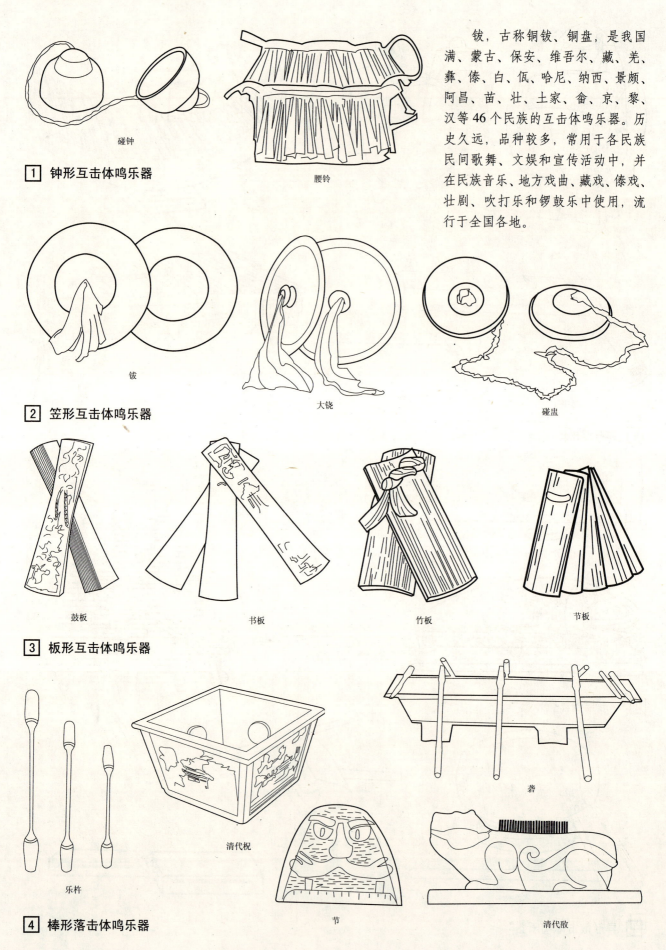

钹，古称铜钹、铜盘，是我国满、蒙古、保安、维吾尔、藏、羌、彝、傣、白、佤、哈尼、纳西、景颇、阿昌、苗、壮、土家、畲、京、黎、汉等46个民族的互击体鸣乐器。历史久远，品种较多，常用于各民族民间歌舞、文娱和宣传活动中，并在民族音乐、地方戏曲、藏戏、傣戏、壮剧、吹打乐和锣鼓乐中使用，流行于全国各地。

1 钟形互击体鸣乐器 —— 碰钟、腰铃

2 笠形互击体鸣乐器 —— 钹、大铙、碰盅

3 板形互击体鸣乐器 —— 鼓板、书板、竹板、节板

4 棒形落击体鸣乐器 —— 乐杵、清代柷、节、奢、清代敔

体鸣乐器 [7] 中国乐器

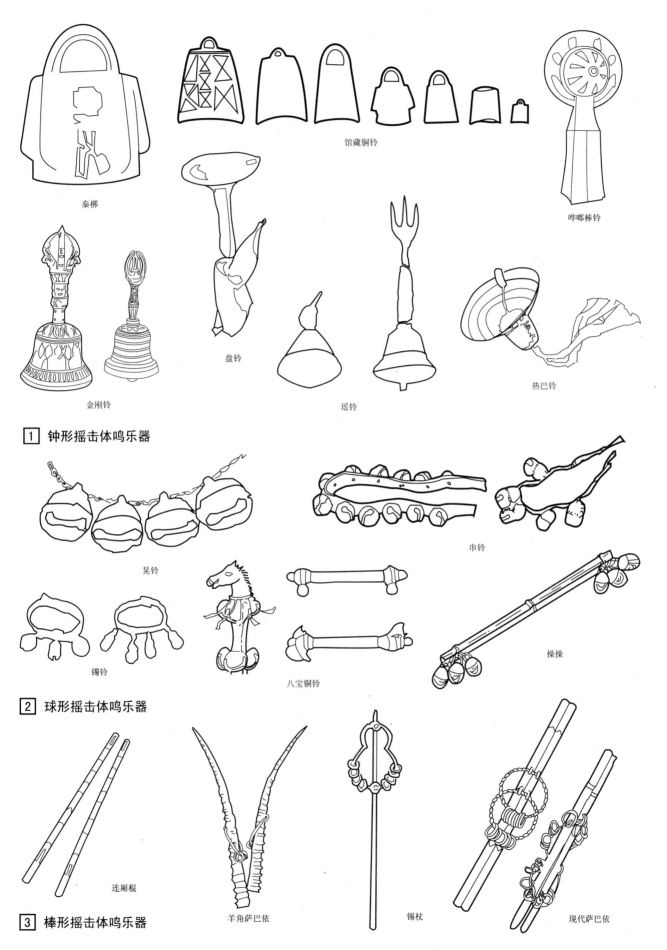

中国乐器 [7] 体鸣乐器

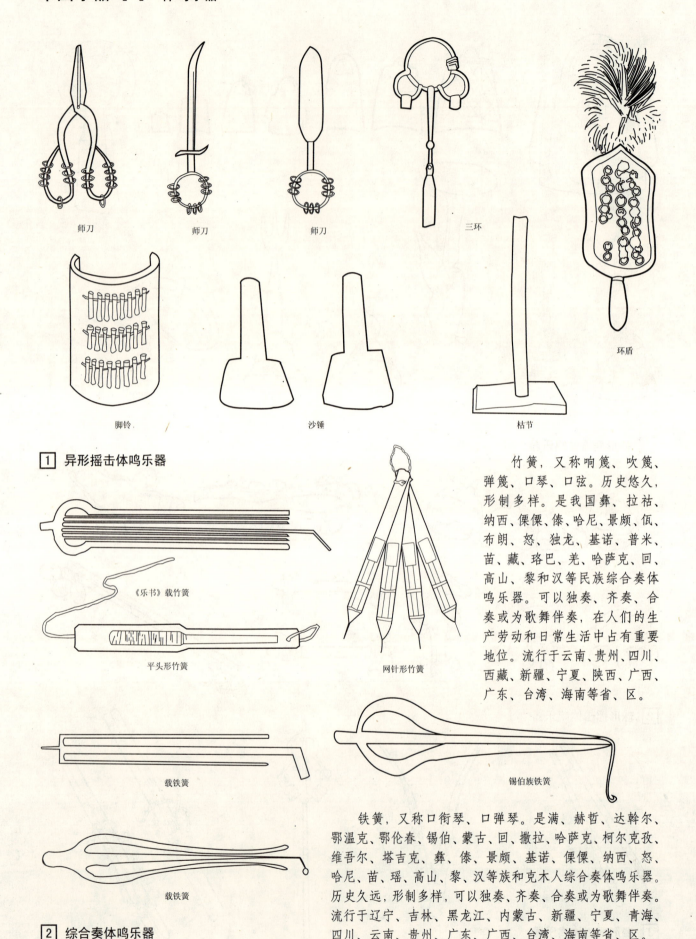

1 异形摇击体鸣乐器

竹簧,又称响篾、吹篾、弹篾、口琴、口弦。历史悠久,形制多样。是我国彝、拉祜、纳西、傈僳、傣、哈尼、景颇、佤、布朗、怒、独龙、基诺、普米、苗、藏、珞巴、羌、哈萨克、回、高山、黎和汉等民族综合奏体鸣乐器。可以独奏、齐奏、合奏或为歌舞伴奏,在人们的生产劳动和日常生活中占有重要地位。流行于云南、贵州、四川、西藏、新疆、宁夏、陕西、广西、广东、台湾、海南等省、区。

铁簧,又称口衔琴、口弹琴。是满、赫哲、达斡尔、鄂温克、鄂伦春、锡伯、蒙古、回、撒拉、哈萨克、柯尔克孜、维吾尔、塔吉克、彝、傣、景颇、基诺、傈僳、纳西、怒、哈尼、苗、瑶、高山、黎、汉等族和克木人综合奏体鸣乐器。历史久远,形制多样,可以独奏、齐奏、合奏或为歌舞伴奏。流行于辽宁、吉林、黑龙江、内蒙古、新疆、宁夏、青海、四川、云南、贵州、广东、广西、台湾、海南等省、区。

2 综合奏体鸣乐器

膜鸣乐器　[7] 中国乐器

膜鸣乐器

以激振张紧的膜面而发音的一类乐器，称为膜鸣乐器。这类乐器因形制、结构的不同，音色也有异。膜鸣乐器依演奏方法的不同，可分为棰击、拍击和混合击膜鸣乐器等三小类。

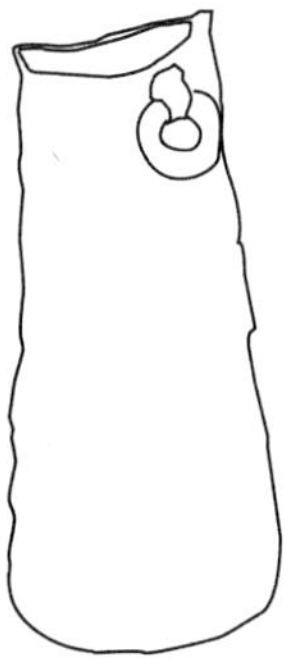

鼍鼓 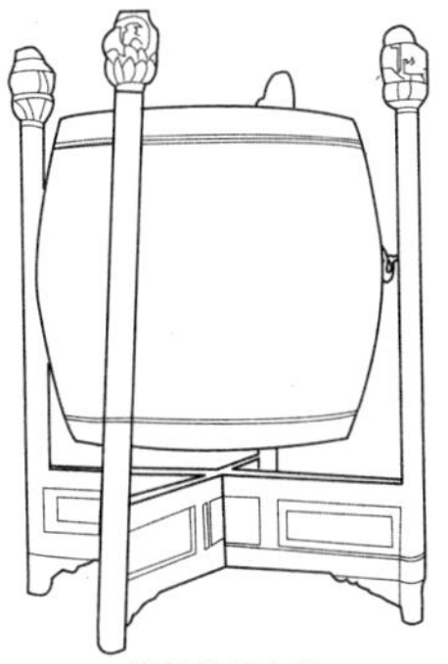　　　清代祭天大鼓 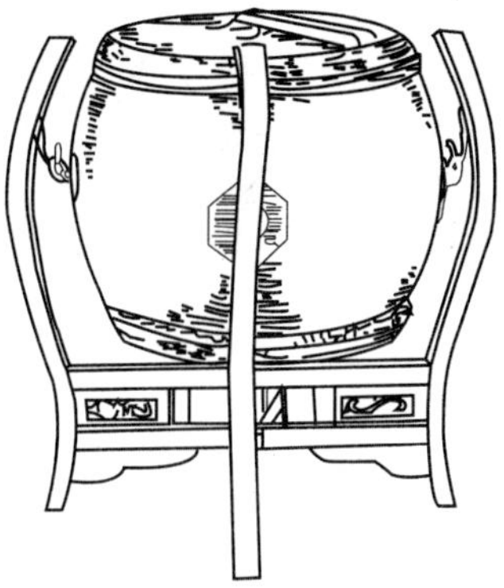　　　现代大鼓 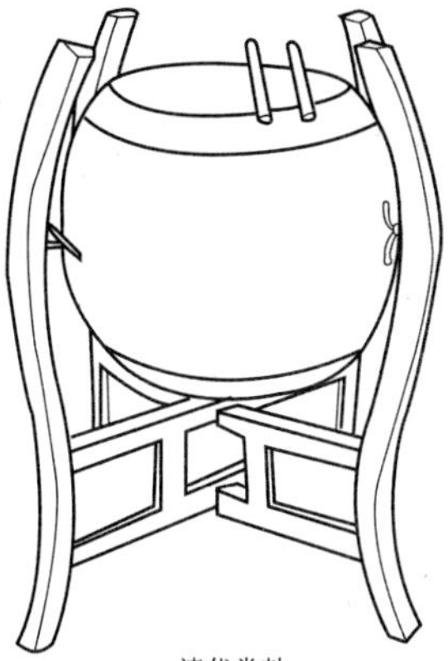　　　清代堂鼓

小堂鼓 　　　定音堂鼓 　　　花鼓 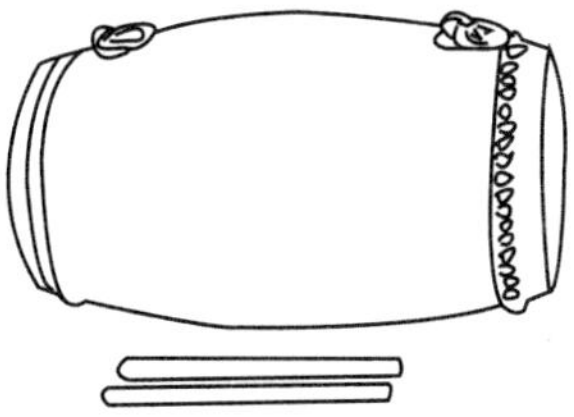　　　腰鼓

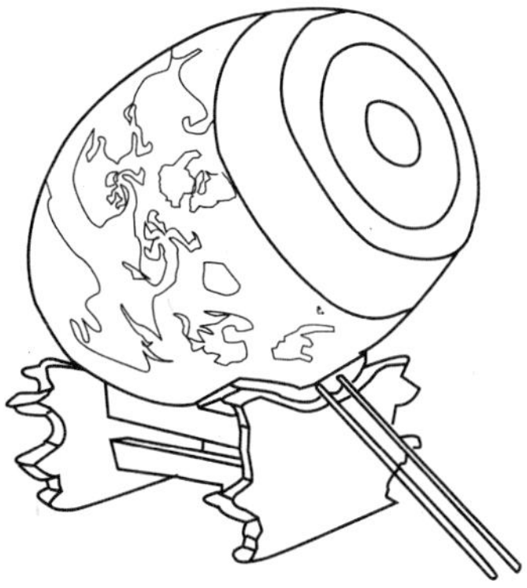

坐鼓 　　　兰州太平鼓 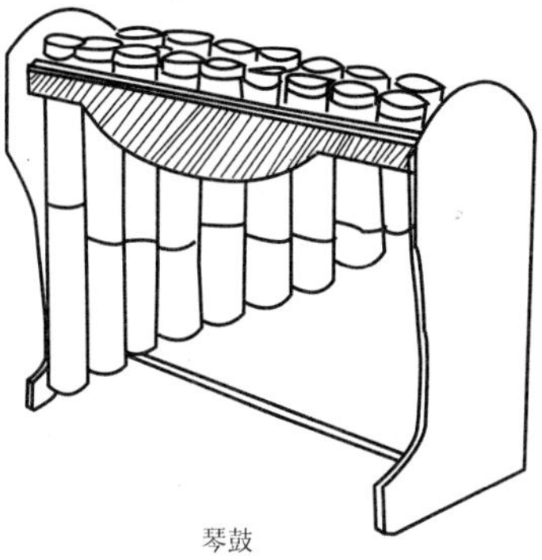　　　琴鼓　　　班鼓

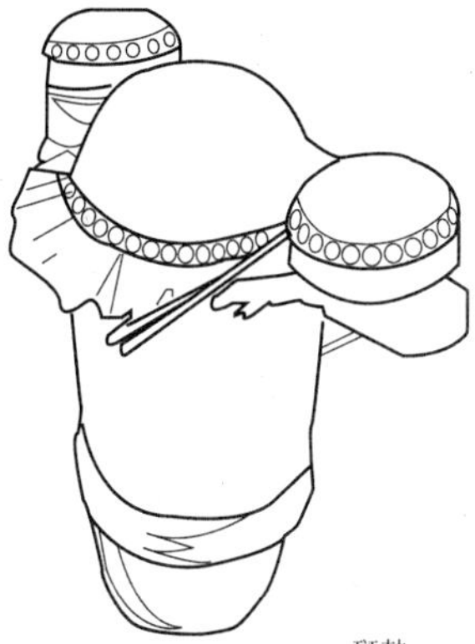

额阿 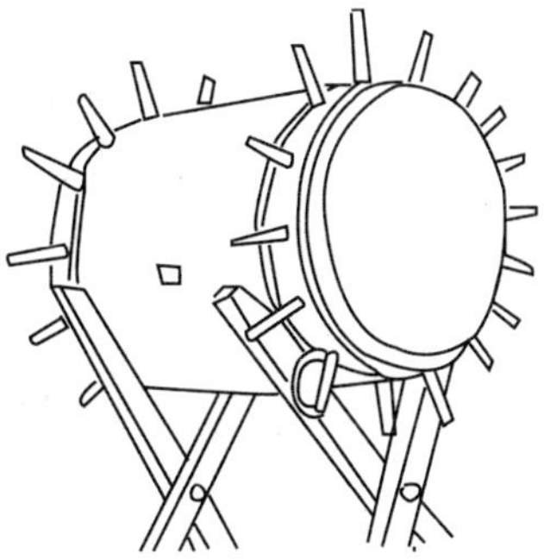　　　塞吐 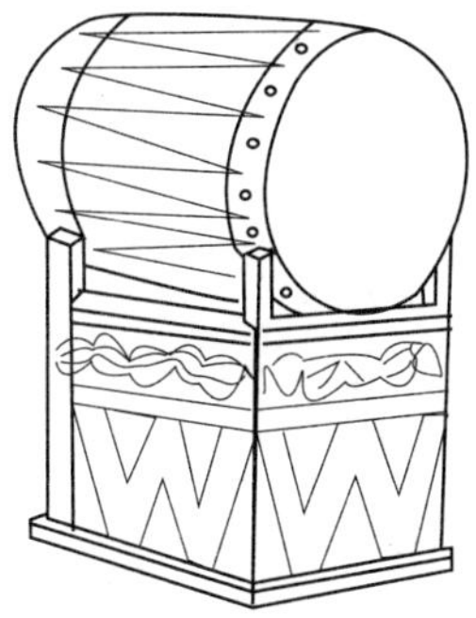　　　光拢 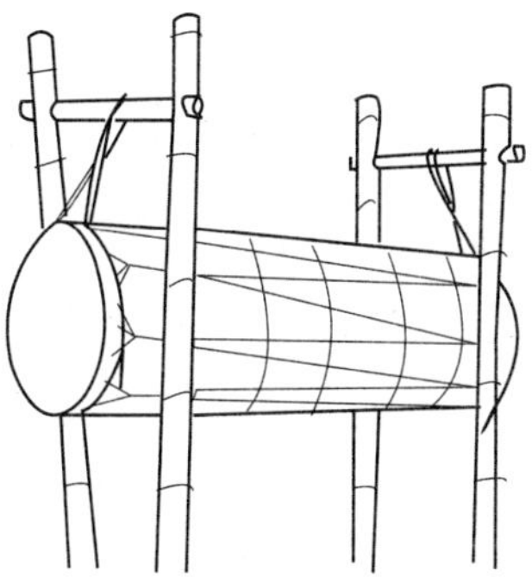　　　赠疆

1　长腔棰击膜鸣乐器

297

中国乐器 [7] 膜鸣乐器

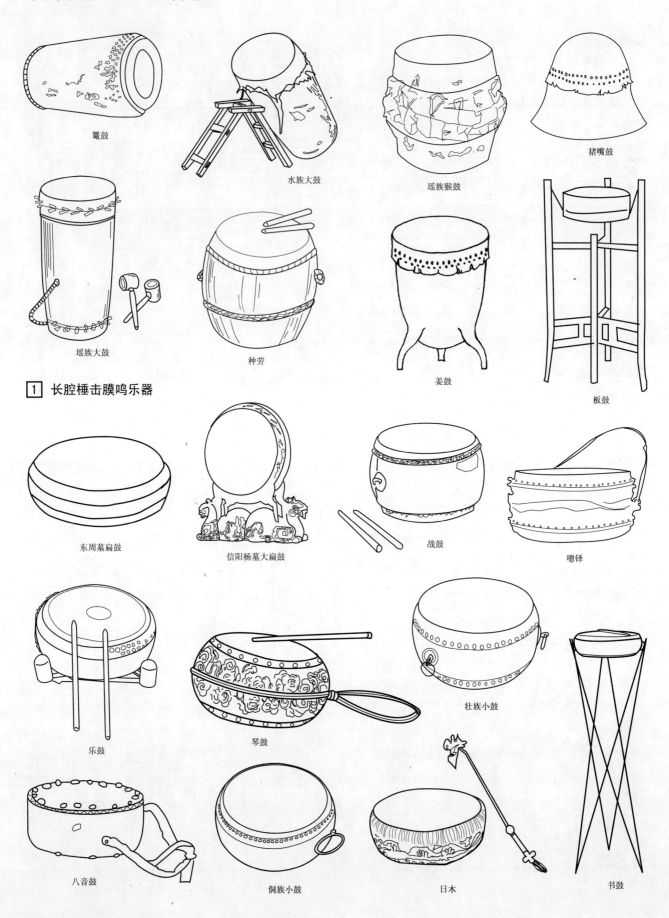

鼍鼓　水族大鼓　瑶族猴鼓　猪嘴鼓

瑶族大鼓　种劳　姜鼓　板鼓

1 长腔槌击膜鸣乐器

东周墓扁鼓　信阳杨墓大扁鼓　战鼓　嗯铎

乐鼓　琴鼓　壮族小鼓

八音鼓　侗族小鼓　日木　书鼓

2 短腔槌击膜鸣乐器

膜鸣乐器 [7] 中国乐器

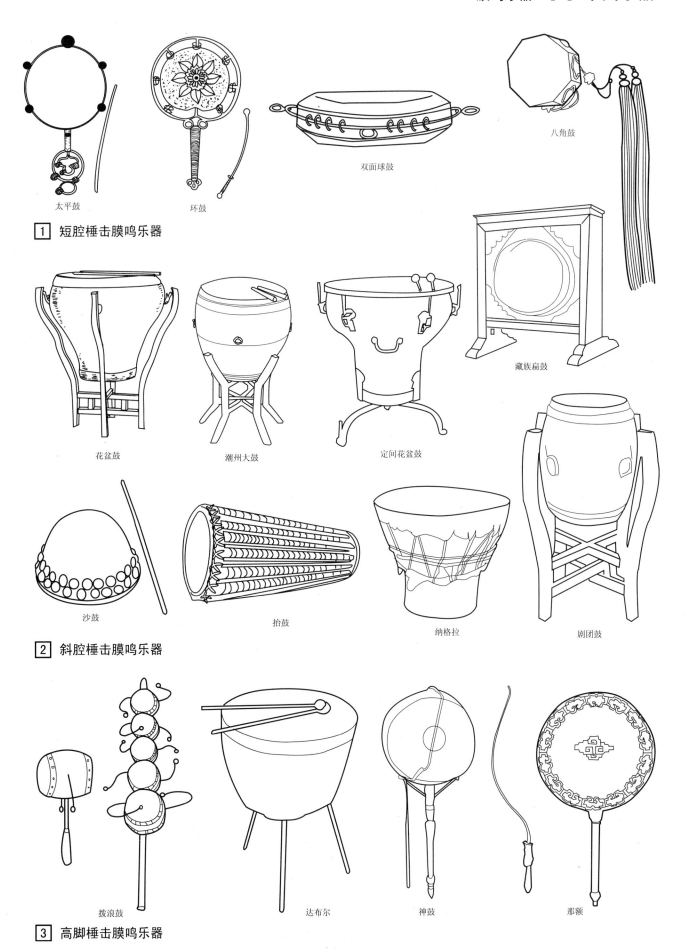

中国乐器 [7] 膜鸣乐器

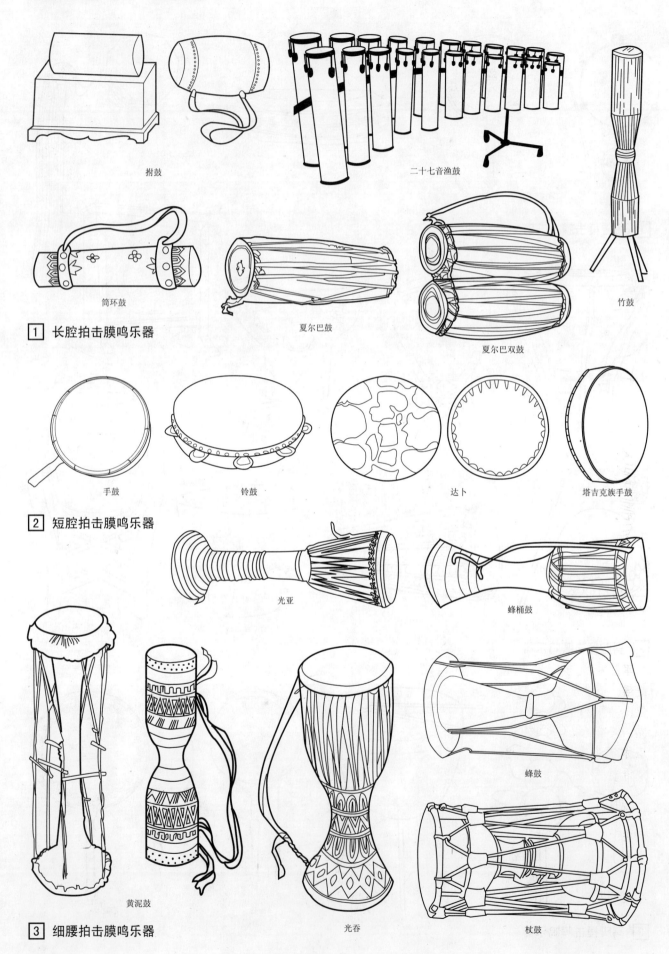

拊鼓　　二十七音渔鼓

筒环鼓　　夏尔巴鼓　　夏尔巴双鼓　　竹鼓

1 长腔拍击膜鸣乐器

手鼓　　铃鼓　　达卜　　塔吉克族手鼓

2 短腔拍击膜鸣乐器

光亚　　蜂桶鼓

黄泥鼓　　光吞　　蜂鼓　　杖鼓

3 细腰拍击膜鸣乐器

气鸣乐器 [7] 中国乐器

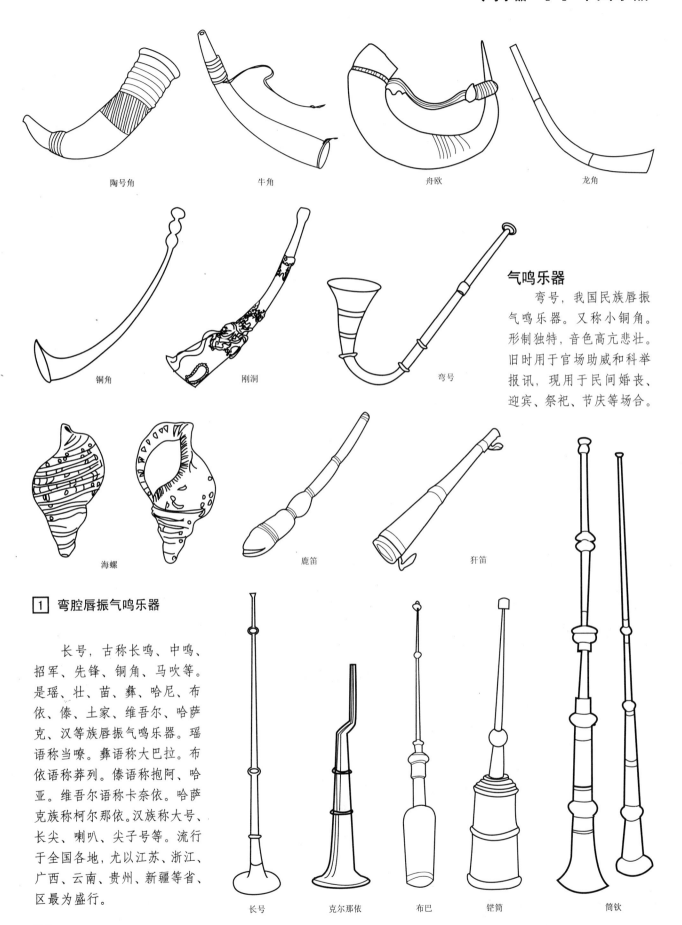

气鸣乐器

弯号，我国民族唇振气鸣乐器。又称小铜角。形制独特，音色高亢悲壮。旧时用于官场助威和科举报讯，现用于民间婚丧、迎宾、祭祀、节庆等场合。

1 弯腔唇振气鸣乐器

长号，古称长鸣、中鸣、招军、先锋、铜角、马吹等。是瑶、壮、苗、彝、哈尼、布依、傣、土家、维吾尔、哈萨克、汉等族唇振气鸣乐器。瑶语称当嚛。彝语称大巴拉。布依语称莽列。傣语称抱阿、哈亚。维吾尔语称卡奈依。哈萨克族称柯尔那依。汉族称大号、长尖、喇叭、尖子号等。流行于全国各地，尤以江苏、浙江、广西、云南、贵州、新疆等省、区最为盛行。

2 直腔唇振气鸣乐器

中国乐器 [7]　气鸣乐器

笛,我国古老的民族边棱气鸣乐器。又称横笛。因多用天然竹材制成,故也有竹笛之称。历史悠久,品种繁多,音色清脆、明亮,表现力极为丰富。常用于独奏、器乐合奏或为戏曲、歌舞伴奏,深受我国人民喜爱而普遍流行于全国各地。20世纪50年代以来,我国又研制成功许多笛子新品种,创作出许多优秀的笛曲,涌现出一代新的笛子演奏家,促进了笛子艺术的发展和繁荣。

箫,又称洞箫,我国最古老的民族边棱气鸣乐器。单管,竖吹。历史悠久,箫文化贯穿着中华民族的文明史。箫的音色柔和典雅。常用于独奏、琴箫合奏、江南丝竹等器乐合奏、浙江越剧等地方戏曲伴奏,深受我国人民喜爱而广泛流行。

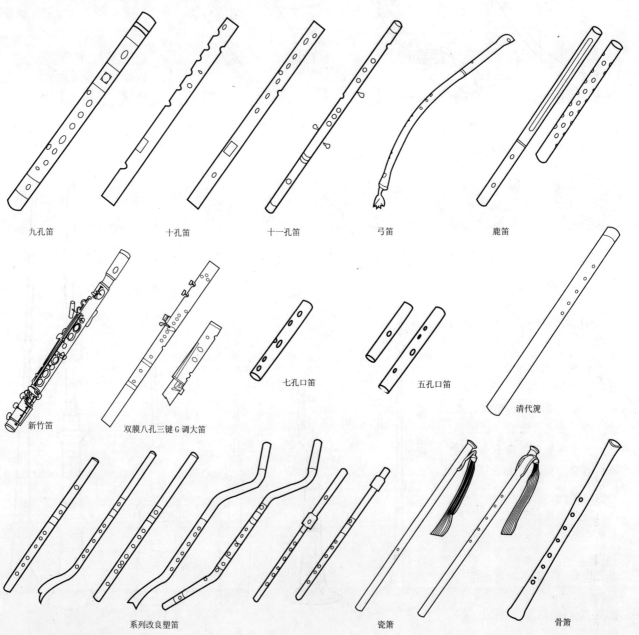

① 单管边棱气鸣乐器

气鸣乐器 [7] 中国乐器

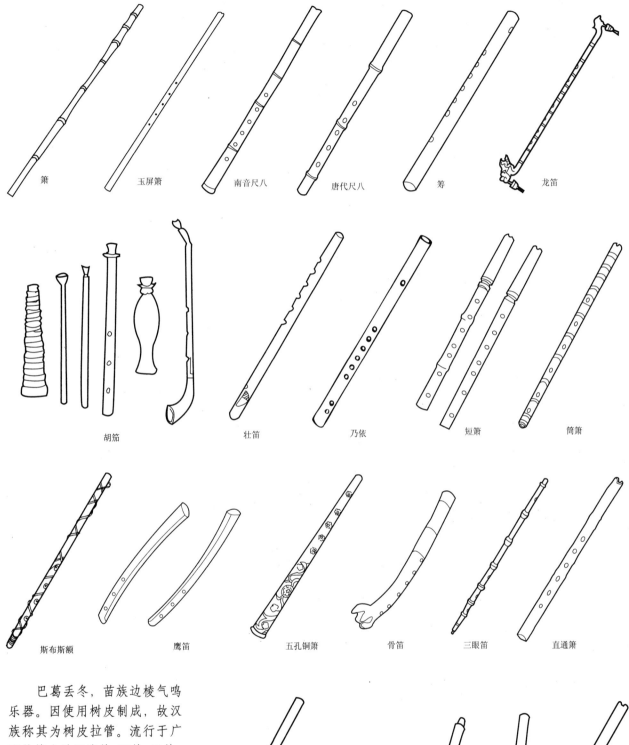

巴葛丢冬，苗族边棱气鸣乐器。因使用树皮制成，故汉族称其为树皮拉管。流行于广西壮族自治区隆林、西林、田林、那坡等桂西各地。

的里嗒拉，彝族边棱气鸣乐器。有大、中、小三种。可用于独奏、合奏或为民间歌舞伴奏。流行于云南省石林彝族自治县、楚雄彝族自治州等地。

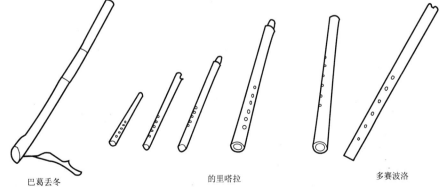

1 单管边棱气鸣乐器

中国乐器 [7] 气鸣乐器

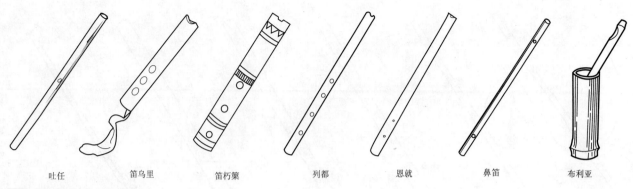

吐任　　笛乌里　　笛朽篥　　列都　　恩就　　鼻笛　　布利亚

1 单管边棱气鸣乐器

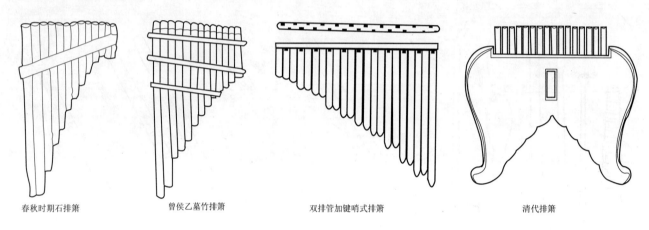

春秋时期石排箫　　曾侯乙墓竹排箫　　双排管加键哨式排箫　　清代排箫

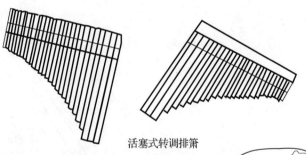

活塞式转调排箫

2 多管边棱气鸣乐器

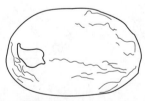

河姆渡遗址陶埙

荆村遗址管状陶埙　　荆村遗址椭圆形陶埙　　荆村遗址球形陶埙

3 异形边棱气鸣乐器

排箫，我国古老的民族边棱气鸣乐器。又有洞箫、底箫、雅箫、颂箫、舜箫、龠、籁、比竹、参差、凤翼、凤箫、云箫和秦箫之称。历史悠远，形制多样，音色清脆圆润。古代曾在民间广为流传，并用于历代宫廷雅乐之中。新中国成立后，以排箫图案作为我国乐徽。20 世纪 80 年代以来，不断研制成功排箫新品种，登上我国民族乐坛，使沉寂已久的古老乐器重放异彩。

埙，或作壎，是我国最为古老的边棱气鸣乐器。历史悠远，原始社会已出现，是中华民族文明的起源。最初用作古代先民狩猎工具，随着社会的进步而被作为乐器，并逐渐增加音孔，发展成为可以吹奏曲调的乐器。秦汉以后，主要用于历代宫廷雅乐。清代末年出现埙谱。经历了漫长的萧条时期和濒于湮没失传、即将绝响之境地。埙的音色古朴、醇厚、悲壮、深沉，极富特色，长于表达人们哀怨的思想感情。20 世纪 80 年代以后，在我国音乐界有识之士大力倡导和努力实践下，古埙焕发青春，不断研制出新埙种，增加音孔，扩展音域，可以转调演奏，使之成为既可独奏、重奏、伴奏，又可与各种乐队合奏、协奏的乐器，并且荣登国际乐坛，成为我国人民与世界人民进行文化交流的友好使者。

气鸣乐器 [7] 中国乐器

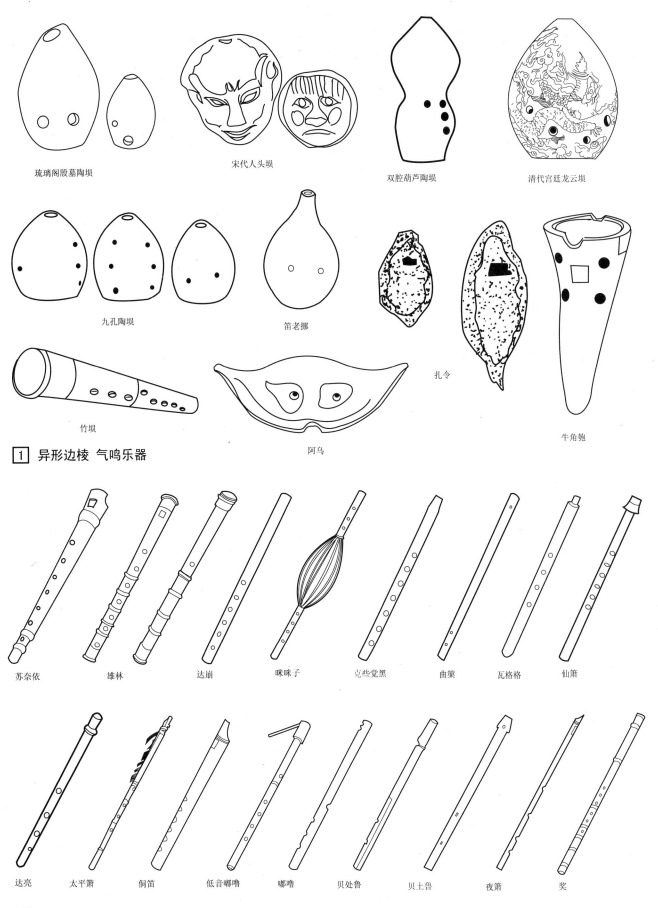

琉璃阁殷墓陶埙　宋代人头埙　双腔葫芦陶埙　清代宫廷龙云埙

九孔陶埙　笛老挪　扎令　牛角匏

竹埙　阿乌

1 异形边棱 气鸣乐器

苏奈依　雄林　达崩　咪咪子　克些觉黑　曲篥　瓦格格　仙箫

达亮　太平箫　侗笛　低音嘟噜　嘟噜　贝处鲁　贝土鲁　夜箫　奖

2 单管吹口气鸣乐器

305

中国乐器 [7] 气鸣乐器

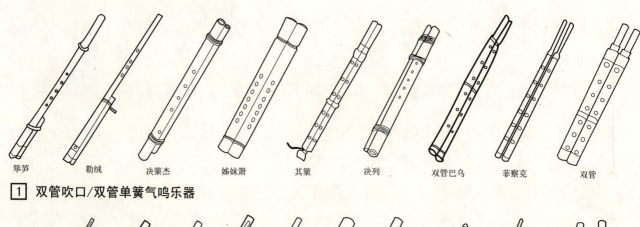

筚笋　勒绒　决篥杰　姊妹箫　其篥　决列　双管巴乌　菲察克　双管

1 双管吹口/双管单簧气鸣乐器

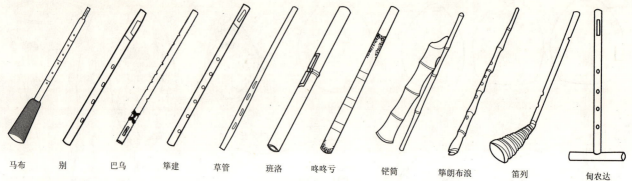

马布　别　巴乌　筚建　草管　班洛　咚咚亏　铓筒　筚朗布浪　笛列　甸农达

2 单管单簧气鸣乐器

筚朗叨，是傣、阿昌、德昂、佤、布朗等族单簧气鸣乐器。傣语称筚朗叨，"筚"是傣族气鸣乐器的总称，"朗"是直吹，"叨"是葫芦，意为带葫芦直吹的筚。阿昌语称泼勒翁，"泼勒"是箫，"翁"是葫芦，意为葫芦箫。德昂族称布赖，"布"是吹，"赖"是葫芦，意为吹葫芦。

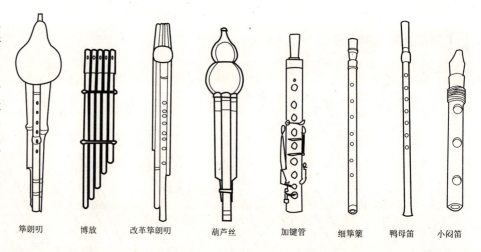

筚朗叨　博放　改革筚朗叨　葫芦丝　加键管　细筚箫　鸭母笛　小闷笛

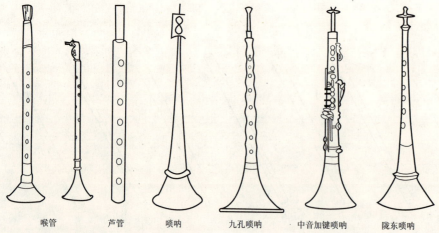

喉管　芦管　唢呐　九孔唢呐　中音加键唢呐　陇东唢呐

3 多管单簧/单管双簧气鸣乐器

唢呐，我国民族双簧气鸣乐器。也写作锁奈、琐奈、唢呐，俗名喇叭，又称苏尔奈、金口角。历史悠久，形制古老，音色高亢、嘹亮，过去多在民间的吹歌会、秧歌会、鼓乐班和地方曲艺、戏曲的伴奏中应用。经过不断发展，丰富了演奏技巧，提高了表现力，已成为一种具有特色的独奏乐器，并用于民族乐队合奏或地方戏曲、民间歌舞等伴奏。流行于全国各地。

气鸣乐器 [7] 中国乐器

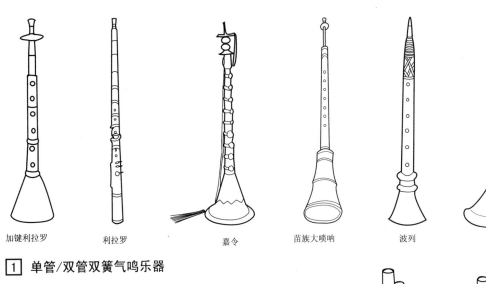

加键利拉罗　利拉罗　嘉令　苗族大唢呐　波列　合音唢呐　双管

[1] 单管/双管双簧气鸣乐器

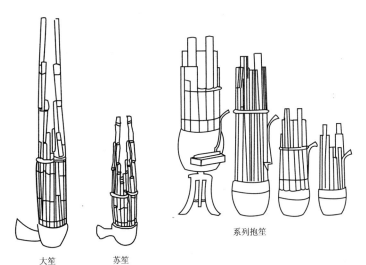

大笙　苏笙　系列抱笙

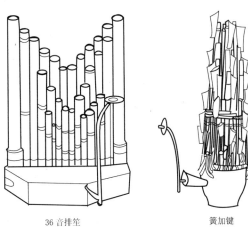

36音排笙　簧加键

笙，我国古老的民族簧管气鸣乐器。历史悠远，结构科学，品种繁多，音色恬静、优美，和声丰满、圆润，技巧多样，极富表现力。是我国传统的气鸣乐器中能演奏和声的乐器。它以簧管配合振动发音，簧片能在簧框中自由振动，是世界上最早的自由簧乐器。可用于独奏、器乐合奏或为地方戏曲和歌舞伴奏，在我国民族、民间音乐中占有重要地位。流行于全国各地，并登上世界乐坛。

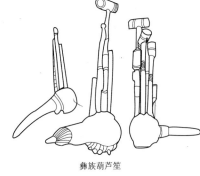

彝族葫芦笙

马王堆汉墓出土竽

[2] 簧管气鸣乐器

竽，我国古代民族簧管气鸣乐器。历史悠久，春秋战国时期被尊为五音之长，是极为重要的气鸣乐器，在宫廷或民间广为流行。竽在汉代仍地位重要，是百戏乐队中的主奏乐器。隋唐时期的九、十部乐已不用竽，它只在雅乐中使用。宋代失传，竽的功能由笙所取代。

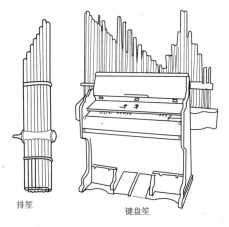

排笙　键盘笙

外国乐器 [8] 木管乐器

木管乐器

木管乐器起源很早，从民间的牧笛、芦笛等演变而来。木管乐器是乐器家族中音色最为丰富的一族，常用被来表现大自然和乡村生活的情景。在交响乐队中，不论是作为伴奏还是用于独奏，都有其特殊的韵味，是交响乐队的重要组成部分。木管乐器大多通过空气振动来产生乐音，根据发声方式，大致可分为唇鸣类（如长笛等）和簧鸣类（如单簧管等）。木管乐器的材料并不限于木质，同样有选用金属、象牙或是动物骨头等材质的。它们的音色各异、特色鲜明。从优美亮丽到深沉阴郁，应有尽有。正因如此，在乐队中，木管乐器常善于塑造各种惟妙惟肖的音乐形象，大大丰富了管弦乐的效果。

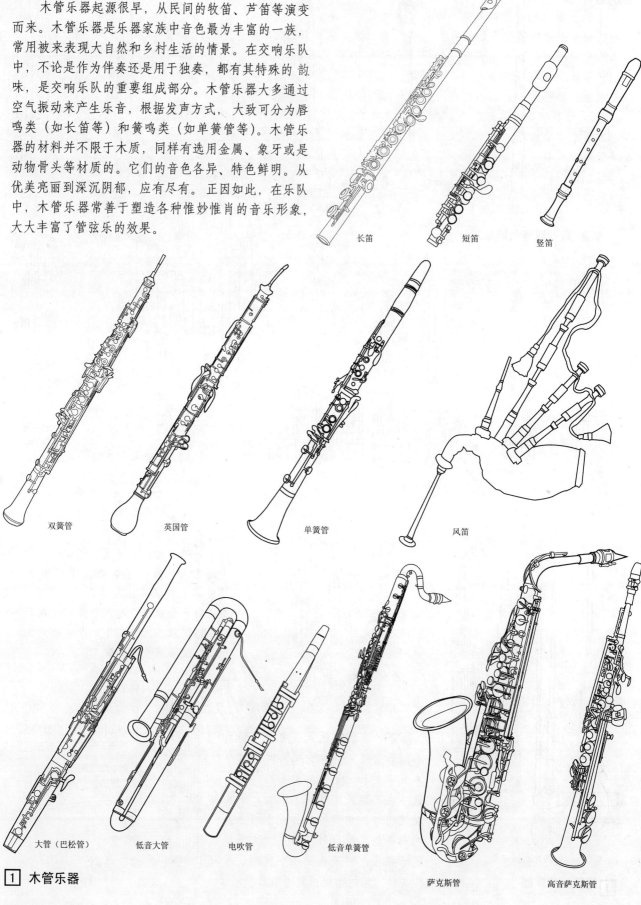

长笛　　短笛　　竖笛

双簧管　　英国管　　单簧管　　风笛

大管（巴松管）　　低音大管　　电吹管　　低音单簧管　　萨克斯管　　高音萨克斯管

1　木管乐器

铜管乐器　[8] 外国乐器

铜管乐器

铜管乐器的前身大多是军号和狩猎时用的号角。在早期的交响乐中使用铜管的数量不大。在很长一段时期里，交响乐队中只用两只圆号，有时增加一只小号到19世纪上半叶，铜管乐器才在交响乐队中被广泛使用。铜管乐器的发音方式与木管乐器不同，它们不是通过缩短管内的空气柱来改变音高，而是依靠演奏者唇部的气压变化与乐器本身接通"附加管"的方法来改变音高。所有铜管乐器都装有形状相似的圆柱形号嘴，管身都呈长圆锥形状。铜管乐器的音色特点是雄壮、辉煌、热烈，虽然音质各具特色，但宏大、宽广的音量为铜管乐器组的共同特点，这是其他类别的乐器所望尘莫及的。

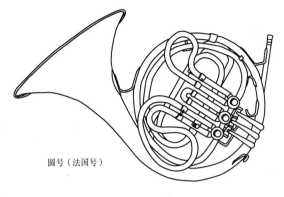

圆号（法国号）

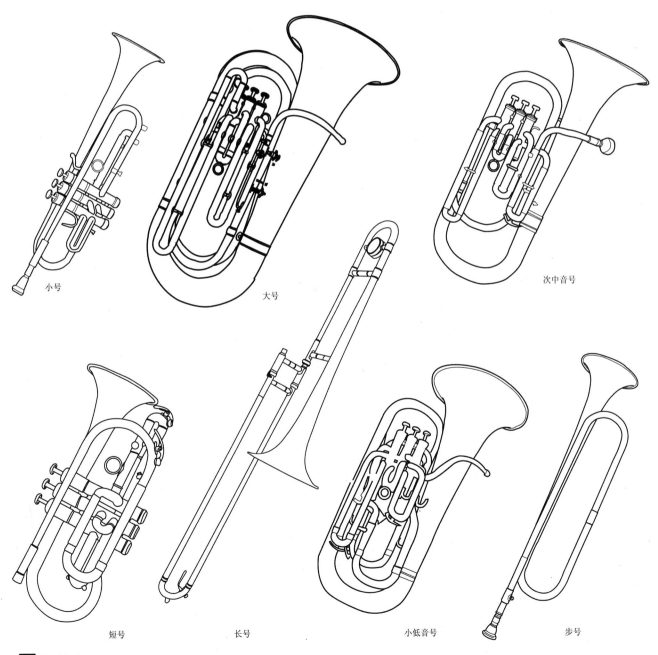

小号　　大号　　　　　　　　　次中音号

短号　　长号　　小低音号　　步号

[1] 铜管乐器

309

外国乐器 [8] 弦乐器

弦乐器

弦乐器是乐器家族内的一个重要分支,在古典音乐乃至现代轻音乐中,几乎所有的抒情旋律都由弦乐声部来演奏。可见,柔美、动听是所有弦乐器的共同特征。弦乐器的音色统一,有多层次的表现力:合奏时澎湃激昂,独奏时温柔婉约,又因为丰富多变的弓法(颤、碎、拨、跳,等)而具有灵动的色彩。弦乐器的发音方式是依靠机械力量使张紧的弦线振动发音,故发音音量受到一定限制。弦乐器通常用不同的弦演奏不同的音,有时则须运用手指按弦来改变弦长,从而达到改变音高的目的。弦乐器从其发音方式上来说,主要分为弓拉弦鸣乐器(如提琴类)和弹拨弦鸣乐器(如吉它)。

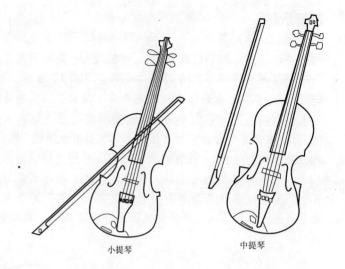

小提琴　　　　中提琴

1. 弓拉弦鸣乐器:小提琴(Violin)、中提琴(Viola)、大提琴(Cello)、倍低音提琴(Double Bass);
2. 弹拨弦鸣乐器:竖琴(Harp)、吉它(Guitar)、电吉它(Electric Guitar)、贝司(Bass)。

竖琴　　　曼陀铃　　　大提琴　　　低音提琴

古典吉他　　　吉他　　　电吉它　　　电贝司

1 弦乐器

键盘乐器　[8] 外国乐器

键盘乐器

在键盘乐器家族中，所有的乐器均有一个共同的特点，那就是键盘。但是它们的发声方式却有着微妙的不同，如钢琴是属于击弦打击乐器类，而管风琴则属于簧鸣乐器类，而电子合成器，则利用了现代的电声科技等等。键盘乐器相对于其他乐器家族而言，有其不可比拟的优势，那就是其宽广的音域和可以同时发出多个乐音的能力。正因如此，键盘乐器即使是作为独奏乐器，也具有丰富的和声效果和管弦乐的色彩。所以，从古至今，键盘乐器备受作曲家们和音乐爱好者们的关注和喜爱。其中，钢琴被誉为乐器之王。

管风琴　古钢琴　大键琴（羽管键琴）　电子琴　簧风琴　手风琴　口风琴　钢琴　六角手风琴　三脚钢琴

1　键盘乐器

外国乐器 [8] 打击乐器

打击乐器

　　打击乐器也叫"敲击乐器",是指敲打乐器本体而发出声音的。其中有些是有固定音高的打击乐器,如云锣、编钟等;其他还有一些无固定音高的打击乐器,如拍板、梆子、板鼓、腰鼓、铃鼓等。若根据打击乐器不同的发音体来区分,可分为两类:①"革鸣乐器"也叫"膜鸣乐器",就是通过敲打蒙在乐器上的皮膜或革膜而发出的乐器,如各种鼓类乐器;②"体鸣乐器",就是通过敲打乐器本体而发声的,如钟、木鱼、各种锣、钹、铃等。

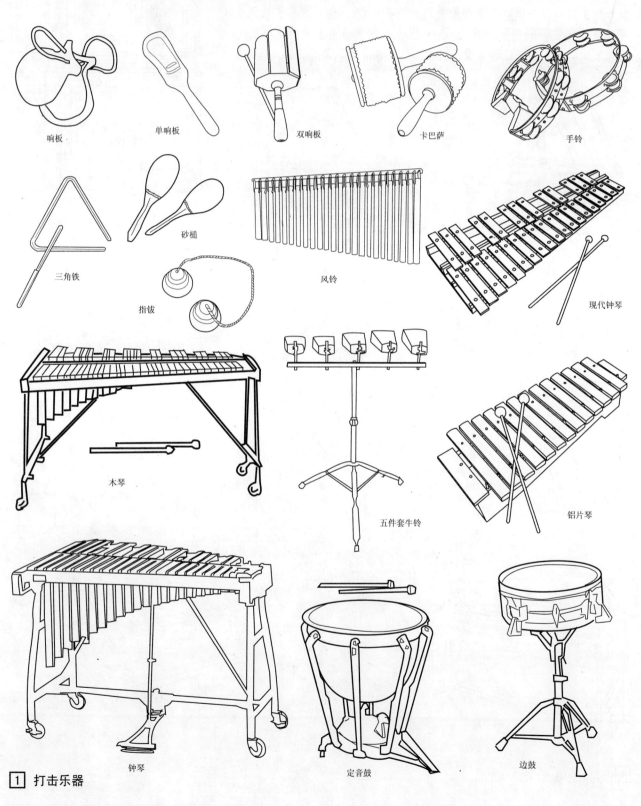

响板　　单响板　　双响板　　卡巴萨　　手铃

三角铁　　砂槌　　风铃　　现代钟琴

指钹

木琴　　五件套牛铃　　铝片琴

钟琴　　定音鼓　　边鼓

1 打击乐器

打击乐器 [8] 外国乐器

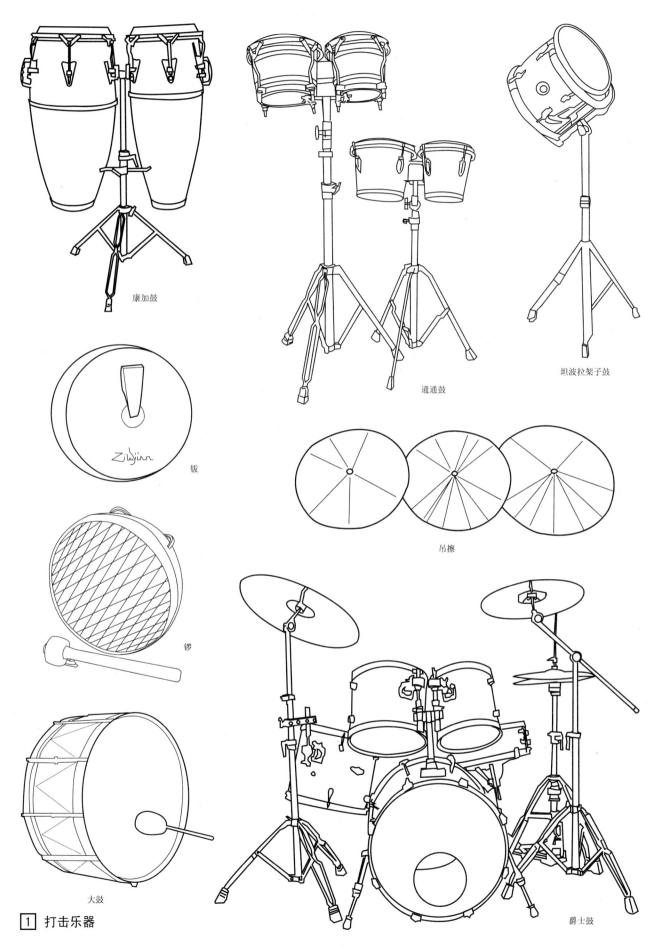

康加鼓　通通鼓　坦波拉架子鼓　钹　吊擦　锣　大鼓　爵士鼓

1 打击乐器

参考文献

[1] 张剑等. 玩具设计. 上海：上海人民美术出版社.
[2] 王连海. 中国民间玩具简史. 北京：北京工艺美术出版社.
[3] 吕江. 卡通产品设计. 南京：东南大学出版社.
[4] 国外专利文献编译室. 最新国外专利精选. 北京：知识产权出版社.
[5] 倪宝诚. 另类通话：玩具. 上海：上海文艺出版社.
[6] 白建国. 中国古代瓷塑玩具大观. 北京：光明日报出版社.
[7] 山曼等. 山东民间玩具. 济南：济南出版社.
[8] 伊弗·扎哈洛娃. 奇妙的中国民间玩具. 天津：天津人民美术出版社.
[9] 王连海. 民间玩具图形. 长沙：湖南美术出版社.
[10] 卡尔斯·布勒特著. 儿童娱乐空间. 张书鸿, 曹素平译. 北京：机械工业出版社.
[11] 林崇德. 中国少年儿童百科全书. 杭州：浙江教育出版社.
[12] 中国大百科全书编辑部. 中国大百科全书. 北京：中国大百科全书出版社.
[13] 光复书局编辑部. 光复科技百科全书. 光复出版社.
[14] 乐声. 中华乐器大典. 北京：民族出版社.
[15] 马克思·韦德·马修斯著. 乐器插图百科. 区昊译. 北京：希望出版社.
[16] 木制玩具设计. （Wooden Toys）. 玩具设计论坛. Powered by Discuz!. htm.
[17] www. technicalpark. com.
[18] www. lakecompounce. org.
[19] www. cedarpoint. com.
[20] http://www. ctoy. com. cn/Member/index. asp.
[21] http://home. kimo. com. tw/lkglin. tw/home/home_content. htm.
[22] http://www. zlzh. com/product. php?classtable.
[23] http://www. zgsnb. com. cn/s/n33/ca13447. htm.
[24] http://www. wjzdy. com.
[25] http://www. toys. sinobnet. com.
[26] http://www. kuzhi. com/316/327. htm.
[27] http:www. mktoys. com/chinese/index. asp.
[28] http://Kankan. xunlei. com/4. 0/movie/35/61335. html?id=42.
[29] http://www. hudong. com.
[30] http://baike. baidu. com.
[31] http://zh. wikipedia. org.
[32] http://www. 360doc. com.
[33] http://www. epson. com. cn.
[34] http://www. hp. com.
[35] http://images. google. com. hk.
[36] http://www. siemens. com.
[37] http://www. yongfagroup. com.
[38] http://www. philips. com. cn.
[39] http://www. kangyinx. com.

后 记

《工业设计资料集》中《文教·办公·娱乐用品》分册的策划工作始于2003年，编写工作于2007年末启动，从点滴资料的收集、整理到一笔一线的描绘，历经近三年、千百个日日夜夜的时光，凝聚了江南大学、中国计量学院、杭州电子科技大学的师生几十人和中国建筑工业出版社相关工作人员的心血，是大家通力协作的成果。本册内容中的"文教、办公用品"部分由杭州电子科技大学的刘星老师和中国计量学院的周晓江老师负责总体策划与整体框架的制定，其中"文具"部分、"文教设备"部分和"办公设备"部分分别由俞书伟、肖金花、周晓江、刘星老师负责编写，"娱乐用品概述"部分由江南大学的于帆老师负责总体策划和整体框架的制定，娱乐用品中"玩具"部分、"娱乐设施"部分和"中国乐器"部分则分别由于帆、黄昊和陈丹青老师负责编写。

在本册历经几个春夏秋冬即将面世之际，非常感谢所有参与本册编写工作的老师和同学们，正是大家的大力支持和通力协作才使本书能顺利完稿。需要特别提出的是，由于历经时间长、参与的学生多，可能在参编者中会有遗漏。另外由于经验不足，在编写过程中未能将大量的参考书籍、刊物和网页的信息记录完全，在此一并向他们表示衷心的感谢和歉意。最后，还要特别感谢的是中国建筑工业出版社的李东禧主任和吴绫编辑，他们为本书的顺利出版倾注了大量的精力和心血。

于帆、刘星
2010年6月

图书在版编目（CIP）数据

工业设计资料集7　文教·办公·娱乐用品／于帆，刘星分册主编．
北京：中国建筑工业出版社，2010.7
ISBN 978-7-112-12311-7

Ⅰ.①工…　Ⅱ.①于…②刘…　Ⅲ.①工业设计－资料－汇编－世界
②文化用品－设计－资料－汇编－世界　Ⅳ.①TB47

中国版本图书馆CIP数据核字（2010）第147483号

责任编辑：吴　绫　李东禧
责任设计：陈　旭
责任校对：姜小莲　陈晶晶

工业设计资料集 7
文教·办公·娱乐用品

分册主编　于　帆　刘　星
总　主　编　刘观庆
*
中国建筑工业出版社出版、发行（北京西郊百万庄）
各地新华书店、建筑书店经销
北京嘉泰利德公司制版
北京蓝海印刷有限公司印刷
*
开本：880×1230毫米　1/16　印张：$20\frac{1}{4}$　字数：648千字
2010年11月第一版　　2010年11月第一次印刷
定价：78.00元
ISBN 978-7-112-12311-7
　　（19578）

版权所有　翻印必究
如有印装质量问题，可寄本社退换
（邮政编码100037）